普通高等教育专业基础课系列教材

数字电子技术实验及Multisim仿真应用

杨玉强　刘允峰　马敬敏　主编

科学出版社

北　京

内 容 简 介

本书根据数字电子技术课程教学大纲及教学基本要求编写而成。全书系统地介绍了数字电子技术实验的基本方法，实验内容按照由浅入深、循序渐进、逐步提高的原则安排，按照学生能力形成的不同阶段，分为基础实验、设计及综合实验、Multisim 仿真应用三部分，将硬件实验方式向多元化、现代化实验方式转移。

本书在内容组织上，将实验测试结果与理论分析结果以列表的形式对比，强化理论与实践并重、理论指导实践、实践验证理论，增强了实验过程的可操作性。

本书可作为高等院校电子信息工程、计算机科学与技术、物联网工程、机电工程、自动控制、软件技术等专业学生的数字电子技术实验教材，还可供高等院校教师、研究生及从事数字电子技术研究的科技人员参考。

图书在版编目(CIP)数据

数字电子技术实验及 Multisim 仿真应用/杨玉强，刘允峰，马敬敏主编. —北京：科学出版社，2020.2

普通高等教育专业基础课系列教材

ISBN 978-7-03-064403-9

Ⅰ.①数… Ⅱ.①杨… ②刘… ③马… Ⅲ.①数字电路－电子技术－实验－高等学校－教材 ②电子电路－计算机仿真－应用软件－高等学校－教材 Ⅳ.①TN79-33 ②TN702

中国版本图书馆 CIP 数据核字（2020）第 023538 号

责任编辑：宋 丽 杨 昕 / 责任校对：赵丽杰

责任印制：吕春珉 / 封面设计：东方人华平面设计部

科 学 出 版 社出版

北京东黄城根北街 16 号

邮政编码：100717

http://www.sciencep.com

三河市骏杰印刷有限公司印刷

科学出版社发行 各地新华书店经销

*

2020 年 2 月第 一 版 开本：787×1092 1/16

2020 年 2 月第一次印刷 印张：13 3/4

字数：326 000

定价：39.00 元

（如有印装质量问题，我社负责调换〈骏杰〉）

销售部电话 010-62136230 编辑部电话 010-62135397-2032

前　言 PREFACE

数字电子技术实验是数字电子技术课程的重要组成部分，在培养学生数字电子电路的测试、分析、设计及综合应用能力方面起到非常重要的作用。

本书于2007年作为渤海大学教学改革A类项目《电子技术实验教材建设的实践与研究》进行过专项研究，也是2009年辽宁省高等教育教学改革研究A类项目《数字电子技术CAI的体系结构和教学设计的研究与实践》、2012年辽宁省高等教育教学改革研究A类项目《电子技术课程虚拟实验系统的开发研究与实践》的部分研究内容。课程的研究成果《数字电子技术课程教学体系构建的研究与实践》《电子技术基础课程建设的优化策略研究与实践》分别获2009年、2013年辽宁省优秀教学成果二等奖。

本书根据数字电子技术课程教学大纲及教学基本要求，为适应当前教学改革的需要编写而成。全书按照由浅入深、循序渐进、逐步提高的原则安排实验内容，按照学生能力形成的不同阶段，分为基础实验、设计及综合实验、Multisim仿真应用，并与理论教学保持同步。本书具有如下特点：

1）注重实验方法，硬件实验方法与软件仿真方法相结合。

2）理论实践并重，既考虑实验教学与理论教学的相关性，又注意使其具有一定的独立性；既有实验的理论讲述，又有实验的设计操作。

3）可操作性强，实验预习准备、实验测试及结果以列表的形式表示，直观明了。

4）注重能力培养，突出“注重动手、加强实践、培养兴趣、激励创新”的教学理念。

全书共分三部分，第一部分为基础实验，第二部分为设计及综合实验，第三部分为Multisim仿真应用。

基础实验，是为了使学生掌握基本实验操作技能、数据处理方法而开设的对理论进行验证的验证性实验。主要目的是使学生掌握基本电子仪器的使用方法、电子元器件的基本功能和基本应用方法、数字电子技术实验的基本操作技能和基本操作方法，着重培养学生的实验意识、基本实验操作技能和动手能力，为学生进行后续数字电子技术实验起到示范作用。

设计及综合实验，是为了使学生在具有一定数字电子技术基础知识和电子技术实验基本操作技能的基础上，能根据技术指标要求和实验条件自行设计实验电路及实验方案并加以实现的实验，以及能综合运用本课程和相关课程的知识，对实验技能和实验方法进行综合训练的复合性实验。主要目的是激励和调动学生的学习积极性，培养学生灵活应用基本知识、综合分析、实验设计、实验操作、数据处理、创新思维及查阅资料等能力。

Multisim 仿真应用，使学生接触并运用反映现代技术的计算机仿真虚拟实验，将硬件实验方式向多元化实验方式转移，提高学生利用计算机分析、设计电路的能力。

本书由杨玉强、刘允峰、马敬敏主编。其中，杨玉强编写绪论、第一部分实验 1～实验 10、附录，刘允峰编写第三部分，马敬敏编写第一部分实验 11、实验 12 和第二部分，全书由杨玉强组织编写并负责统稿。任骏原教授审阅了本书初稿并提出了修改意见，在此致以谢意。

本书参考了一些电子技术实验教材，在此向有关作者谨致谢意。

由于编者的学识所限，书中不妥之处在所难免，敬请读者批评指正。

编　者

2019 年 9 月

目 录 CONTENTS

第三部分　Multisim 仿真应用

绪　论

一、数字电子技术实验的意义、目的与要求

1. 意义

数字电子技术实验是根据教学的具体要求进行设计、安装与调试电子电路的过程，是将理论转化为实用电路并验证理论正确性的过程。

数字电子技术的发展日新月异，要认识和应用门类繁多的新器件、新电路，最为有效的途径就是进行实验。通过实验，可以分析器件和电路的工作原理，完成性能指标的检测；可以验证器件、电路的性能或功能；可以设计并制作各种实用电路。

2. 目的

就教学而言，数字电子技术实验是使学生掌握基本实验技能的重要手段。通过实验巩固和深化应用技术的基础理论和基本概念，培养学生理论联系实际、严谨求实的科学态度及动手操作能力。

3. 要求

1）能读懂基本逻辑电路图，有分析逻辑电路功能的能力。

2）有设计、组装和调试基本逻辑电路的能力。

3）会查阅和利用技术资料，有合理选用元器件［含中规模集成电路（medium scale integrated circuit，MSI）］的能力。

4）有分析和排除基本逻辑电路一般故障的能力。

5）掌握常用电子测量仪器的选择与使用方法和各类电路功能的基本测试方法。

6）能独立拟定基本逻辑电路的实验步骤，写出严谨、有理论分析、实事求是、文字通顺和字迹端正的实验报告。

二、数字电子技术实验的类别和特点

1. 数字电子技术实验的类别

按照实验目的与要求分类，数字电子技术实验可分为验证性和检测性的基础实验及设计性和综合性实验两类。

（1）验证性和检测性的基础实验

基础实验的目的是验证数字逻辑电路的基本原理，通过实验检测器件或电路的逻辑功能，探索提高电路性能或扩展功能的途径和措施。

（2）设计性和综合性实验

设计和综合实验的目的是综合运用有关知识，设计、安装、调试逻辑电路。

2. 数字电子技术实验的特点

（1）理论性强

理论性强这一特点主要表现在：没有正确的理论指导，就不能拟定正确的实验步骤，不能分析判断及排除出现的故障，也不能设计出性能稳定、符合技术要求的实验电路。

因此，要做好实验，首先应学好数字电子技术课程。

（2）测试技术要求高

测试技术要求高这一特点主要表现在：实验电路类型多，不同的逻辑电路有不同的功能或性能指标，以及不同的测试方法，须使用不同的测试仪器。

因此，应熟练掌握基本电子测量技术和各种测量仪器的使用方法。

总之，进行数字电子技术实验，需要同时具备理论知识和实践技能，这样才能达到良好的实验效果。

三、实验程序

实验一般分为三个阶段，即实验准备、实验操作和撰写实验报告。

1. 实验准备

实验前，应按照实验要求写出实验预习报告。具体要求如下：

1）认真阅读理论教材中与本实验有关的内容及其他参考资料。

2）根据实验目的与要求，设计或选用实验电路。

3）熟悉本次实验所需元器件、仪器设备和器材及测试仪器的使用方法。

4）完成实验电路的理论分析、设计，进行实验仿真，拟出详细的实验步骤，设计好实验数据记录表格。

2. 实验操作

正确的操作方法和操作程序是做好实验的可靠保障。因此，要求在进行每一步操作之前都要做到心中有数，即目的要明确。操作时，要既迅速又认真。

注意事项：

1）应调整好直流电压源，其极性及电压大小要符合实验要求。

2）在通电状态下，不得拔、插元器件，必须关闭电源后进行操作。

3）实验中，仔细观察，无异常情况时再读取数据。

3. 撰写实验报告

（1）撰写实验报告的目的

实验报告是按照一定的格式和要求，表达实验过程和结果的文字材料。它是实验工作的全面总结和系统概括。

撰写实验报告的过程，就是对实验电路的设计方法和实验方法加以总结，对实验数据加以处理，对所观察的现象加以分析，并从中找出客观规律和内在联系的过程。

撰写实验报告是一种基本技能训练。学生通过撰写实验报告，能够深化对基础理论的认识，提高基础理论的应用能力，掌握电子测量的基本方法和电子仪器的使用方法，提高记录、处理实验数据和分析、判断实验结果的能力，培养严谨的学风和实事求是的科学态度，锻炼科技文章写作能力等。

此外，实验报告也是实验成绩考核的重要依据之一。

（2）实验报告的内容

1）实验名称。实验名称列在实验报告的最前面，应简练、鲜明、准确、恰当地反映实验的性质和内容。

2）实验目的。指明为什么要进行本次实验，要求简明扼要，常常列出几条，一般写出掌握、熟悉、了解三个层次的内容。

3）实验电路及实验仪器。画出实验电路，列出实验器件的名称和型号，其目的是让人了解实验设备状况，以便对实验结果的可信度做出恰当的评价。

4）数据记录。实验数据是在实验过程中从仪器、仪表上读取的数值。数据记录即将实验数据写入所设计的记录表格中。

5）实验结论。将实验测试结果和理论分析结果进行对比，并说明实验电路是否符合要求。

6）讨论。讨论包括回答思考题及对实验方法、实验装置等提出的改进建议。

（3）撰写实验报告应注意的问题

1）要写好实验报告，首先要做好实验。

2）撰写实验报告必须要有严肃认真、实事求是的科学态度。不经重复实验不得任意修改数据，更不得伪造数据。分析问题和得出的结论既要从实际出发，又要有理论依据。

3）图与表是表达实验结果的有效手段，比文字叙述直观、简洁，应充分利用。实验电路图的画法要规范，电路中图形符号和元器件数值标注要符合现行国家标准。

4）实验报告是一种说明文体，不要求艺术性和形象性，而要求用简练和确切的文字、专业术语恰当地表达实验过程和实验结果。

四、数字逻辑电路的实验测试

1. 组合逻辑电路的实验测试

组合逻辑电路实验测试的目的，是验证其输出信号和输入信号之间的逻辑关系是否符合要求，即是否与真值表相符。

1）开关量组合输入测试。将组合逻辑电路的输入端分别接到逻辑开关上，按真值表中输入变量的取值组合关系改变开关状态，用发光二极管（light-emitting diode，LED）

分别显示各输入端和输出端的状态，或用万用表测试输入端、输出端状态，与真值表比较，从而判断组合逻辑电路的逻辑功能是否正常。

2）在组合逻辑电路的输入端加上周期性信号，用示波器观测输入信号、输出信号波形，从而判断组合逻辑电路的逻辑功能是否正常，或测试与时间有关的参数。

2. 时序逻辑电路的实验测试

时序逻辑电路实验测试的目的，是验证其状态转换关系是否符合要求，即是否与状态图相符。

（1）单脉冲时钟输入测试

以单脉冲作为时钟脉冲信号，逐个输入进行观测，用 LED、数码管等观察输出状态的变化，判断状态转换关系是否符合要求。

（2）连续脉冲时钟输入测试

以连续脉冲作为时钟脉冲信号，连续输入进行观测，用示波器观察有关信号的波形，判断状态转换关系是否符合要求。

第一部分

基 础 实 验

基础实验是为了使学生掌握基本实验操作技能和数据处理方法而开设的对理论进行验证的验证性实验。

通过实验，学生掌握基本电子仪器的使用方法、电子元器件的基本功能和基本应用方法、数字电子技术实验的基本操作技能和基本操作方法，着重培养学生的实验意识、基本实验操作技能和动手能力，为学生进行后续数字电子技术实验起到示范作用。

实验 1 集成门电路逻辑功能测试

一、实验目的

1）掌握集成门电路逻辑功能的测试方法及功能扩展应用方法。

2）熟悉几种典型晶体管-晶体管逻辑（transistor-transistor logic，TTL）集成门电路的逻辑功能。

3）熟悉集成门电路的引脚排列特点。

二、实验仪器及器件

1. 实验仪器

1）TPE-D6Ⅲ型数字电路学习机。

2）V-252 型双踪示波器。

3）VC9801A 型数字万用表。

2. 器件

1）74LS00（四 2 输入与非门）一片。

2）74LS02（四 2 输入或非门）一片。

3）74LS51（二 2-2、3-3 输入与或非门）一片。

4）74LS86（四 2 输入异或门）一片。

三、预习要求

1）TTL 门电路的功能和特点。

2）所用器件的逻辑符号、功能表、逻辑表达式和逻辑功能的扩展方法。

3）所用器件的引脚排列。

4）在 Multisim 中用 TTL 门分别组成各实验电路进行仿真测试，并记录数据。

四、实验器件的逻辑功能

表 1-1-1 给出了本实验所用逻辑门的逻辑符号、逻辑表达式、真值表和逻辑功能扩展情况等相关知识。

表 1-1-1　逻辑门的逻辑符号、逻辑表达式、真值表和逻辑功能扩展

<table>
<tr><td>项目</td><td colspan="3">与非门</td><td colspan="3">或非门</td><td colspan="3">异或门</td><td colspan="10">与或非门</td></tr>
<tr><td>逻辑符号</td><td colspan="3">&
A、B—输入；Y—输出</td><td colspan="3">≥1
A、B—输入；Y—输出</td><td colspan="3">=1
A、B—输入；Y—输出</td><td colspan="10">& ≥1
A、B、C、D—输入；Y—输出</td></tr>
<tr><td>逻辑表达式</td><td colspan="3">$Y=\overline{AB}$</td><td colspan="3">$Y=\overline{A+B}$</td><td colspan="3">$Y=A\oplus B$</td><td colspan="10">$Y=\overline{AB+CD}$</td></tr>
<tr><td rowspan="9">真值表</td><td>A</td><td>B</td><td>Y</td><td>A</td><td>B</td><td>Y</td><td>A</td><td>B</td><td>Y</td><td>A</td><td>B</td><td>C</td><td>D</td><td>Y</td><td>A</td><td>B</td><td>C</td><td>D</td><td>Y</td></tr>
<tr><td>0</td><td>0</td><td>1</td><td>0</td><td>0</td><td>1</td><td>0</td><td>0</td><td>0</td><td>0</td><td>0</td><td>0</td><td>0</td><td>1</td><td>1</td><td>0</td><td>0</td><td>0</td><td>1</td></tr>
<tr><td>0</td><td>1</td><td>1</td><td>0</td><td>1</td><td>0</td><td>0</td><td>1</td><td>1</td><td>0</td><td>0</td><td>0</td><td>1</td><td>1</td><td>1</td><td>0</td><td>0</td><td>1</td><td>1</td></tr>
<tr><td>1</td><td>0</td><td>1</td><td>1</td><td>0</td><td>0</td><td>1</td><td>0</td><td>1</td><td>0</td><td>0</td><td>1</td><td>0</td><td>1</td><td>1</td><td>0</td><td>1</td><td>0</td><td>1</td></tr>
<tr><td>1</td><td>1</td><td>0</td><td>1</td><td>1</td><td>0</td><td>1</td><td>1</td><td>0</td><td>0</td><td>0</td><td>1</td><td>1</td><td>0</td><td>1</td><td>0</td><td>1</td><td>1</td><td>0</td></tr>
<tr><td></td><td></td><td></td><td></td><td></td><td></td><td></td><td></td><td></td><td>0</td><td>1</td><td>0</td><td>0</td><td>1</td><td>1</td><td>1</td><td>0</td><td>0</td><td>0</td></tr>
<tr><td></td><td></td><td></td><td></td><td></td><td></td><td></td><td></td><td></td><td>0</td><td>1</td><td>0</td><td>1</td><td>1</td><td>1</td><td>1</td><td>0</td><td>1</td><td>0</td></tr>
<tr><td></td><td></td><td></td><td></td><td></td><td></td><td></td><td></td><td></td><td>0</td><td>1</td><td>1</td><td>0</td><td>1</td><td>1</td><td>1</td><td>1</td><td>0</td><td>0</td></tr>
<tr><td></td><td></td><td></td><td></td><td></td><td></td><td></td><td></td><td></td><td>0</td><td>1</td><td>1</td><td>1</td><td>0</td><td>1</td><td>1</td><td>1</td><td>1</td><td>0</td></tr>
<tr><td>功能扩展</td><td colspan="3">$Y=\begin{cases}1\big|_{B=0}，禁止\\ \overline{A}\big|_{B=1}，逻辑非\end{cases}$</td><td colspan="3">$Y=\begin{cases}\overline{A}\big|_{B=0}，逻辑非\\ 0\big|_{B=1}，禁止\end{cases}$</td><td colspan="3">$Y=\begin{cases}A\big|_{B=0}，传输\\ \overline{A}\big|_{B=1}，逻辑非\end{cases}$</td><td colspan="10">$Y=\overline{A+C}\big|_{B=D=1}$，或非</td></tr>
</table>

五、实验原理

逻辑门是实现逻辑运算的电路。

各种逻辑门都有确定的逻辑运算功能，可用逻辑表达式、真值表等方式描述其功能。限定逻辑门某个输入端的输入条件，可以改变、扩展其逻辑功能。

本实验选用与非门、或非门、与或非门、异或门测试功能及功能扩展应用。

逻辑门用输出信号、输入信号之间的电平关系实现逻辑运算。采用正逻辑时，电平和逻辑取值的对应关系是：用高电平表示逻辑 1，用低电平表示逻辑 0。

实验测试门逻辑功能的原理及方法：将逻辑门的各输入端分别接到逻辑电平开关上，输入高、低电平的全部组合状态并测出相应的输出电平状态，得到输出信号、输入信号之间的电平关系表，按高、低电平与逻辑值的对应关系转换成真值表，再与正确的真值表进行对比，从而验证逻辑关系是否符合要求。

六、实验内容

1. 与非门的逻辑功能分析、测试

1）分析与非门的逻辑功能。写出图 1-1-1 所示与非门的输出逻辑表达式，列出真值表，填入表 1-1-2。

2）选用四 2 输入与非门 74LS00 一片，在数字电路学习机上合适的位置选取一个 14P 插座，按定位标记插好集成芯片。

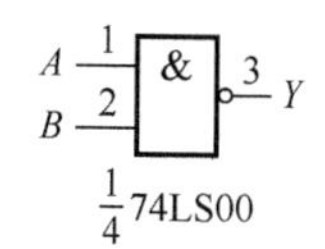

图 1-1-1　与非门逻辑功能测试电路

3）对照附录中 74LS00 的引脚图，选用 74LS00 中的一个与非门按图 1-1-1 接线，与非门的两个输入端 A、B 分别接逻辑电平开关。

4）接通电源，使逻辑电平开关分别为 4 组高、低电平组合状态，用万用表分别测试输入、输出电平，填入表 1-1-2，并按正逻辑关系转换成真值表。

表 1-1-2　与非门逻辑功能分析、测试表

功能分析				实验测试及转换					
逻辑表达式	真值表			电平关系表			真值表		
	输入		输出	输入		输出	输入		输出
	A	B	Y	A/V	B/V	Y/V	A	B	Y
	0	0							
	0	1							
	1	0							
	1	1							
实验结论									

2. 或非门的逻辑功能分析、测试

1）分析或非门的逻辑功能。写出图 1-1-2 所示或非门的输出逻辑表达式，列出真值表，填入表 1-1-3。

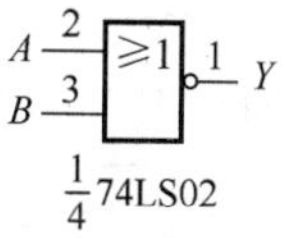

图 1-1-2　或非门逻辑功能测试电路

2）选用四 2 输入或非门 74LS02 一片，在数字电路学习机上合适的位置选取一个 14P 插座，按定位标记插好集成芯片。

3）对照附录中 74LS02 的引脚图，选用 74LS02 中的一个或非门按图 1-1-2 接线，或非门的两个输入端 A、B 分别接逻辑电平开关。

4）接通电源，使逻辑电平开关分别为 4 组高、低电平组合状态，用万用表分别测试输入、输出电平，填入表 1-1-3，并按正逻辑关系转换成真值表。

表 1-1-3 或非门逻辑功能分析、测试表

功能分析				实验测试及转换					
逻辑表达式	真值表			电平关系表			真值表		
	输入		输出	输入		输出	输入		输出
	A	B	Y	A/V	B/V	Y/V	A	B	Y
	0	0							
	0	1							
	1	0							
	1	1							
实验结论									

3. 异或门的逻辑功能分析、测试

1）分析异或门的逻辑功能。写出图 1-1-3 所示异或门的输出逻辑表达式，列出真值表，填入表 1-1-4。

2）选用四 2 输入异或门 74LS86 一片，在数字电路学习机上合适的位置选取一个 14P 插座，按定位标记插好集成芯片。

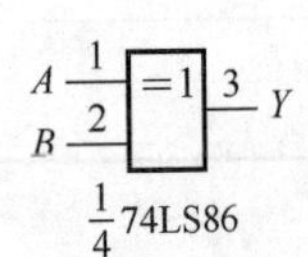

图 1-1-3 异或门逻辑功能测试电路

3）对照附录中 74LS86 的引脚图，选用 74LS86 中的一个异或门按图 1-1-3 接线，异或门的两个输入端 A、B 分别接逻辑电平开关。

4）接通电源，使逻辑电平开关分别为 4 组高、低电平组合状态，用万用表分别测试输入、输出电平，填入表 1-1-4，并按正逻辑关系转换成真值表。

表 1-1-4 异或门逻辑功能分析、测试表

功能分析				实验测试及转换					
逻辑表达式	真值表			电平关系表			真值表		
	输入		输出	输入		输出	输入		输出
	A	B	Y	A/V	B/V	Y/V	A	B	Y
	0	0							
	0	1							
	1	0							
	1	1							
实验结论									

4. 与或非门的逻辑功能分析、测试

1）分析与或非门的逻辑功能。写出图 1-1-4 所示与或非门的输出逻辑表达式，列出真值表，填入表 1-1-5。

2）选用二 2-2、3-3 输入与或非门 74LS51 一片，在数字电路学习机上合适的位置选取一个 14P 插座，按定位标记插好集成芯片。

3）对照附录中 74LS51 的引脚图，选用 74LS51 中的一个 2-2 输入与或非门按图 1-1-4 接线，与或非门的四个输入端 *A*、*B*、*C*、*D* 分别接逻辑电平开关。

4）接通电源，使逻辑电平开关分别为 16 组高、低电平组合状态，用万用表分别测试输入、输出电平，填入表 1-1-5，并按正逻辑关系转换成真值表。

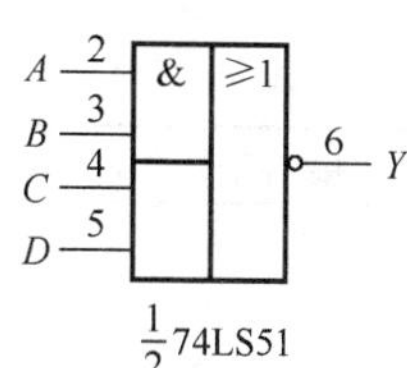

图 1-1-4　与或非门逻辑功能测试电路

表 1-1-5　与或非门逻辑功能分析、测试表

功能分析			实验测试及转换						
逻辑表达式	真值表		电平关系表					真值表	
	输入	输出	输入				输出	输入	输出
	A *B* *C* *D*	*Y*	*A*/V	*B*/V	*C*/V	*D*/V	*Y*/V	*A* *B* *C* *D*	*Y*
	0 0 0 0								
	0 0 0 1								
	0 0 1 0								
	0 0 1 1								
	0 1 0 0								
	0 1 0 1								
	0 1 1 0								
	0 1 1 1								
	1 0 0 0								
	1 0 0 1								
	1 0 1 0								
	1 0 1 1								
	1 1 0 0								
	1 1 0 1								
	1 1 1 0								
	1 1 1 1								
实验结论									

5. 门的逻辑功能扩展分析、测试

1）用与非门控制输出。写出图 1-1-5 所示与非门控制输出电路在不同控制条件下的逻辑表达式，填入表 1-1-6。

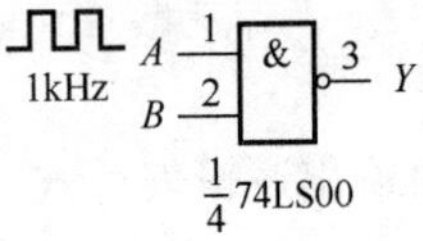

1kHz A 1 & 3 Y B 2 $\frac{1}{4}$74LS00

图 1-1-5　与非门控制输出电路

选用四 2 输入与非门 74LS00 中的一个与非门按图 1-1-5 连接，与非门的输入端 A 接脉冲信号源及示波器，输入端 B 接逻辑电平开关，输出端 Y 接示波器。

接通电源，使逻辑电平开关分别为高、低电平状态，用双踪示波器观测输入信号、输出信号波形，画在表 1-1-6 中。

表 1-1-6　与非门控制输出分析、测试表

不同控制条件下的逻辑表达式	实验测试波形
	输入波形
	输出波形（开关为低电平）
	输出波形（开关为高电平）
实验结论	

2）用异或门控制输出。写出图 1-1-6 所示异或门控制输出电路在不同控制条件下的逻辑表达式，填入表 1-1-7。

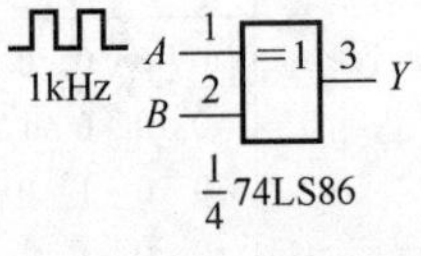

选用四 2 输入异或门 74LS86 中的一个异或门按图 1-1-6 连接，异或门的输入端 A 接脉冲信号源及示波器，输入端 B 接逻辑电平开关，输出端 Y 接示波器。

1kHz A 1 =1 3 Y B 2 $\frac{1}{4}$74LS86

图 1-1-6　异或门控制输出电路

接通电源，使逻辑电平开关分别为高、低电平状态，用双踪示波器观测输入信号、输出信号波形，画在表 1-1-7 中。

表 1-1-7　异或门控制输出分析、测试表

不同控制条件下的逻辑表达式	实验测试波形
	输入波形
	输出波形（开关为低电平）
	输出波形（开关为高电平）
实验结论	

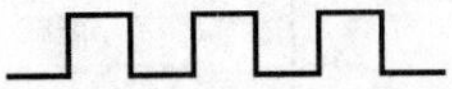

七、注意事项

1）按定位标记将集成芯片插入插座时，先将引脚对准相应插孔再插牢，防止器件的引脚弯曲或折断。

2）实验测试电路中，没有画出芯片的电源引脚、接地引脚。

3）接线、改变接线及拆除接线时，必须关闭电源。

4）门的输出端不允许直接与电源或地连接，否则将导致器件损坏。

5）集成芯片中不使用的门，其输入端、输出端做悬空开路处理。

八、思考题

1）怎样判断门电路逻辑功能是否正常？

2）TTL 门电路的多余输入端应如何处理？

3）与非门一个输入端接连续脉冲，其余输入端为什么状态时允许脉冲通过？什么状态时禁止脉冲通过？

4）异或门又称可控反相门，为什么？

5）各门的输出端是否可以并联，以实现“线与”？

九、实验报告要求

1）简述实验原理，画出各实验测试电路，按照实验内容填写各数据表格。

2）整理实验数据，分析实验结果与理论是否相符。

实验2 TTL门电路参数测试

一、实验目的

掌握 TTL 与非门主要性能参数的物理意义及测试方法。

二、实验仪器及器件

1. 实验仪器

1）TPE-D6Ⅲ型数字电路学习机。
2）V-252 型双踪示波器。
3）SG1651A 型函数信号发生器。
4）VC9801A 型数字万用表。

2. 器件

1）74LS00（四 2 输入与非门）一片。
2）电阻器 200Ω、电位器 1kΩ 各一只。

三、预习要求

1）所用器件的逻辑符号、逻辑功能。
2）所用器件的引脚排列。
3）在 Multisim 中分别组成各实验电路进行仿真测试，并记录数据。

四、TTL 门电路的主要参数

本实验中仅选用 TTL 四 2 输入与非门 74LS00 进行参数测试实验，表 1-2-1 和表 1-2-2 分别给出了 TTL 与非门主要参数的定义、电压传输特性及曲线上的部分参数。

表 1-2-1　TTL 与非门主要参数的定义

参数名称	定义
输出高电平 U_{OH}	与非门有一个或多个输入端接地或接低电平时的输出电压值。空载时典型值为 3.4～3.6V；接有拉电流负载时，U_{OH} 将下降
输出低电平 U_{OL}	与非门所有输入端均接高电平时的输出电压值。空载时典型值约为 0.2V；接有灌电流负载时，U_{OL} 将上升
输入短路电流 I_{IS}（低电平输入电流 I_{IL}）	与非门有一个输入端接地，其他输入端悬空时，该接地输入端流出的电流。一般 I_{IS} <1.8mA

续表

参数名称	定义
输入漏电流 I_{IH}（高电平输入电流）	与非门一个输入端接高电平，另一个输入端接地时，高电平输入端流入的电流。一般 I_{IH} 为几十 μA
开门电平 U_{ON}	使与非门输出低电平 U_{OL}<0.4V 时，输入高电平的最小值 U_{IHmin}
关门电平 U_{OFF}	使与非门输出高电平为 $0.9U_{OH}$ 时，输入低电平的最大值 U_{ILmax}
扇出系数 N_O	与非门正常工作时能驱动同类门的个数，衡量门的带负载能力。 $N_O=I_{OL}/I_{IS}$ I_{OL} 是 U_{OL}<0.4V 时与非门输出端允许灌入的最大负载电流
输入噪声容限	与非门能够保持正确逻辑关系时输入端所允许的最大干扰电压。 输入高电平噪声容限：$U_{NH}=U_{IH}-U_{ON}$ 输入低电平噪声容限：$U_{NL}=U_{OFF}-U_{IL}$
平均传输延迟时间 t_{pd}	与非门的输出电压波形滞后输入电压波形的时间，衡量门电路的工作速度

表 1-2-2 TTL 与非门电压传输特性及部分参数的确定

电压传输特性曲线	部分参数的确定
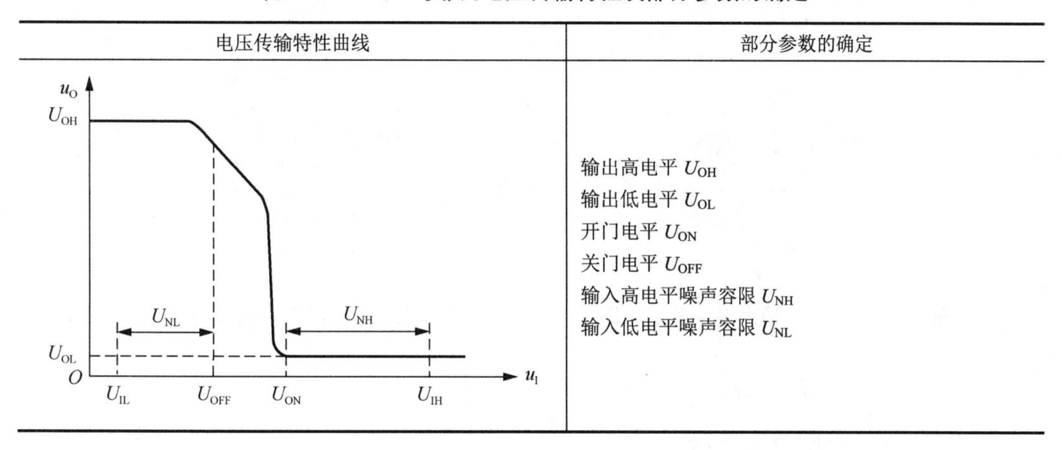	输出高电平 U_{OH} 输出低电平 U_{OL} 开门电平 U_{ON} 关门电平 U_{OFF} 输入高电平噪声容限 U_{NH} 输入低电平噪声容限 U_{NL}

五、实验原理

门电路的参数是反映逻辑门性能指标的物理量，各个参数都有确定的定义。

本实验选用 TTL 四 2 输入与非门 74LS00 进行参数测试实验。

测试门电路参数的原理及方法：以各个参数的定义作为测试条件，直接测量相关的电压量、电流量或时间量；测试出反映 u_O-u_I 关系的电压传输特性曲线，由曲线确定部分参数。

六、实验内容

1. 测量输出高电平 U_{OH}

测试电路如图 1-2-1 所示。

1）选用四 2 输入与非门 74LS00 一片，在数字电路学习机上合适的位置选取一个

14P 插座，按定位标记插好集成芯片。对照附录中 74LS00 的引脚图，选用 74LS00 中的一个与非门按图 1-2-1 接线，与非门的两个输入端 A、B 分别接逻辑电平开关。

2）接通电源，将输入逻辑电平开关一个或两个接地，读出电压值，将测试结果填入表 1-2-3。

2. 测量输出低电平 U_{OL}

测试电路如图 1-2-1 所示。

将输入逻辑电平开关均接高电平，读出电压值，将测试结果填入表 1-2-3。

3. 测量输入短路电流 I_{IS}

测试电路如图 1-2-2 所示。

1）按图 1-2-2 接线。

2）接通电源，读出电流值，将测试结果填入表 1-2-3。

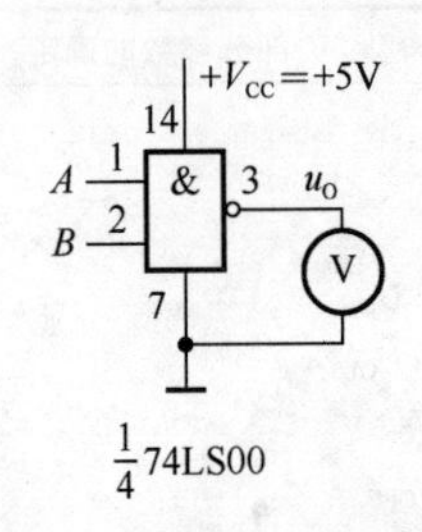

图 1-2-1　与非门输出电平测试电路

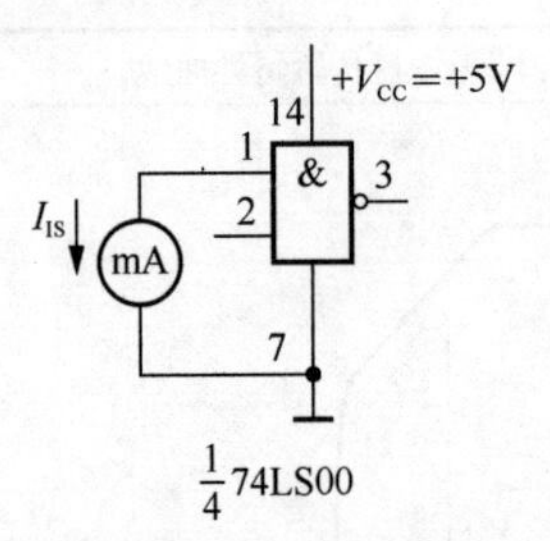

图 1-2-2　与非门输入短路电流 I_{IS} 测试电路

4. 测量输入漏电流 I_{IH}

测试电路如图 1-2-3 所示。

1）按图 1-2-3 接线。

2）接通电源，读出电流值，将测试结果填入表 1-2-3。

5. 测量扇出系数 N_O

测试电路如图 1-2-4 所示。

1）按图 1-2-4 接线，输入端 A、B 均接高电平或悬空。

2）接通电源，调节电位器 R_P，使电压表的值 U_{OL}=0.4V，读出此时电流表的电流值，即 I_{OL} 值，按式

$$N_O = I_{OL} / I_{IS}$$

计算扇出系数 N_O，将测试结果及计算结果填入表 1-2-3。

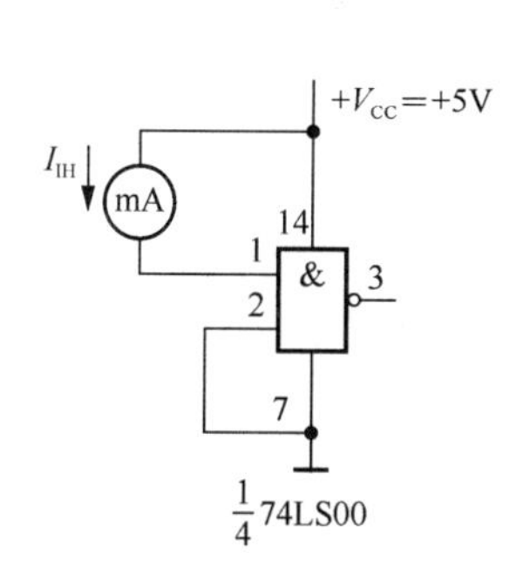

图 1-2-3　与非门输入漏电流 I_{IH} 测试电路

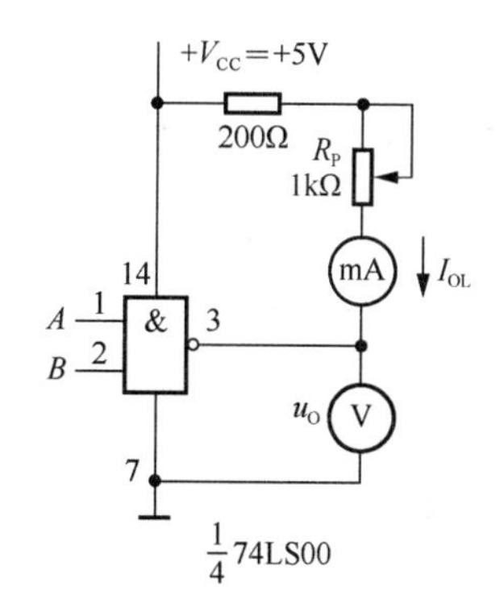

图 1-2-4　与非门扇出系数 N_O 测试电路

6. 测试电压传输特性曲线

电压传输特性曲线反映与非门输出电压 u_O 与输入电压 u_I 之间的关系。测试电路如图 1-2-5 所示。

1）按图 1-2-5 接线。

2）接通电源，输入 f =1kHz、U_{IPP} = 4V 的正锯齿波，用双踪示波器 X-Y 显示方式直接测试曲线，记录曲线填入表 1-2-3，并在曲线上标出 U_{OH}、U_{OL}、U_{ON}、U_{OFF}，计算 U_{NH}、U_{NL}。

7. 测量平均传输延迟时间 t_{pd}

测试电路如图 1-2-6 所示，三个与非门组成环形振荡器。

1）按图 1-2-6 接线。

2）接通电源，用示波器测试环形振荡器的振荡周期 T，按式

$$t_{pd}=T/6$$

计算平均传输延迟时间 t_{pd}，将测试结果及计算结果填入表 1-2-3。

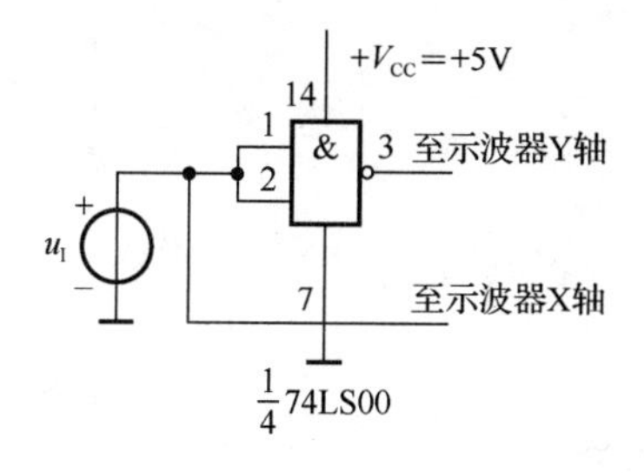

图 1-2-5　与非门电压传输特性测试电路

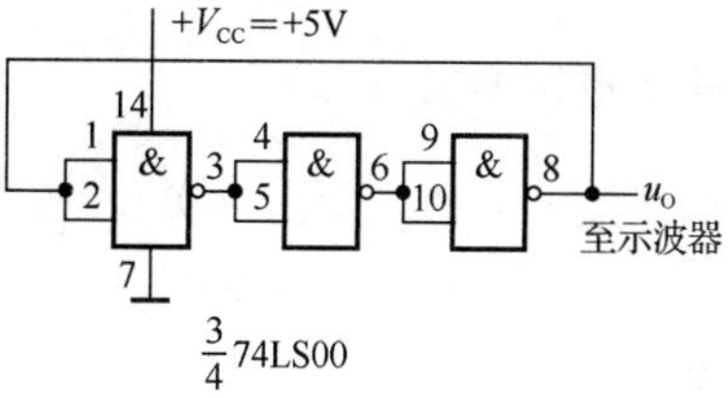

图 1-2-6　与非门平均传输延迟时间 t_{pd} 测试电路

表 1-2-3　TTL 与非门 74LS00 参数测试表

参数	U_{OH}	U_{OL}	I_{IS}	I_{IH}	U_{ON}	U_{OFF}	U_{NH}	U_{NL}
测量值								
计算结果	$N_O=I_{OL}/I_{IS}=$　　；$t_{pd}=T/6=$							
电压传输特性曲线								
实验结论								

七、注意事项

1）按定位标记将集成芯片插入插座时，先将引脚对准相应插孔再插牢，防止器件的引脚弯曲或折断。

2）接线、改变接线及拆除接线时，必须关闭电源。

3）集成芯片中不使用的门，其输入端、输出端做悬空开路处理。

八、思考题

1）TTL 与非门的工作速度由什么参数决定？

2）TTL 与非门的无用输入端是否能悬空或接高电平。为什么？

3）输入短路电流 I_{IS} 与输入端的个数是否有关。

4）输入漏电流 I_{IH} 与输入端的个数是否有关。

5）反映逻辑门带负载能力的参数有哪些？

九、实验报告要求

简述实验原理，画出各实验测试电路，按实验内容填写各实验数据表格。

实验3 TS门和OC门及应用

一、实验目的

1）掌握TTL三态门（TS门）和集电极开路门（OC门）的功能测试方法。

2）学会正确使用TS门和OC门。

3）了解集电极负载电阻R_L对OC门的影响。

二、实验仪器及器件

1. 实验仪器

1）TPE-D6Ⅲ型数字电路学习机。

2）V-252型双踪示波器。

3）VC9801A型数字万用表。

2. 器件

1）74LS126（三态输出四总线缓冲器）一片。

2）74LS03（四2输入OC与非门）一片。

3）电阻器、电位器若干。

三、预习要求

1）TS门和OC门的功能和特点。

2）所用器件的逻辑符号、功能表、逻辑表达式和逻辑功能的扩展方法。

3）所用器件的引脚排列。

4）在Multisim中用TS门和OC门分别组成各实验电路进行仿真测试，并记录数据。

四、实验器件的逻辑功能

表1-3-1给出了本实验所用TS门、OC门的逻辑符号、逻辑表达式、真值表和逻辑功能扩展情况等相关知识。

表 1-3-1　TS 门、OC 门的逻辑符号、逻辑表达式、真值表和逻辑功能扩展

<table>
<tr><td>项目</td><td colspan="3">TS 门</td><td colspan="2">OC 门</td></tr>
<tr><td>逻辑符号</td><td colspan="3">A, EN, Y
EN—控制，高电平时为工作状态；
A—输入；Y—输出</td><td colspan="2">A, B, &, Y
A、B—输入；Y—输出</td></tr>
<tr><td>逻辑表达式</td><td colspan="3">$Y=\begin{cases}\text{高阻态} & \big|_{\text{控制端EN=0时}} \\ A & \big|_{\text{控制端EN=1时}}\end{cases}$</td><td colspan="2">$Y=\overline{AB}$</td></tr>
<tr><td rowspan="3">真值表</td><td colspan="2">输入</td><td>输出</td><td>输入</td><td>输出</td></tr>
<tr><td>EN</td><td>A</td><td>Y</td><td>A　B</td><td>Y</td></tr>
<tr><td>0
1
1</td><td>×
0
1</td><td>高阻态
0
1</td><td>0　0
0　1
1　0
1　1</td><td>1
1
1
0</td></tr>
<tr><td>说明</td><td colspan="3">① 有 3 种输出状态：
输出高电平 } 工作状态
输出低电平
输出高阻态　　禁止状态
② 在满足任一时刻仅一个三态门处于工作状态的条件下，几个三态门的输出端可以并联</td><td colspan="2">① 需在输出端和电源之间外接集电极负载电阻 R_L。
② 几个 OC 门的输出端可以无条件并联，实现“线与”。
③ 输出高电平 $U_{OH}=V_{CC}$</td></tr>
<tr><td>功能扩展</td><td colspan="3">多路信号通过一条传输线分时轮流传输</td><td colspan="2">实现“线与”逻辑，进行电平转换</td></tr>
</table>

五、实验原理

TS 门和 OC 门的逻辑运算功能可用逻辑表达式、真值表等方式描述。限定门的控制条件，可以改变、扩展其逻辑功能。

本实验选用三态输出四总线缓冲器，运用 OC 与非门测试功能及应用电路功能进行测试。

实验测试门逻辑功能的原理及方法：将逻辑门的各控制端、输入端分别接到逻辑电平开关上并改变开关的逻辑电平状态，测出相应的输出电平，得到输出信号、输入信号之间的电平关系表，按高、低电平与逻辑值的对应关系转换成真值表，再与正确的真值表进行对比，从而验证逻辑关系是否符合要求。

六、实验内容

1. 三态输出缓冲器的逻辑功能分析、测试

1）分析三态输出缓冲器的逻辑功能。写出图 1-3-1 所示三态输出缓冲器的输出逻辑表达式，列出真值表，填入表 1-3-2。

2）选用三态输出四总线缓冲器 74LS126 一片，在数字电路学习机上合适的位置选取一个 14P 插座，按定位标记插好集成芯片。

3）对照附录中 74LS126 的引脚图，选用 74LS126 中的一个三态输出缓冲器，按图 1-3-1 接线，三态输出缓冲器的一个控制端 EN、一个输入端 A 分别接逻辑电平开关。

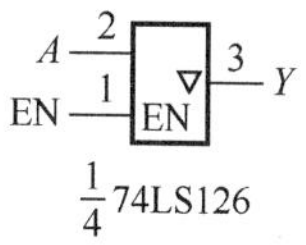

图 1-3-1　三态输出缓冲器逻辑功能测试电路

4）接通电源，改变逻辑电平开关高、低电平组合状态，用万用表分别测试输入、输出电平，填入表 1-3-2，并按正逻辑关系转换成真值表。

表 1-3-2　三态输出缓冲器逻辑功能分析、测试表

功能分析				实验测试及转换					
逻辑表达式	真值表			电平关系表			真值表		
	输入		输出	输入		输出	输入		输出
	EN	A	Y	EN / V	A / V	Y / V	EN	A	Y
	0	×							
	1	0							
	1	1							
实验结论									

2. 三态输出缓冲器分时传输应用的分析、测试

用三态门 74LS126 实现的 3 路信号分时经一条总线传送的电路如图 1-3-2 所示。

1）列出 Y 的逻辑表达式并填入表 1-3-3。

2）对照附录中 74LS126 的引脚图，选用 74LS126 中的三个三态输出缓冲器按图 1-3-2 接线，三个控制端 EN_1、EN_2 及 EN_3 分别接逻辑电平开关，三个输入端 A_1、A_2 及 A_3 分别接地、+5V 电源及 1Hz 脉冲信号源，一个输出端 Y 接示波器。

3）接通电源，按表 1-3-3 要求改变输入逻辑电平开关的组合状态，由示波器显示输出信号波形，将测试结果填入表 1-3-3。

注意：控制信号 EN_1、EN_2、EN_3 不允许一个以上同时为 1。

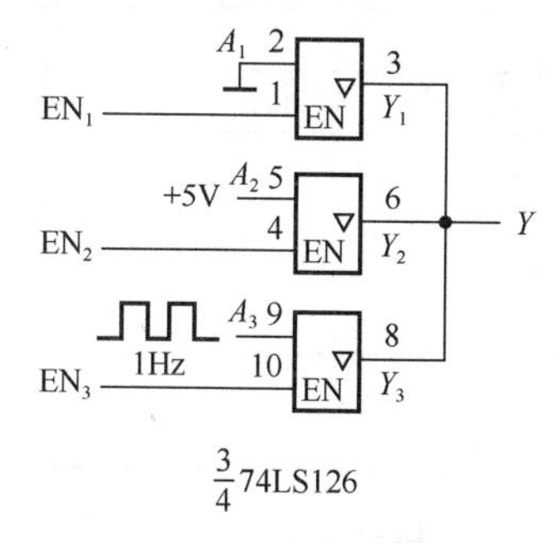

图 1-3-2　三态输出缓冲器分时传输测试电路

表 1-3-3　三态输出缓冲器分时传输电路分析、测试表

控制			输出	
			理论分析 Y 的逻辑表达式	实验测试 Y 的波形
EN_1	EN_2	EN_3		
1	0	0		
0	1	0		
0	0	1		
0	0	0		
实验结论				

3. OC 与非门的逻辑功能分析、测试

1）分析 OC 与非门的逻辑功能。写出图 1-3-3 所示 OC 与非门的输出逻辑表达式，列出真值表，填入表 1-3-4。

2）选用四 2 输入 OC 与非门 74LS03 一片，在数字电路学习机上合适的位置选取一个 14P 插座，按定位标记插好集成芯片。

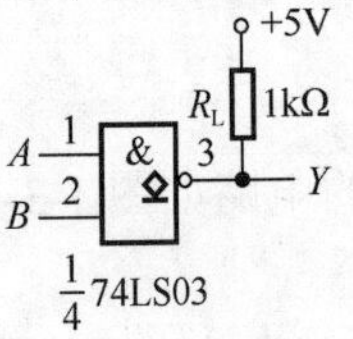

图 1-3-3　OC 与非门逻辑功能测试电路

3）对照附录中 74LS03 的引脚图，选用 74LS03 中的一个 OC 与非门按图 1-3-3 接线，OC 与非门的两个输入端 *A*、*B* 分别接逻辑电平开关。

4）接通电源，改变逻辑电平开关高、低电平组合状态，用万用表分别测试输入、输出电平，填入表 1-3-4，并按正逻辑关系转换成真值表。

表 1-3-4　OC 与非门逻辑功能分析、测试表

功能分析				实验测试及转换					
逻辑表达式	真值表			电平关系表			真值表		
	输入		输出	输入		输出	输入		输出
	A	*B*	*Y*	*A*/V	*B*/V	*Y*/V	*A*	*B*	*Y*
	0	0							
	0	1							
	1	0							
	1	1							
实验结论									

4. OC 与非门实现“线与”逻辑的分析、测试

1）分析 OC 与非门的“线与”逻辑功能。写出图 1-3-4 所示“线与”OC 与非门的

输出逻辑表达式，列出真值表，填入表 1-3-5。

2）对照附录中 74LS03 的引脚图，选用 74LS03 中的两个 OC 与非门按图 1-3-4 接线，将四个输入端 A、B、C、D 分别接逻辑电平开关，取 U_{OH}=2.8V、U_{OL}=0.4V，用实验方法确定 R_{Lmax}、R_{Lmin}，按式

$$R_{Lmax} > R_L > R_{Lmin}$$

确定 R_L。

3）输出端 Y_1、Y_2、Y 分别接 LED 电平显示，接通电源，改变逻辑电平开关高、低电平组合状态，由 LED 显示输出逻辑状态，填入表 1-3-5。

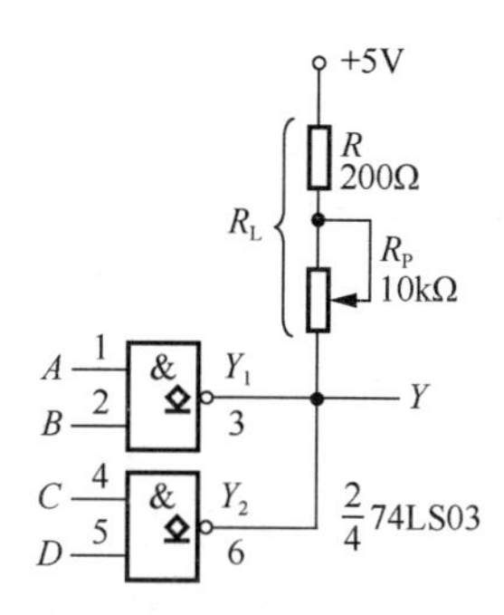

图 1-3-4　OC 与非门“线与”逻辑功能测试电路

表 1-3-5　OC 与非门“线与”逻辑功能分析、测试表

功能分析					实验测试			
逻辑表达式	真值表				真值表			
	输入	输出			输入	输出		
	A B C D	Y_1	Y_2	Y	A B C D	Y_1	Y_2	Y
	0 0 0 0				0 0 0 0			
Y_1=	0 0 0 1				0 0 0 1			
	0 0 1 0				0 0 1 0			
	0 0 1 1				0 0 1 1			
	0 1 0 0				0 1 0 0			
Y_2=	0 1 0 1				0 1 0 1			
	0 1 1 0				0 1 1 0			
	0 1 1 1				0 1 1 1			
	1 0 0 0				1 0 0 0			
Y=	1 0 0 1				1 0 0 1			
	1 0 1 0				1 0 1 0			
	1 0 1 1				1 0 1 1			
	1 1 0 0				1 1 0 0			
	1 1 0 1				1 1 0 1			
	1 1 1 0				1 1 1 0			
	1 1 1 1				1 1 1 1			
实验结论								

七、注意事项

1）按定位标记将集成芯片插入插座时，先将引脚对准相应插孔再插牢，防止器件的引脚弯曲或折断。

2）实验测试电路中，没有画出芯片的电源引脚、接地引脚。

3）接线、改变接线及拆除接线时，必须关闭电源。

4）集成芯片中不使用的门，其输入端、输出端做悬空开路处理。

八、思考题

1）在图 1-3-1 所示的电路中，怎样判断 74LS126 芯片的输出状态为高阻态？

2）TS 门和 OC 门使用时为何必须外接电阻和电源？若不加是否可以？

九、实验报告要求

1）简述实验原理，画出各实验测试电路，按实验内容填写各数据表格。

2）整理实验数据，分析实验结果与理论是否相符。

实验 4 SSI 组合逻辑电路

一、实验目的

1）掌握组合逻辑电路的分析、设计及功能测试方法。
2）熟悉组合逻辑电路的结构及功能特点。
3）熟悉常用逻辑门逻辑功能的变换方法。

二、实验仪器及器件

1. 实验仪器

1）TPE-D6III型数字电路学习机。
2）VC9801A 型数字万用表。

2. 器件

1）74LS00（四 2 输入与非门）三片。
2）74LS86（四 2 输入异或门）一片。

三、预习要求

1）SSI 组合逻辑电路的分析、设计方法。
2）完成各验证电路的分析、各设计电路的设计。
3）所用器件的逻辑功能、引脚排列。
4）在 Multisim 中用 TTL 门分别组成各组合逻辑电路进行仿真测试，并记录数据。

四、组合逻辑电路及分析、设计方法

组合逻辑电路在结构上由门电路组合连接构成且不构成反馈。组合逻辑电路的功能特点是任一时刻的输出信号仅取决于该时刻的输入信号，而与输入信号作用前电路所处的状态无关。组合逻辑电路的功能描述方法有逻辑表达式、真值表、逻辑图等。组合逻辑电路研究的主要内容是电路的分析和设计。

组合逻辑电路分析的一般步骤如图 1-4-1 所示。

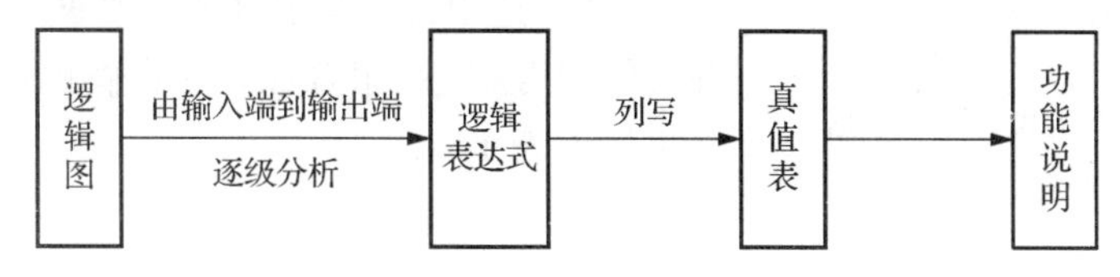

图 1-4-1　组合逻辑电路分析的一般步骤

组合逻辑电路设计的一般步骤如图 1-4-2 所示。

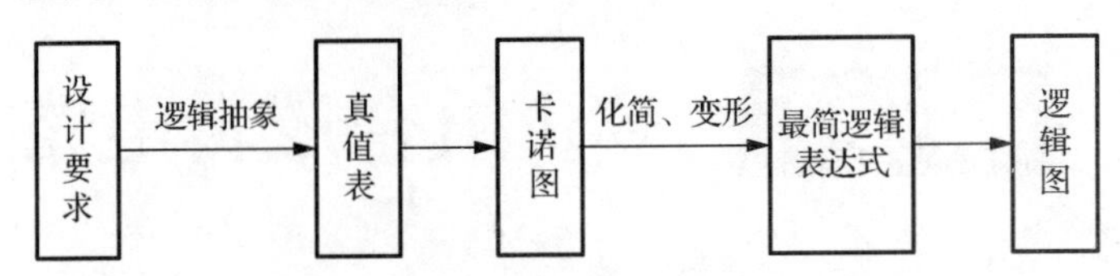

图 1-4-2　组合逻辑电路设计的一般步骤

五、实验原理

对给定的或所设计的组合逻辑电路进行实验测试，验证其输入信号和输出信号之间的逻辑关系是否符合要求，即是否与所要求的真值表相符。可用高、低逻辑电平组合输入的方法进行测试，即将组合逻辑电路的输入端分别接到逻辑电平开关上，按真值表中输入变量的取值组合关系使开关状态为高、低不同的逻辑电平。用 LED 分别显示各输入端和输出端的逻辑状态，或用万用表测试输入端、输出端的电平状态，得到测试真值表，再与所要求的真值表比较，从而判断组合逻辑电路的逻辑功能是否正确。

六、实验内容

1. 1 位半加器的逻辑功能分析、测试

1 位半加器是实现对被加数、加数两个 1 位二进制数进行算术加法运算，产生本位和数及向高位进位数的组合逻辑电路。

图 1-4-3 所示为用与非门构成的 1 位半加器测试电路，其中：A_i 为被加数，B_i 为加数，S_i 为本位和数，C_{i+1} 为向高位的进位数。

1）分析 1 位半加器的逻辑功能。

写出图 1-4-3 所示 1 位半加器逻辑电路的输出逻辑表达式并变换成与或式，列出真值表，填入表 1-4-1。

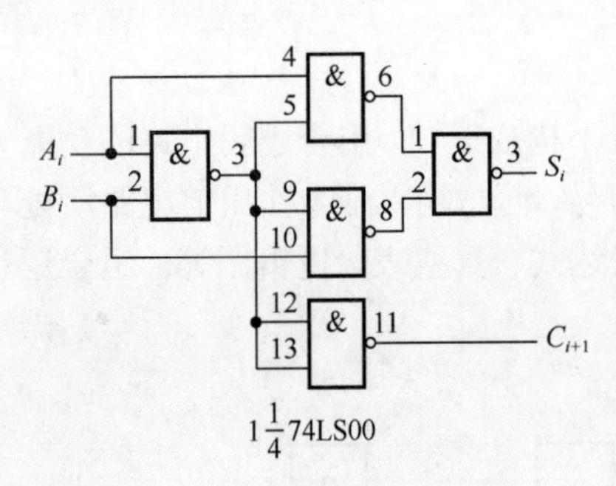

图 1-4-3　1 位半加器测试电路

2）选用四 2 输入与非门 74LS00 两片，在数字电路学习机上合适的位置选取两个 14P 插座，按定位标记插好集成芯片。

3）对照附录中 74LS00 的引脚图，选用 74LS00 中的五个与非门按图 1-4-3 接线，两个输入端 A_i、B_i 分别接逻辑电平开关，两个输出端 S_i、C_{i+1} 分别接 LED 电平显示。

4）接通电源，按表 1-4-1 要求改变输入逻辑电平开关的组合状态，由 LED 显示输出逻辑状态，将测试结果填入表 1-4-1。

表 1-4-1 1 位半加器功能分析、测试表

功能分析								
逻辑表达式	真值表				实验测试 真值表			
	A_i	B_i	S_i	C_{i+1}	A_i	B_i	S_i	C_{i+1}
	0	0			0	0		
	0	1			0	1		
	1	0			1	0		
	1	1			1	1		
实验结论								

2. 1 位全加器逻辑功能分析、测试

1 位全加器是实现对被加数、加数及来自低位的进位数三个 1 位二进制数进行算术加法运算，产生本位和数及向高位进位数的组合逻辑电路。

图 1-4-4 所示为用与非门构成的 1 位全加器测试电路，其中：A_i 为被加数，B_i 为加数，C_i 为来自低位的进位数，S_i 为本位和数，C_{i+1} 为向高位的进位数。

1）分析 1 位全加器的逻辑功能。写出图 1-4-4 所示 1 位全加器逻辑电路的输出逻辑表达式并变换成与或式，列出真值表，填入表 1-4-2。

2）除之前选用的两片四 2 输入与非门 74LS00 外，再选用一片 74LS00，在数字电路学习机上合适的位置选取一个 14P 插座，按定位标记插好集成芯片。

3）对照附录中 74LS00 的引脚图，选用三片中的九个与非门按图 1-4-4 接线，三个输入端 A_i、B_i、C_i 分别接逻辑电平开关，两个输出端 S_i、C_{i+1} 分别接 LED 电平显示。

4）接通电源，按表 1-4-2 要求改变输入逻辑电平开关的组合状态，由 LED 显示输出逻辑状态，将测试结果填入表 1-4-2。

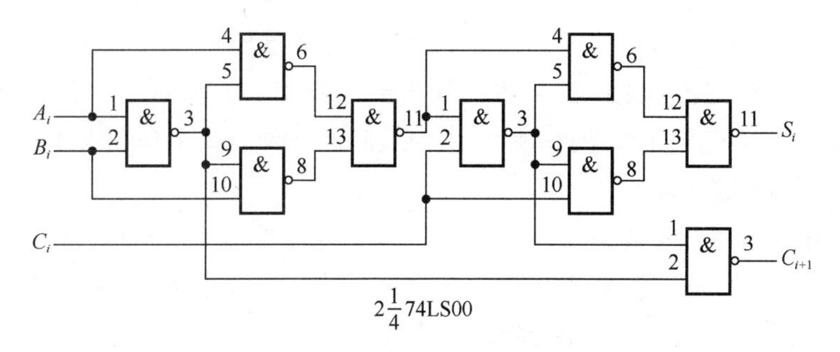

图 1-4-4 1 位全加器测试电路

表 1-4-2　1 位全加器功能分析、测试表

功能分析						实验测试				
逻辑表达式	真值表					真值表				
	A_i	B_i	C_i	S_i	C_{i+1}	A_i	B_i	C_i	S_i	C_{i+1}
	0	0	0			0	0	0		
	0	0	1			0	0	1		
	0	1	0			0	1	0		
	0	1	1			0	1	1		
	1	0	0			1	0	0		
	1	0	1			1	0	1		
	1	1	0			1	1	0		
	1	1	1			1	1	1		
实验结论										

3．4 位代码转换电路的设计、测试

用最少量的异或门设计一个 4 位代码转换电路，输入为 4 位二进制代码 A_3、A_2、A_1、A_0，输出为 4 位循环码 Y_3、Y_2、Y_1、Y_0。

将由设计要求列出的真值表、所求出的最简逻辑表达式填写在表 1-4-3 中，所设计的逻辑电路图画在表 1-4-3 中。

按组合逻辑电路的实验方法连接电路，四个输入端 A_3、A_2、A_1、A_0 分别接逻辑电平开关，四个输出端 Y_3、Y_2、Y_1、Y_0 分别接 LED 电平显示。接通电源，按照表 1-4-3 中真值表的取值组合要求改变输入逻辑电平开关的组合状态，由 LED 显示输出逻辑状态，将测试结果填入表 1-4-3。

4．1 位数值比较器的设计、测试

用最少量的 2 输入与非门设计一个 1 位数值比较器电路，输入为两个 1 位二进制数 A、B，输出为 3 种比较结果：若 $A>B$，则 $Y_1=1$；若 $A<B$，则 $Y_2=1$；若 $A=B$，则 $Y_3=1$。

将由设计要求列出的真值表、所求出的最简逻辑表达式填写在表 1-4-4 中，所设计的逻辑电路图画在表 1-4-4 中。

按组合逻辑电路的实验方法连接电路，两个输入端 A、B 分别接逻辑电平开关，三个输出端 Y_1、Y_2、Y_3 分别接 LED 电平显示。接通电源，按表 1-4-4 中真值表的取值组合要求改变输入逻辑电平开关的组合状态，由 LED 显示输出逻辑状态，将测试结果填入表 1-4-4。

表 1-4-3 4 位代码转换电路设计、测试表

		A_3	A_2	A_1	A_0	Y_3	Y_2	Y_1	Y_0	A_3	A_2	A_1	A_0	Y_3	Y_2	Y_1	Y_0
电路设计	真值表	0	0	0	0					1	0	0	0				
		0	0	0	1					1	0	0	1				
		0	0	1	0					1	0	1	0				
		0	0	1	1					1	0	1	1				
		0	1	0	0					1	1	0	0				
		0	1	0	1					1	1	0	1				
		0	1	1	0					1	1	1	0				
		0	1	1	1					1	1	1	1				
	逻辑表达式																
	逻辑图																
实验测试	真值表	A_3	A_2	A_1	A_0	Y_3	Y_2	Y_1	Y_0	A_3	A_2	A_1	A_0	Y_3	Y_2	Y_1	Y_0
		0	0	0	0					1	0	0	0				
		0	0	0	1					1	0	0	1				
		0	0	1	0					1	0	1	0				
		0	0	1	1					1	0	1	1				
		0	1	0	0					1	1	0	0				
		0	1	0	1					1	1	0	1				
		0	1	1	0					1	1	1	0				
		0	1	1	1					1	1	1	1				
实验结论																	

表 1-4-4 1 位数值比较器电路设计、测试表

		A	B	Y_1	Y_2	Y_3
电路设计	真值表	0	0			
		0	1			
		1	0			
		1	1			
	逻辑表达式					
	逻辑图					

续表

实验测试	真值表	A　B	Y_1　Y_2　Y_3
		0　0 0　1 1　0 1　1	
实验结论			

七、注意事项

1）按定位标记将集成芯片插入插座时，先将引脚对准相应插孔再插牢，防止器件的引脚弯曲或折断。

2）实验测试电路中，没有画出芯片的电源引脚、接地引脚。

3）接线、改变接线及拆除接线时，必须关闭电源。

4）集成芯片中不使用的门，其输入端、输出端做悬空开路处理。

八、思考题

1）简述组合逻辑电路的功能和结构特点。

2）简述组合逻辑电路的一般分析、设计方法。

3）简述组合逻辑电路逻辑功能的测试方法。

4）如何得到逻辑函数的与非-与非表达式、与或非表达式、或非-或非表达式？

5）如何判断组合逻辑电路是否存在竞争-冒险？若有竞争-冒险应如何消除？

6）分析实验中所用测试方法并提出改进方案。

九、实验报告要求

1）简述实验原理，画出各实验测试电路，按实验内容填写各数据表格。

2）整理实验数据，分析实验结果与理论是否相符。

实验5　译码器和数据选择器及其扩展应用

一、实验目的

1）掌握中规模集成二进制译码器、数据选择器的逻辑功能和使用方法。

2）熟悉组合逻辑电路的结构及功能特点。

二、实验仪器及器件

1. 实验仪器

1）TPE-D6III型数字电路学习机。

2）VC9801A 型数字万用表。

2. 器件

1）74LS139（双 2 线-4 线译码器）一片。

2）74LS153（双 4 选 1 数据选择器）两片。

3）74LS00（四 2 输入与非门）一片。

三、预习要求

1）MSI 功能电路的特点。

2）所用器件的逻辑符号、功能表、逻辑表达式和逻辑功能扩展方法。

3）所用器件的引脚排列。

4）在 Multisim 中分别组成各实验电路进行仿真测试，并记录数据。

四、实验器件的逻辑功能

表 1-5-1 给出了本实验所用的双 2 线-4 线译码器、双 4 选 1 数据选择器的逻辑符号、功能表、逻辑表达式和逻辑功能扩展等情况的相关知识。

表 1-5-1　双 2 线-4 线译码器、双 4 选 1 数据选择器的逻辑符号、功能表、逻辑表达式和逻辑功能扩展

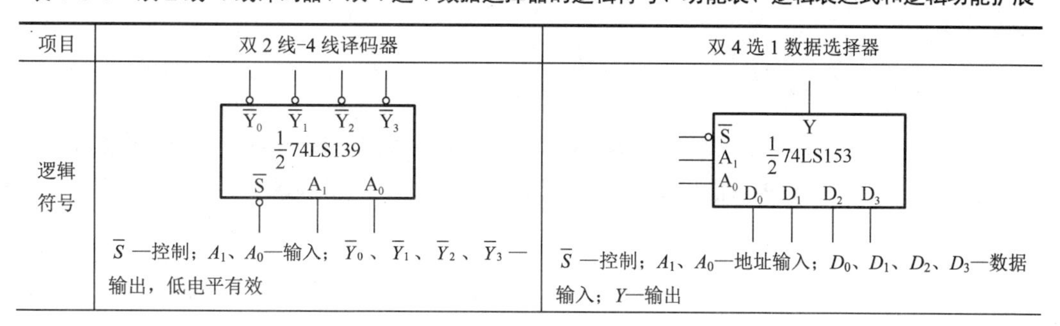

项目	双 2 线-4 线译码器	双 4 选 1 数据选择器
逻辑符号	$\overline{Y}_0$ $\overline{Y}_1$ $\overline{Y}_2$ $\overline{Y}_3$ $\frac{1}{2}$74LS139 $\overline{S}$ A_1 A_0 $\overline{S}$ —控制；A_1、A_0—输入；$\overline{Y}_0$、$\overline{Y}_1$、$\overline{Y}_2$、$\overline{Y}_3$—输出，低电平有效	Y $\overline{S}$ A_1 A_0 $\frac{1}{2}$74LS153 D_0 D_1 D_2 D_3 $\overline{S}$ —控制；A_1、A_0—地址输入；D_0、D_1、D_2、D_3—数据输入；Y—输出

续表

项目	双 2 线-4 线译码器							双 4 选 1 数据选择器			
	输入			输出				输入			输出
	$\overline{S}$	A_1	A_0	$\overline{Y}_0$	$\overline{Y}_1$	$\overline{Y}_2$	$\overline{Y}_3$	$\overline{S}$	A_1	A_0	Y
功能表	1	×	×	1	1	1	1	1	×	×	0
	0	0	0	0	1	1	1	0	0	0	D_0
	0	0	1	1	0	1	1	0	0	1	D_1
	0	1	0	1	1	0	1	0	1	0	D_2
	0	1	1	1	1	1	0	0	1	1	D_3
逻辑表达式	$\overline{Y}_i=\begin{cases}\overline{m}_i & \|_{控制端\overline{S}=0时} \\ 1 & \|_{控制端\overline{S}=1时}\end{cases}\quad(i=0,1,2,3)$ m_i 是以 A_1、A_0 为变量构成的最小项							$\overline{S}=0$ 时 $Y=\overline{A}_1\overline{A}_0D_0+\overline{A}_1A_0D_1+A_1\overline{A}_0D_2+A_1A_0D_3$ $\overline{S}=1$ 时，$Y=0$			
功能扩展	输入 A_1 或 A_0 为常量 0 或 1，可降低译码范围。 几个译码器级联，可扩大译码范围。 将控制端 $\overline{S}$ 作为数据输入端、A_1、A_0 作为地址输入端，可实现数据分配功能。 实现组合逻辑函数							地址输入 A_1 或 A_0 为常量 0 或 1，可降低选择规模。 几个数据选择器连接，可扩大选择规模。 并行、串行数据格式转换。 实现组合逻辑函数			

五、实验原理

二进制译码器的逻辑功能：将输入的二进制代码翻译成相应的十进制数，使相应的输出端有信号输出。

数据选择器的逻辑功能：在地址输入端加上地址码，可从多个输入数据中选择一个作为输出信号。

本实验选用低电平输出有效的集成双 2 线-4 线二进制译码器 74LS139、集成双 4 选 1 数据选择器 74LS153 测试其逻辑功能及功能扩展应用。

实验测试集成二进制译码器、数据选择器逻辑功能的原理及方法：将译码器、数据选择器的控制端、输入端分别接到逻辑电平开关上，在控制端控制下器件处于非工作状态时，测出相应的输出逻辑状态；在控制端控制下器件处于工作状态时，输入逻辑 1、逻辑 0 的全部组合状态并测出相应的输出逻辑状态，得到测试功能表，再与正确的功能表进行对比，从而验证逻辑功能是否符合要求。

按照对控制端的限定条件改变控制端、输入端的逻辑电平，可验证逻辑功能改变、扩展情况。

六、实验内容

1. 二进制译码器逻辑功能的分析、测试

1）分析 2 线-4 线二进制译码器 74LS139 的逻辑功能。写出图 1-5-1 所示 2 线-4 线二进制译码器 74LS139 的输出逻辑表达式，列出功能表，填入表 1-5-2。

2）选用双 2 线-4 线译码器 74LS139 一片，在数字电路学习机上合适的位置选取一个 16P 插座，按定位标记插好集成芯片。

3）对照附录中 74LS139 的引脚图，选用 74LS139 中的一个 2 线-4 线二进制译码器按图 1-5-1 接线，一个控制端 $\overline{S}$ 及两个输入端 A_1、A_0 分别接逻辑电平开关，四个输出端 $\overline{Y}_0$、$\overline{Y}_1$、$\overline{Y}_2$、$\overline{Y}_3$ 分别接 LED 电平显示。

4）接通电源，按表 1-5-2 要求改变输入逻辑电平开关的组合状态，由 LED 显示输出逻辑状态，将测试结果填入表 1-5-2。

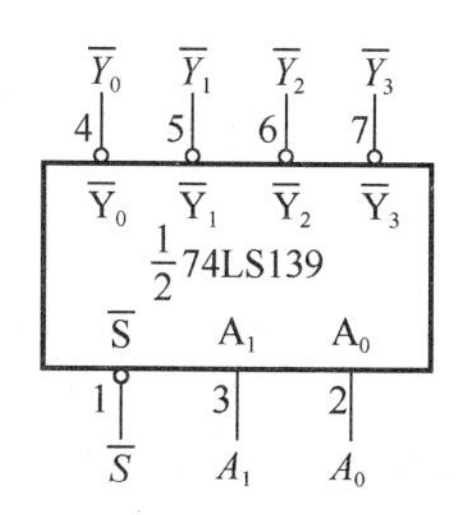

图 1-5-1　译码器测试电路

表 1-5-2　2 线-4 线二进制译码器的功能分析、测试表

功能分析					实验测试			
逻辑表达式	功能表				功能表			
	输入			输出	输入			输出
	$\overline{S}$	A_1	A_0	$\overline{Y}_0$ $\overline{Y}_1$ $\overline{Y}_2$ $\overline{Y}_3$	$\overline{S}$	A_1	A_0	$\overline{Y}_0$ $\overline{Y}_1$ $\overline{Y}_2$ $\overline{Y}_3$
	1	×	×		1	×	×	
	0	0	0		0	0	0	
	0	0	1		0	0	1	
	0	1	0		0	1	0	
	0	1	1		0	1	1	
实验结论								

2. 二进制译码器译码范围扩展的分析、测试

图 1-5-2 是用双 2 线-4 线二进制译码器 74LS139 附加与非门扩展构成的 3 线-8 线二进制译码器测试电路，其中 A_2、A_1、A_0 为输入端，$\overline{Y}_0$～$\overline{Y}_7$ 为输出端。

1）写出各输出逻辑表达式并列出功能表填入表 1-5-3。

2）除之前选用的一片双 2 线-4 线译码器 74LS139 外，再选用四 2 输入与非门 74LS00 一片，在数字电路学习机上合适的位置选取一个 14P 插座，按定位标记插好集成芯片。

3）对照附录中 74LS139、74LS00 的引脚图，选用其中两个 2 线-4 线二进制译码器、一个与非门按图 1-5-2 接线，三个输入端 A_2、A_1、A_0 分别接逻辑电平开关，八个输出端 $\overline{Y}_0$～$\overline{Y}_7$ 分别接 LED 电平显示。

4）接通电源，按照表 1-5-3 要求改变输入逻辑电平开关的组合状态，由 LED 显示输出逻辑状态，将测试结果填入表 1-5-3。

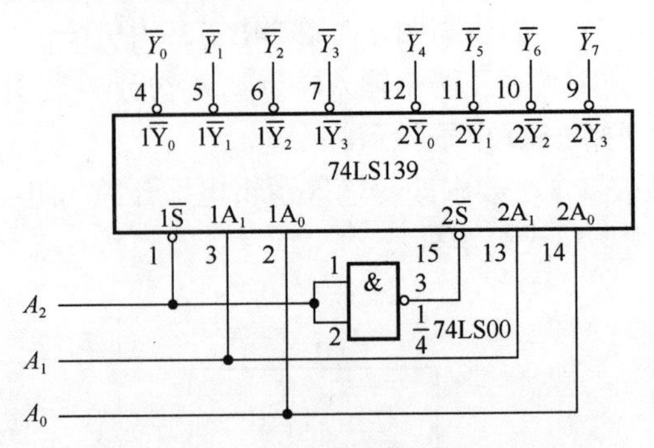

图 1-5-2　译码器功能扩展测试电路

表 1-5-3　二进制译码器译码范围扩展的分析、测试表

功能分析												实验测试										
逻辑表达式	功能表											功能表										
	输入			输出								输入			输出							
	A_2	A_1	A_0	$\overline{Y}_0$	$\overline{Y}_1$	$\overline{Y}_2$	$\overline{Y}_3$	$\overline{Y}_4$	$\overline{Y}_5$	$\overline{Y}_6$	$\overline{Y}_7$	A_2	A_1	A_0	$\overline{Y}_0$	$\overline{Y}_1$	$\overline{Y}_2$	$\overline{Y}_3$	$\overline{Y}_4$	$\overline{Y}_5$	$\overline{Y}_6$	$\overline{Y}_7$
	0	0	0									0	0	0								
	0	0	1									0	0	1								
	0	1	0									0	1	0								
	0	1	1									0	1	1								
	1	0	0									1	0	0								
	1	0	1									1	0	1								
	1	1	0									1	1	0								
	1	1	1									1	1	1								
实验结论																						

3. 二进制译码器改变功能构成数据分配器的分析、测试

图 1-5-3 是用 2 线-4 线二进制译码器 74LS139 构成的数据分配器电路，其中 A_1、A_0 为地址输入端，D 为数据输入端，$\overline{Y}_0$、$\overline{Y}_1$、$\overline{Y}_2$、$\overline{Y}_3$ 为数据输出端。

1）写出各输出逻辑表达式，列出功能表并填入表 1-5-4。

2）对照附录中 74LS139 的引脚图，选用其中一个 2 线-4 线二进制译码器按图 1-5-3 接线，两个输入端 A_1、A_0 及一个数据输入端 D 分别接逻辑电平开关，四个输出端 $\overline{Y}_0$、$\overline{Y}_1$、$\overline{Y}_2$、$\overline{Y}_3$ 分别接 LED 电平显示。

3）接通电源，按表 1-5-4 要求改变输入逻辑电平开关的组合状态，由 LED 显示输出逻辑状态，将测试结果填入表 1-5-4。

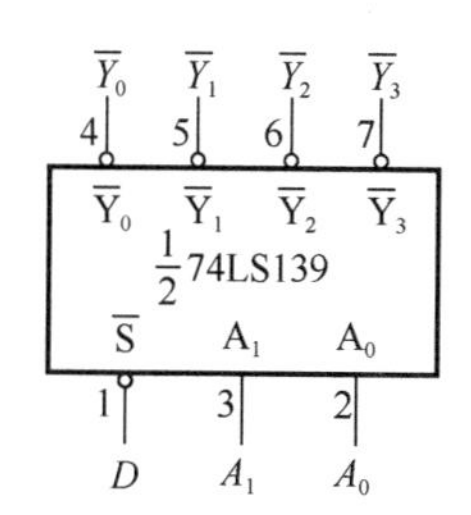

图 1-5-3 二进制译码器构成数据分配器测试电路

表 1-5-4 二进制译码器改变功能构成数据分配器电路的分析、测试表

功能分析				实验测试		
逻辑表达式	功能表			功能表		
	输入		输出	输入		输出
	A_1 A_0	D	$\overline{Y}_0$ $\overline{Y}_1$ $\overline{Y}_2$ $\overline{Y}_3$	A_1 A_0	D	$\overline{Y}_0$ $\overline{Y}_1$ $\overline{Y}_2$ $\overline{Y}_3$
	0 0	0		0 0	0	
		1			1	
	0 1	0		0 1	0	
		1			1	
	1 0	0		1 0	0	
		1			1	
	1 1	0		1 1	0	
		1			1	
实验结论						

4. 数据选择器逻辑功能的分析、测试

1）分析双 4 选 1 数据选择器 74LS153 的逻辑功能。写出图 1-5-4 所示的双 4 选 1 数据选择器 74LS153 的输出逻辑表达式，列出功能表，并填入表 1-5-5。

2）选用双 4 选 1 数据选择器 74LS153 一片，在数字电路学习机上合适的位置选取一个 16P 插座，按定位标记插好集成芯片。

3）对照附录中 74LS153 的引脚图，选用 74LS153 中的一个 4 选 1 数据选择器，按照图 1-5-4 接线，一个控制输入端 $\overline{S}$，两个地址输入端 A_1、A_0，四个数据输入端 D_0、D_1、D_2、D_3 分别接逻辑电平开关，一个输出端 Y 接 LED 电平显示。

4）接通电源，按表 1-5-5 要求改变输入逻辑电平开关的组合状态，由 LED 显示输出逻辑状态，将测试结果填入表 1-5-5。

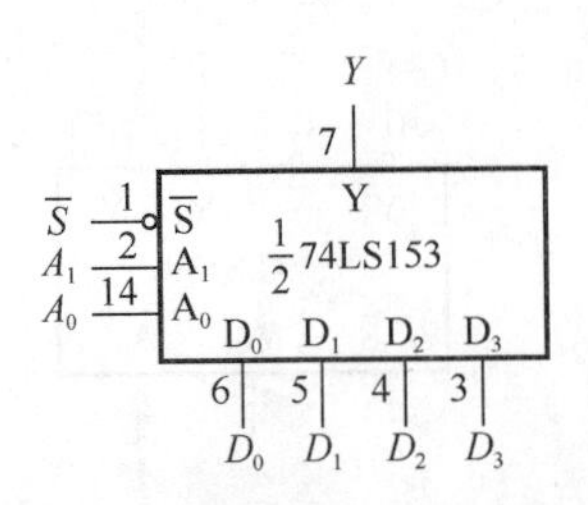

图 1-5-4　数据选择器测试电路

表 1-5-5　4 选 1 数据选择器逻辑功能的分析、测试表

功能分析					实验测试			
逻辑表达式	功能表				功能表			
	控制	地址	数据输入	输出	控制	地址	数据输入	输出
	$\overline{S}$	A_1A_0	$D_0D_1D_2D_3$	Y	$\overline{S}$	A_1A_0	$D_0D_1D_2D_3$	Y
	1	× ×	× × × ×		1	× ×	× × × ×	
	0	0 0	0 × × ×		0	0 0	0 × × ×	
			1 × × ×				1 × × ×	
	0	0 1	× 0 × ×		0	0 1	× 0 × ×	
			× 1 × ×				× 1 × ×	
	0	1 0	× × 0 ×		0	1 0	× × 0 ×	
			× × 1 ×				× × 1 ×	
	0	1 1	× × × 0		0	1 1	× × × 0	
			× × × 1				× × × 1	
实验结论								

5. 数据选择器选择范围扩展的分析、测试

图 1-5-5 是用双 4 选 1 数据选择器采取 2 级选择方式扩展构成的 8 选 1 数据选择器电路，其中：$\overline{S}$ 为控制输入端，A_2、A_1、A_0 为地址输入端，D_0 ～D_7 为数据输入端，Y 为输出端。

1）写出输出逻辑表达式，列出功能表，并填入表 1-5-6。

2）除之前选用的一片双 4 选 1 数据选择器 74LS153 外，再选用一片双 4 选 1 数据选择器一片，在数字电路学习机上合适的位置选取一个 16P 插座，按定位标记插好集成芯片。

3）对照附录中 74LS153 的引脚图，选用两片中的三个 4 选 1 数据选择器按图 1-5-5 接线，一个控制输入端 $\overline{S}$，三个地址输入端 A_2、A_1、A_0，八个数据输入端 D_0 ～D_7 分别接逻辑电平开关，一个输出端 Y 接 LED 电平显示。

4）接通电源，按表 1-5-6 要求改变输入逻辑电平开关的组合状态，由 LED 显示输出逻辑状态，将测试结果填入表 1-5-6。

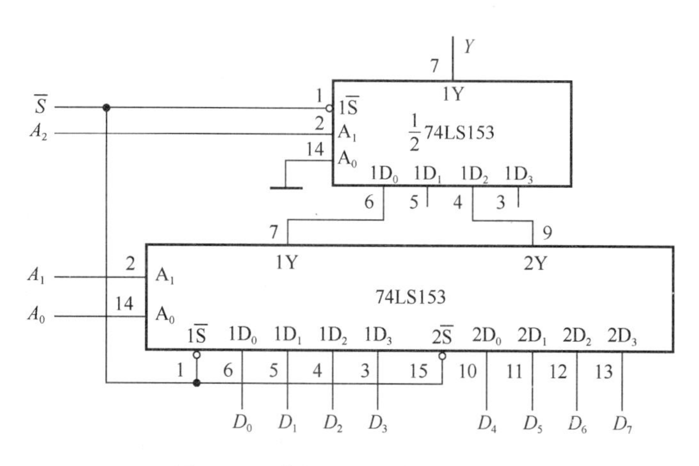

图 1-5-5 数据选择器扩展测试电路

表 1-5-6 数据选择器选择范围扩展的分析、测试表

功能分析												实验测试
逻辑表达式	功能表											
	控制	地址	数据输入								输出	输出
	$\overline{S}$	A_2 A_1 A_0	D_0	D_1	D_2	D_3	D_4	D_5	D_6	D_7	Y	Y
	1	× × ×	×	×	×	×	×	×	×	×		
	0	0 0 0	0	×	×	×	×	×	×	×		
			1	×	×	×	×	×	×	×		
	0	0 0 1	×	0	×	×	×	×	×	×		
			×	1	×	×	×	×	×	×		
	0	0 1 0	×	×	0	×	×	×	×	×		
			×	×	1	×	×	×	×	×		
	0	0 1 1	×	×	×	0	×	×	×	×		
			×	×	×	1	×	×	×	×		
	0	1 0 0	×	×	×	×	0	×	×	×		
			×	×	×	×	1	×	×	×		
	0	1 0 1	×	×	×	×	×	0	×	×		
			×	×	×	×	×	1	×	×		
	0	1 1 0	×	×	×	×	×	×	0	×		
			×	×	×	×	×	×	1	×		
	0	1 1 1	×	×	×	×	×	×	×	0		
			×	×	×	×	×	×	×	1		
实验结论												

6. 用译码器和数据选择器构成数值比较器的分析、测试

图 1-5-6 是用 2 线-4 线二进制译码器、4 选 1 数据选择器构成的 2 位数值比较器测试电路，其中：A_1、A_0 为数 A 输入端；B_1、B_0 为数 B 输入端；Y 为输出端。

1）写出输出逻辑表达式，列出功能表，并填入表 1-5-7。

2）对照附录中的引脚图，选用 74LS139 中一个 2 线-4 线二进制译码器、74LS153 中一个 4 选 1 数据选择器，按照图 1-5-6 接线，四个输入端 A_1、A_0、B_1、B_0 分别接逻辑电平开关，一个输出端 Y 接 LED 电平显示。

3）接通电源，按表 1-5-7 要求改变输入逻辑电平开关的组合状态，由 LED 显示输出逻辑状态，将测试结果填入表 1-5-7。

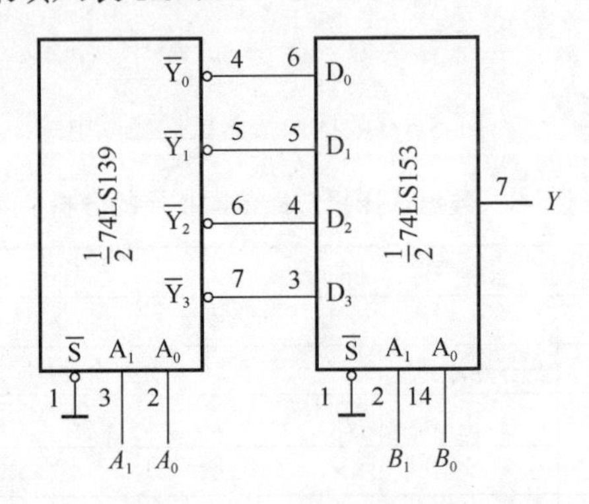

图 1-5-6　数值比较器测试电路

表 1-5-7　用译码器和数据选择器构成数值比较器的分析、测试

功能分析			实验测试	
逻辑表达式	功能表		功能表	
	输入	输出	输入	输出
	$A_1\ A_0\ \ B_1\ B_0$	Y	$A_1\ A_0\ \ B_1\ B_0$	Y
	$A_1\ A_0 = B_1\ B_0$		$A_1\ A_0 = B_1\ B_0$	
	$A_1\ A_0 \neq B_1\ B_0$		$A_1\ A_0 \neq B_1\ B_0$	
实验结论				

七、注意事项

1）按定位标记将集成芯片插入插座时，先将引脚对准相应插孔再插牢，防止器件的引脚弯曲或折断。

2）实验测试电路中，没有画出芯片的电源引脚、接地引脚。

3）接线、改变接线及拆除接线时，必须关闭电源。

4）集成芯片中不使用的译码器、数据选择器，其控制端、输入端、输出端做悬空开路处理。

八、思考题

1）MSI 组合逻辑器件中的控制端有什么作用？

2）简述 MSI 组合逻辑器件逻辑功能的测试方法。

3）如何将 4 选 1 数据选择器改变成 2 选 1 数据选择器？有几种实现方案？

4）如何将 2 线-4 线二进制译码器变成 1 线-2 线二进制译码器？有几种实现方案？

5）分析实验中所用的测试方法并提出改进方案。

九、实验报告要求

1）简述实验原理，画出各实验测试电路，按实验内容填写各数据表格。

2）整理实验数据，分析实验结果与理论是否相符。

实验 6　MSI 组合逻辑电路

一、实验目的

1）掌握 MSI 组合逻辑电路的分析、设计及功能测试方法。

2）熟悉组合逻辑电路的结构及功能特点。

3）熟悉译码器、数据选择器等中规模组合逻辑器件的逻辑功能及实现组合逻辑电路的方法。

二、实验仪器及器件

1. 实验仪器

1）TPE-D6Ⅲ型数字电路学习机。

2）VC9801A 型数字万用表。

2. 器件

1）74LS138（3 线-8 线译码器）一片。

2）74LS151（8 选 1 数据选择器）一片。

3）74LS20（二 4 输入与非门）一片。

三、预习要求

1）MSI 功能电路的特点。

2）所用器件的逻辑功能、引脚排列。

3）在 Multisim 中分别组成各实验电路进行仿真测试，并记录数据。

四、实验器件的逻辑功能及构成组合逻辑电路的分析、设计方法

表 1-6-1 和表 1-6-2 给出了本实验所用的中规模集成 3 线-8 线二进制译码器 74LS138、中规模集成 8 选 1 数据选择器 74LS151 的逻辑符号、逻辑表达式、功能表及实现组合逻辑电路的基本原理等相关知识。

表 1-6-1　3 线-8 线译码器的逻辑符号、功能表、逻辑表达式和实现组合逻辑电路的基本原理

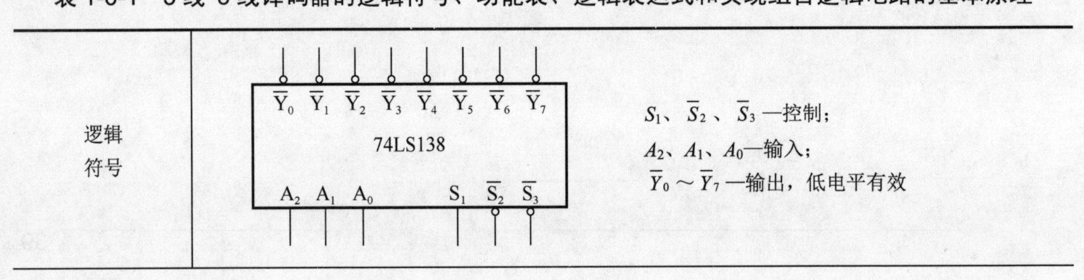

续表

	输入					输出							
	S_1	$\overline{S}_2+\overline{S}_3$	A_2	A_1	A_0	$\overline{Y}_0$	$\overline{Y}_1$	$\overline{Y}_2$	$\overline{Y}_3$	$\overline{Y}_4$	$\overline{Y}_5$	$\overline{Y}_6$	$\overline{Y}_7$
功能表	0	×	×	×	×	1	1	1	1	1	1	1	1
	×	1	×	×	×	1	1	1	1	1	1	1	1
	1	0	0	0	0	0	1	1	1	1	1	1	1
	1	0	0	0	1	1	0	1	1	1	1	1	1
	1	0	0	1	0	1	1	0	1	1	1	1	1
	1	0	0	1	1	1	1	1	0	1	1	1	1
	1	0	1	0	0	1	1	1	1	0	1	1	1
	1	0	1	0	1	1	1	1	1	1	0	1	1
	1	0	1	1	0	1	1	1	1	1	1	0	1
	1	0	1	1	1	1	1	1	1	1	1	1	0
逻辑表达式	控制端 S_1=1、$\overline{S}_2=\overline{S}_3=0$ 时 $\overline{Y}_i=\overline{m}_i\ (i=0,\cdots,7)$ m_i 是以 A_2、A_1、A_0 为变量构成的最小项												
实现组合逻辑电路的基本原理	译码器处于译码工作状态时，各输出端的输出信号是以 A_2、A_1、A_0 为变量构成的最小项再取反，附加门选择所需的最小项可实现变量个数不超过三个的组合逻辑函数												

表 1-6-2　8 选 1 数据选择器的逻辑符号、功能表、逻辑表达式和实现组合逻辑电路的基本原理

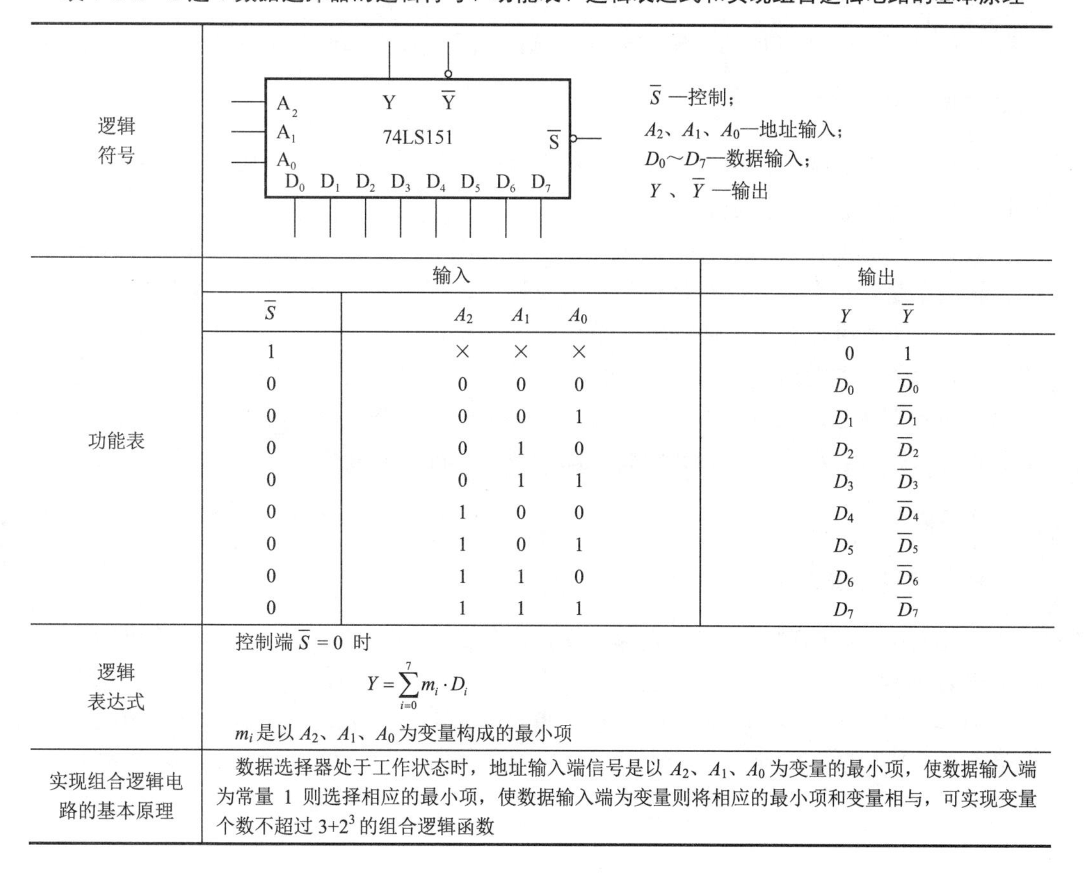

	输入				输出	
逻辑符号	$\overline{S}$—控制； A_2、A_1、A_0—地址输入； D_0～D_7—数据输入； Y、$\overline{Y}$—输出					
	$\overline{S}$	A_2	A_1	A_0	Y	$\overline{Y}$
功能表	1	×	×	×	0	1
	0	0	0	0	D_0	$\overline{D}_0$
	0	0	0	1	D_1	$\overline{D}_1$
	0	0	1	0	D_2	$\overline{D}_2$
	0	0	1	1	D_3	$\overline{D}_3$
	0	1	0	0	D_4	$\overline{D}_4$
	0	1	0	1	D_5	$\overline{D}_5$
	0	1	1	0	D_6	$\overline{D}_6$
	0	1	1	1	D_7	$\overline{D}_7$
逻辑表达式	控制端 $\overline{S}=0$ 时 $Y=\sum_{i=0}^{7}m_i\cdot D_i$ m_i 是以 A_2、A_1、A_0 为变量构成的最小项					
实现组合逻辑电路的基本原理	数据选择器处于工作状态时，地址输入端信号是以 A_2、A_1、A_0 为变量的最小项，使数据输入端为常量 1 则选择相应的最小项，使数据输入端为变量则将相应的最小项和变量相与，可实现变量个数不超过 $3+2^3$ 的组合逻辑函数					

用二进制译码器、数据选择器构成的组合逻辑电路分析的一般步骤如图 1-6-1 所示。

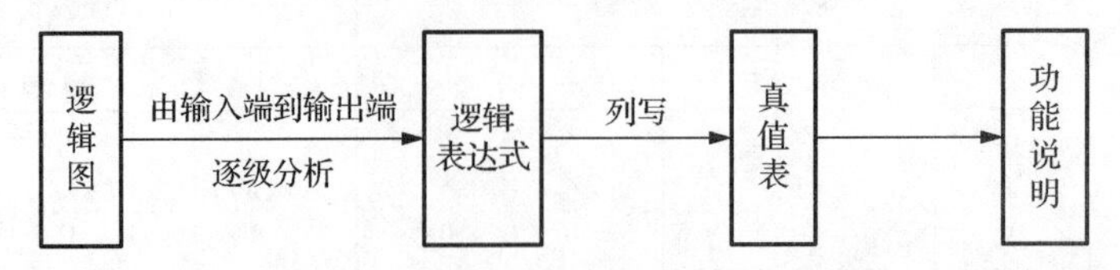

图 1-6-1　用二进制译码器、数据选择器构成的组合逻辑电路分析的一般步骤

用二进制译码器、数据选择器设计组合逻辑电路的一般步骤如图 1-6-2 所示。

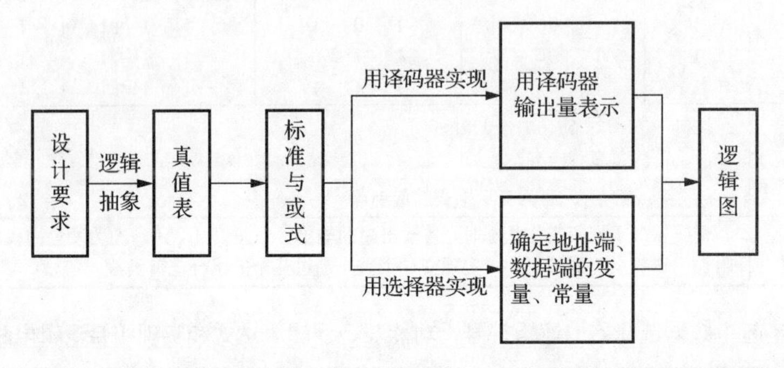

图 1-6-2　用二进制译码器、数据选择器设计组合逻辑电路的一般步骤

五、实验原理

译码器、数据选择器等中规模集成组合逻辑器件，除了进行译码、数据选择外，还可以用来实现组合逻辑函数。

对给定的或所设计的组合逻辑电路进行实验测试，验证其输出信号和输入信号之间的逻辑关系是否符合要求，即是否与真值表相符，可用高、低逻辑电平组合输入的方法进行测试。即将组合逻辑电路的输入端分别接到逻辑电平开关上，按真值表中输入变量的取值组合关系改变开关状态为高、低不同的逻辑电平，用 LED 分别显示各输入端和输出端的逻辑状态，或用万用表测试输入、输出电平状态，得到测试真值表，再与所要求的真值表比较，从而判断组合逻辑电路的逻辑功能是否正确。

六、实验内容

1. 3 变量多数表决电路的逻辑功能分析、测试

多数表决电路的逻辑功能：当输入变量取值组合中 1 的个数占多数时输出为 1，否则输出为 0。

图 1-6-3 所示为用中规模集成 3 线–8 线二进制译码器 74LS138 附加与非门构成的 3 变量多数表决电路，其中，A、B、C 为三个输入变量；Y 为输出函数，低电平有效。

1）分析 3 变量多数表决电路的逻辑功能。写出图 1-6-3 所示的 3 变量多数表决电路的输出逻辑表达式并变换成与或式，列出真值表，填入表 1-6-3。

2）选用 3 线-8 线译码器 74LS138 一片，在数字电路学习机上合适的位置选取一个 16P 插座，按定位标记插好集成芯片；选用二 4 输入与非门 74LS20 一片，在数字电路学习机上合适的位置选取一个 14P 插座，按定位标记插好集成芯片。

3）对照附录中 74LS138、74LS20 的引脚图，选用两片中的一个 3 线-8 线二进制译码器、一个与非门，按照图 1-6-3 接线，三个输入端 A、B、C 分别接逻辑电平开关，一个输出端 Y 接 LED 电平显示。

4）接通电源，按表 1-6-3 要求改变输入逻辑电平开关的组合状态，由 LED 显示输出逻辑状态，将测试结果填入表 1-6-3。

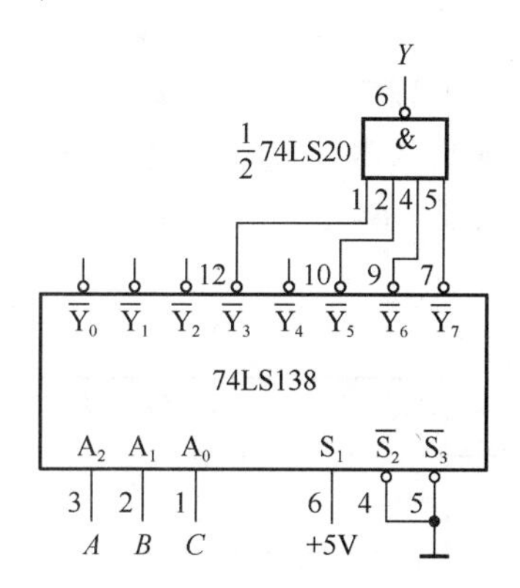

图 1-6-3　3 变量多数表决测试电路

表 1-6-3　3 变量多数表决电路功能分析、测试表

功能分析			实验测试	
逻辑表达式	真值表		真值表	
	A　B　C	Y	A　B　C	Y
	0　0　0		0　0　0	
	0　0　1		0　0　1	
	0　1　0		0　1　0	
	0　1　1		0　1　1	
	1　0　0		1　0　0	
	1　0　1		1　0　1	
	1　1　0		1　1　0	
	1　1　1		1　1　1	
实验结论				

2. 3 变量奇数判别电路的逻辑功能分析、测试

奇数判别电路的逻辑功能：当输入变量取值组合中 1 的个数为奇数时输出为 1，否则输出为 0。

图 1-6-4 所示为用中规模集成 8 选 1 数据选择器 74LS151 构成的 3 变量奇数判别电路，其中 A、B、C 为三个输入变量，Y 为输出函数。

1）分析 3 变量奇数判别电路的逻辑功能。写出图 1-6-4 所示的 3 变量奇数判别电路的输出函数与或逻辑表达式，列出真值表，并填入表 1-6-4。

2）选用 8 选 1 数据选择器 74LS151 一片，在数字电路学习机上合适的位置选取一个 16P 插座，按定位标记插好集成芯片。

3）对照附录中 74LS151 的引脚图，按图 1-6-4 接线，三个输入端 A、B、C 分别接逻辑电平开关，一个输出端 Y 接 LED 电平显示。

4）接通电源，按表 1-6-4 要求改变输入逻辑电平开关的组合状态，由 LED 显示输出逻辑状态，将测试结果填入表 1-6-4。

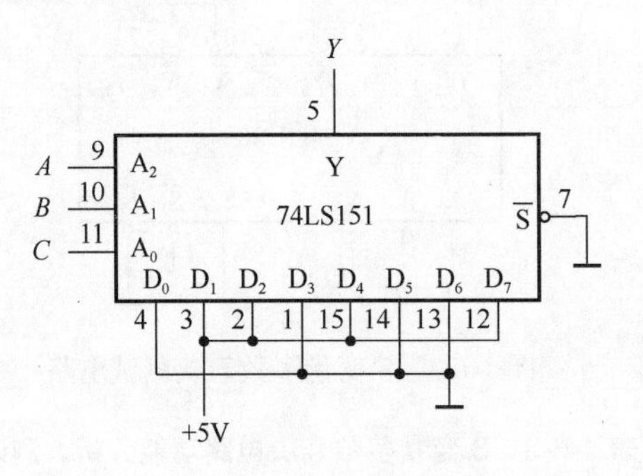

图 1-6-4　3 变量奇数判别测试电路

表 1-6-4　3 变量奇数判别电路的逻辑功能分析、测试表

功能分析			实验测试	
逻辑表达式	真值表		真值表	
	A B C	*Y*	*A B C*	*Y*
	0 0 0		0 0 0	
	0 0 1		0 0 1	
	0 1 0		0 1 0	
	0 1 1		0 1 1	
	1 0 0		1 0 0	
	1 0 1		1 0 1	
	1 1 0		1 1 0	
	1 1 1		1 1 1	
实验结论				

3. 用 3 线–8 线译码器 74LS138 附加与非门构成 1 位全加器的设计、测试

用 3 线–8 线译码器 74LS138 附加与非门设计 1 位全加器电路，输入为被加数 A_i、加数 B_i、来自低位的进位数 C_i，输出为本位和数 S_i、向高位的进位数 C_{i+1}。

将由设计要求列出的真值表、所求出的逻辑表达式填写在表 1-6-5 中，所设计的逻辑电路图画在表 1-6-5 中。

按组合逻辑电路的实验方法连接电路，三个输入端 A_i、B_i、C_i 分别接逻辑电平开关，两个输出端 S_i、C_{i+1} 分别接 LED 电平显示。接通电源，按照表 1-6-5 中真值表的取值组合要求改变输入逻辑电平开关的组合状态，由 LED 显示输出逻辑状态，将测试结果填入表 1-6-5。

表 1-6-5 用 3 线–8 线译码器 74LS138 附加与非门构成 1 位全加器的设计、测试表

		A_i B_i C_i	S_i C_{i+1}
电路设计	真值表	0 0 0	
		0 0 1	
		0 1 0	
		0 1 1	
		1 0 0	
		1 0 1	
		1 1 0	
		1 1 1	
	逻辑表达式		
	逻辑图		
实验测试	真值表	A_i B_i C_i	S_i C_{i+1}
		0 0 0	
		0 0 1	
		0 1 0	
		0 1 1	
		1 0 0	
		1 0 1	
		1 1 0	
		1 1 1	
实验结论			

4. 用 8 选 1 数据选择器 74LS151 构成逻辑函数产生电路的设计、测试

用 8 选 1 数据选择器 74LS151 产生如下函数：

$$Y = \overline{A}BC + A\overline{B}C + AB$$

将由设计要求列出的真值表、所求出的数据选择器各数据输入端的逻辑表达式填写在表 1-6-6 中，所设计的逻辑电路图画在表 1-6-6 中。

按组合逻辑电路的实验方法连接电路，三个输入端 A、B、C 分别接逻辑电平开关，一个输出端 Y 接 LED 电平显示。接通电源，按表 1-6-6 中真值表的取值组合要求改变输入逻辑电平开关的组合状态，由 LED 显示输出逻辑状态，将测试结果填入表 1-6-6。

表 1-6-6　用 8 选 1 数据选择器 74LS151 构成逻辑函数产生电路的设计、测试表

<table>
<tr><td rowspan="11">电路设计</td><td rowspan="9">真值表</td><td>A</td><td>B</td><td>C</td><td>Y</td></tr>
<tr><td>0</td><td>0</td><td>0</td><td rowspan="8"></td></tr>
<tr><td>0</td><td>0</td><td>1</td></tr>
<tr><td>0</td><td>1</td><td>0</td></tr>
<tr><td>0</td><td>1</td><td>1</td></tr>
<tr><td>1</td><td>0</td><td>0</td></tr>
<tr><td>1</td><td>0</td><td>1</td></tr>
<tr><td>1</td><td>1</td><td>0</td></tr>
<tr><td>1</td><td>1</td><td>1</td></tr>
<tr><td>逻辑表达式</td><td colspan="4"></td></tr>
<tr><td>逻辑图</td><td colspan="4"></td></tr>
<tr><td rowspan="9">实验测试</td><td rowspan="9">真值表</td><td>A</td><td>B</td><td>C</td><td>Y</td></tr>
<tr><td>0</td><td>0</td><td>0</td><td rowspan="8"></td></tr>
<tr><td>0</td><td>0</td><td>1</td></tr>
<tr><td>0</td><td>1</td><td>0</td></tr>
<tr><td>0</td><td>1</td><td>1</td></tr>
<tr><td>1</td><td>0</td><td>0</td></tr>
<tr><td>1</td><td>0</td><td>1</td></tr>
<tr><td>1</td><td>1</td><td>0</td></tr>
<tr><td>1</td><td>1</td><td>1</td></tr>
<tr><td colspan="2">实验结论</td><td colspan="4"></td></tr>
</table>

七、注意事项

1）按定位标记将集成芯片插入插座时，先将引脚对准相应插孔再插牢，防止器件

的引脚弯曲或折断。

2）实验测试电路中，没有画出芯片的电源引脚、接地引脚。

3）接线、改变接线及拆除接线时，必须关闭电源。

八、思考题

1）简述用二进制译码器、数据选择器等中规模组合逻辑器件实现组合逻辑电路的方法。

2）用集成 3 线-8 线二进制译码器 74LS138 附加与非门如何实现少于三个变量的组合逻辑电路？

3）用集成 3 线-8 线二进制译码器 74LS138 实现组合逻辑电路时，可否附加其他功能的门。

4）简述组合逻辑电路的测试方法。

5）分析实验中所用测试方法并提出改进方案。

九、实验报告要求

1）简述实验原理，画出各实验测试电路，按实验内容填写各数据表格。

2）整理实验数据，分析实验结果与理论是否相符。

实验 7　触发器逻辑功能测试

一、实验目的

1）掌握基本 RS 触发器、D 触发器、JK 触发器的逻辑功能和状态变化特点。
2）掌握基本 RS 触发器、D 触发器、JK 触发器逻辑功能的测试方法。
3）熟悉不同逻辑功能触发器相互转换的方法。

二、实验仪器及器件

1. 实验仪器

1）TPE-D6Ⅲ型数字电路学习机。
2）V-252 型双踪示波器。
3）VC9801A 型数字万用表。

2. 器件

1）74LS00（四 2 输入与非门）一片。
2）74LS74（双 D 触发器）一片。
3）74LS112（双 JK 触发器）一片。

三、预习要求

1）所用触发器的逻辑符号、特性方程、特性表、触发方式及动作特点。
2）所用触发器的引脚排列。
3）在 Multisim 中分别组成各实验电路进行仿真测试，并记录数据。

四、实验器件的逻辑功能

表 1-7-1 给出了本实验所用的基本 RS 触发器、维持阻塞 D 触发器、负边沿 JK 触发器的逻辑功能、触发方式及动作特点等相关知识。

表 1-7-1 基本 RS 触发器、维持阻塞 D 触发器、负边沿 JK 触发器的逻辑功能、触发方式及动作特点

项目	基本 RS 触发器	维持阻塞 D 触发器	负边沿 JK 触发器
结构或逻辑符号	Q $\overline{Q}$ & & $\overline{S}_D$ $\overline{R}_D$ $\overline{S}_D$ —置 1 输入，$\overline{R}_D$ —置 0 输入 } 低电平有效 Q、$\overline{Q}$—状态输出	$\overline{S}_D$ S, D 1D, CP C1, $\overline{R}_D$ R, Q, $\overline{Q}$ $\overline{S}_D$ —异步置 1 信号； $\overline{R}_D$ —异步置 0 信号； CP —时钟脉冲信号； D —输入信号； Q、$\overline{Q}$—状态输出	$\overline{S}_D$ S, J 1J, CP C1, K 1K, $\overline{R}_D$ R, Q, $\overline{Q}$ $\overline{S}_D$ —异步置 1 信号； $\overline{R}_D$ —异步置 0 信号； CP —时钟脉冲信号； J、K —输入信号； Q、$\overline{Q}$—状态输出
特性方程	$\begin{cases} Q^{n+1}=\overline{\overline{S}}_D+\overline{R}_D Q^n \\ \overline{R}_D+\overline{S}_D=1(\text{约束条件}) \end{cases}$	$Q^{n+1}=D$	$Q^{n+1}=J\overline{Q}^n+\overline{K}Q^n$
特性表	$\overline{S}_D$ $\overline{R}_D$ Q^n → Q^{n+1} 0 0 0 → 不定 0 0 1 → 不定 0 1 0 → 1 0 1 1 → 1 1 0 0 → 0 1 0 1 → 0 1 1 0 → 0 1 1 1 → 1	CP D Q^n → Q^{n+1} ↑ 0 0 → 0 ↑ 0 1 → 0 ↑ 1 0 → 1 ↑ 1 1 → 1	CP J K Q^n → Q^{n+1} ↓ 0 0 0 → 0 ↓ 0 0 1 → 1 ↓ 0 1 0 → 0 ↓ 0 1 1 → 0 ↓ 1 0 0 → 1 ↓ 1 0 1 → 1 ↓ 1 1 0 → 1 ↓ 1 1 1 → 0
触发方式	电位触发	上升沿（正边沿）触发	下降沿（负边沿）触发
动作特点	输入信号直接控制输出状态	在时钟脉冲 CP 的上升沿接收输入信号并改变状态，在时钟脉冲 CP 的其他期间状态不变	在时钟脉冲 CP 的下降沿接收输入信号并改变状态，在时钟脉冲 CP 的其他期间状态不变
说明	时钟触发器有 3 类决定状态输出的外部信号： ① 异步置位信号 $\overline{S}_D$、异步复位信号 $\overline{R}_D$。 低电平有效，异步控制。当 $\overline{S}_D$ =0、$\overline{R}_D$ =1 时，使触发器的次态 Q^{n+1}=1；当 $\overline{R}_D$ =0、$\overline{S}_D$ =1 时，使触发器的次态 Q^{n+1}= 0。 ② 时钟脉冲信号 CP。 在 $\overline{S}_D=\overline{R}_D$ =1 无效时，CP 决定触发器何时接收输入信号，何时改变状态。 ③ 输入信号 D、J、K。 在 CP 的控制下，决定触发器的状态如何变化		

五、实验原理

触发器是能存储、记忆二进制信息的器件，是时序逻辑电路的基本单元。

触发器具有“0”状态和“1”状态两个稳定状态，在输入信号作用下可以置于“0”状态或“1”状态。

触发器进行状态转换时，由触发方式决定何时接收输入信号，何时改变输出状态，由逻辑功能决定输出状态改变的方向。

基本 RS 触发器逻辑功能的测试原理：触发器的输入端$\overline{S}_D$、$\overline{R}_D$由逻辑电平开关控制输入 0 或 1，按特性表改变各输入信号状态，用 LED 显示输出状态，从而验证状态转换关系是否符合要求，即是否与特性表相符及状态转换时的动作特点。

时钟触发器置位、复位功能的测试原理：触发器的异步置位端$\overline{S}_D$、异步复位端$\overline{R}_D$由逻辑电平开关控制分别输入 0，CP 时钟脉冲端及输入端为任意值，用 LED 显示输出状态，从而验证异步置位、异步复位功能是否符合要求。

时钟触发器逻辑功能的测试原理：触发器的异步置位端$\overline{S}_D$、异步复位端$\overline{R}_D$置现态为 0 或 1 后处于为 1 的无效状态，使触发器处于受 CP 时钟脉冲控制下工作。触发器的输入端由逻辑电平开关控制输入状态，以单脉冲作为 CP 时钟脉冲信号，按特性表改变各输入信号状态，逐个输入 CP 时钟脉冲信号，用 LED 显示输出状态，从而验证状态转换关系是否符合要求，即是否与特性表相符及状态转换时的动作特点。或以连续脉冲作为时钟脉冲信号源，连续输入时钟信号，用示波器观测时钟信号、输出状态的波形，验证状态转换关系是否符合要求及触发方式。

六、实验内容

1. TTL 与非门构成的基本 RS 触发器逻辑功能分析、测试

1）分析基本 RS 触发器的逻辑功能。分析图 1-7-1 所示由与非门构成的基本 RS 触发器，填写表 1-7-2 中的功能分析部分。

2）选用四 2 输入与非门 74LS00 一片，在数字电路学习机上合适的位置选取一个 14P 插座，按定位标记插好集成芯片。

3）对照附录中 74LS00 的引脚图，选用 74LS00 中的两个与非门按图 1-7-1 接线构成基本 RS 触发器，两个输入端$\overline{S}_D$、$\overline{R}_D$分别接逻辑电平开关，两个状态输出端Q、$\overline{Q}$分别接 LED 电平显示。

4）接通电源，按表 1-7-2 要求改变输入逻辑电平开关的组合状态，由 LED 显示输出逻辑状态，将测试结果填入表 1-7-2。

输入顺序为：$\overline{S}_D$、$\overline{R}_D$中固定为 1 的先输入。

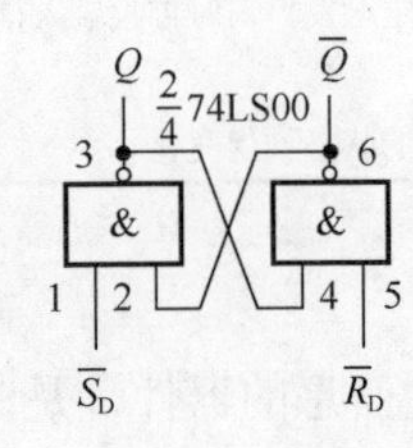

图 1-7-1　基本 RS 触发器逻辑功能测试电路

表 1-7-2 由与非门构成的基本 RS 触发器逻辑功能分析、测试表

功能分析			实验测试			逻辑功能
输入		状态输出	输入		状态输出	
$\overline{S}_D$	$\overline{R}_D$	Q $\overline{Q}$	$\overline{S}_D$	$\overline{R}_D$	Q $\overline{Q}$	
1	1→0		1	1→0		
	0→1			0→1		
1→0	1		1→0	1		
0→1			0→1			
0	0		0	0		
实验结论						

2. 维持阻塞 D 触发器逻辑功能分析、测试

1）分析图 1-7-2 所示的维持阻塞 D 触发器的逻辑功能，填写表 1-7-3 中的功能分析部分。

2）选用双 D 触发器 74LS74 一片，在数字电路学习机上合适的位置选取一个 14P 插座，按定位标记插好集成芯片。

3）对照附录中 74LS74 的引脚图，选用 74LS74 中的一个 D 触发器按图 1-7-2 接线，一个异步复位端 $\overline{R}_D$ 和一个异步置位端 $\overline{S}_D$ 分别接逻辑电平开关，一个输入端 D 接逻辑电平开关，一个 CP 时钟脉冲输入端接单脉冲信号，一个 Q 状态输出端接 LED 电平显示。

4）接通电源，按表 1-7-3 要求改变输入逻辑电平开关的组合状态及输入单脉冲信号，由 LED 显示输出逻辑状态，将测试结果填入表 1-7-3。

其中同步控制时的输入顺序如下：

① $\overline{S}_D$ 为 1、$\overline{R}_D$ 为 1→0→1，置现态 $Q^n=0$；或 $\overline{R}_D$ 为 1、$\overline{S}_D$ 为 1→0→1，置现态 $Q^n=1$。

② 输入信号 D 为 0 或 1。

③ 输入单脉冲时钟 CP，观察在 CP 为 0、↑、1、↓ 时触发器 Q 端状态的变化。

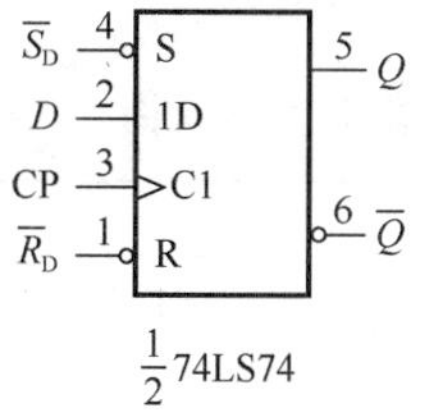

$\frac{1}{2}$74LS74

图 1-7-2 维持阻塞 D 触发器逻辑功能测试电路

表 1-7-3　维持阻塞 D 触发器逻辑功能分析、测试表

项目	输入				现态	次态	
						分析	测试
	$\overline{S}_D$	$\overline{R}_D$	D	CP	Q^n	Q^{n+1}	Q^{n+1}
异步控制	0	1	×	×	×		
	1	0	×	×	×		
同步控制	1	1→0→1	0	↑	0		
	1→0→1	1			1		
	1	1→0→1	1	↑	0		
	1→0→1	1			1		
实验结论							

3. 维持阻塞 D 触发器构成 T′触发器的分析、测试

1）写出图 1-7-3 由 D 触发器构成的 T′触发器的次态逻辑表达式，填入表 1-7-4。

2）选用双 D 触发器 74LS74 中的一个 D 触发器按图 1-7-3 连接构成 T′触发器。

3）时钟 CP 输入端接连续脉冲信号源及示波器，输出端 Q 接示波器。接通电源，观测输出信号、输入信号的波形，画在表 1-7-4 中，并说明触发边沿及输出信号、输入信号之间的频率关系。

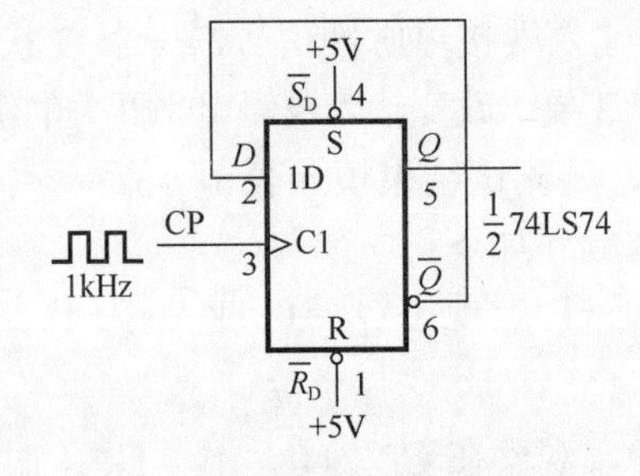

图 1-7-3　由 D 触发器构成 T′触发器的测试电路

表 1-7-4　由维持阻塞 D 触发器构成 T′触发器的分析、测试表

次态逻辑表达式	实验测试波形
	CP Q
实验结论	

4. 负边沿 JK 触发器逻辑功能分析、测试

1）分析图 1-7-4 所示的负边沿 JK 触发器的逻辑功能，填写表 1-7-5 中的功能分析部分。

2）选用双 JK 触发器 74LS112 一片，在数字电路学习机上合适的位置选取一个 16P 插座，按定位标记插好集成芯片。

3）对照附录中 74LS112 的引脚图，选用 74LS112 中的一个 JK 触发器按图 1-7-4 接线，一个异步复位端 $\overline{R}_D$ 和一个异步置位端 $\overline{S}_D$ 分别接逻辑电平开关，两个输入端 J、K 分别接逻辑电平开关，一个 CP 时钟脉冲输入端接单脉冲信号，一个 Q 状态输出端接 LED 电平显示。

4）接通电源，按表 1-7-5 要求改变输入逻辑电平开关的组合状态及输入单脉冲信号，由 LED 显示输出逻辑状态，将测试结果填入表 1-7-5。

其中同步控制时的输入顺序如下：

① $\overline{S}_D$ 为 1、$\overline{R}_D$ 为 1→0→1，置现态 $Q^n=0$；或 $\overline{R}_D$ 为 1、$\overline{S}_D$ 为 1→0→1，置现态 $Q^n=1$。

② 输入信号 J、K 为 0 或 1。

③ 输入单脉冲时钟 CP，观察在 CP 为 0、↑、1、↓ 时触发器 Q 端状态的变化。

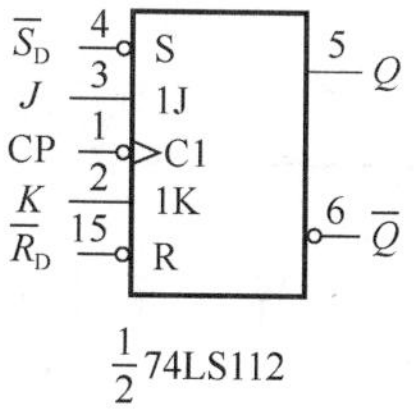

图 1-7-4　负边沿 JK 触发器逻辑功能测试电路

表 1-7-5　负边沿 JK 触发器逻辑功能分析、测试表

项目	输入				现态	次态	
						分析	测试
	$\overline{S}_D$	$\overline{R}_D$	J　K	CP	Q^n	Q^{n+1}	Q^{n+1}
异步控制	0	1	×　×	×	×		
	1	0	×　×	×	×		
同步控制	1	1→0→1	0　0	↓	0		
	1→0→1	1			1		
	1	1→0→1	0　1	↓	0		
	1→0→1	1			1		
	1	1→0→1	1　0	↓	0		
	1→0→1	1			1		
	1	1→0→1	1　1	↓	0		
	1→0→1	1			1		
实验结论							

5. 负边沿 JK 触发器构成 T′触发器的分析测试

1）写出图 1-7-5 所示由 JK 触发器构成的 T′触发器的次态逻辑表达式，填入表 1-7-6。

2）选用双 JK 触发器 74LS112 中的一个 JK 触发器按图 1-7-5 连接构成 T′触发器。

3）时钟 CP 输入端接连续脉冲信号源及示波器，输出端 Q 接示波器。接通电源，观测输出信号、输入信号的波形，画在表 1-7-6 中，并说明触发边沿及输出信号、输入信号之间的频率关系。

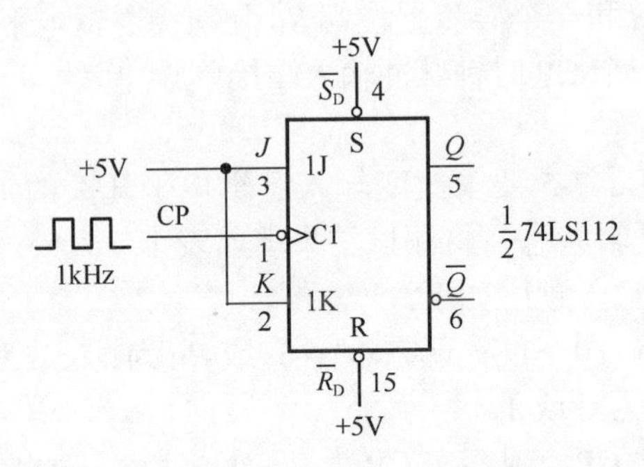

图 1-7-5　由 JK 触发器构成 T′触发器的测试电路

表 1-7-6　负边沿 JK 触发器构成 T′触发器的分析、测试表

次态逻辑表达式	实验测试波形
	CP Q
实验结论	

七、注意事项

1）按定位标记将集成芯片插入插座时，先将引脚对准相应插孔再插牢，防止器件的引脚弯曲或折断。

2）实验测试电路中，没有画出芯片的电源引脚、接地引脚。

3）接线、改变接线及拆除接线时，必须关闭电源。

4）集成芯片中不使用的触发器，其置位端、复位端、信号输入端、时钟脉冲输入端、输出端做悬空开路处理。

八、思考题

1）各类触发器的逻辑功能、触发方式及动作特点是什么？

2）触发器逻辑功能的表示方法有哪些？

3）触发器异步输入端的作用是什么？

4）具有异步复位端 $\overline{R}_D$ 和异步置位端 $\overline{S}_D$ 的触发器，当触发器处于受 CP 脉冲控制的情况下工作时，这两端所加的信号应该是什么？

5）设 D 触发器的初态为 Q^n，将该触发器的 $\overline{Q}$ 输出端连接到 D 输入端，当 CP 脉冲到来时，触发器的次态 Q^{n+1} 是什么？

6）当输入 $J=K=1$ 时，JK 触发器所具有的功能是什么？

7）CP 有效时，若 JK 触发器状态由 0 变为 1，则此时的输入 J、K 应该是什么？

8）为什么不能用逻辑电平开关作为触发器的 CP 时钟脉冲输入信号源？

9）分析实验中所用的测试方法并提出改进方案。

九、实验报告要求

1）简述实验原理，画出各实验测试电路，按实验内容填写各数据表格。

2）整理实验数据，分析实验结果与理论是否相符。

实验 8　SSI 时序逻辑电路

一、实验目的

1）掌握小规模集成电路（small scale integrated circuit，SSI）时序逻辑电路（以下简称时序逻辑电路）的分析、设计及功能测试方法。

2）熟悉时序逻辑电路的结构及功能特点。

3）熟悉组成时序逻辑电路的常用触发器的逻辑功能。

二、实验仪器及器件

1. 实验仪器

1）TPE-D6Ⅲ型数字电路学习机。

2）V-252 型双踪示波器。

3）VC9801A 型数字万用表。

2. 器件

1）74LS112（双 JK 触发器）两片。

2）74LS74（双 D 触发器）两片。

3）74LS00（四 2 输入与非门）一片。

4）74LS10（三 3 输入端与非门）一片。

三、预习要求

1）时序逻辑电路的分析、设计方法。

2）完成各验证电路的分析、各设计电路的设计。

3）所用器件的引脚排列。

4）在 Multisim 中分别组成各实验电路进行仿真测试，并记录数据。

四、时序逻辑电路及分析、设计方法

时序逻辑电路在结构上通常包含触发器存储电路和组合逻辑电路两个组成部分，其中触发器存储电路是必不可少的。

时序逻辑电路的功能特点：任一时刻的输出信号不仅取决于该时刻的输入信号，还与输入信号作用前电路所处的状态有关。

时序逻辑电路的功能描述方法有逻辑表达式（驱动方程、状态方程、输出方程等）、状态表、状态图、时序图等。

按时钟脉冲设置形式的不同即状态改变方式的不同，时序逻辑电路分为同步时序逻辑电路和异步时序逻辑电路。前者设置统一的时钟脉冲，后者不设置统一的时钟脉冲。

时序逻辑电路研究的主要内容是电路的分析和设计。

时序逻辑电路分析的一般步骤如图 1-8-1 所示。

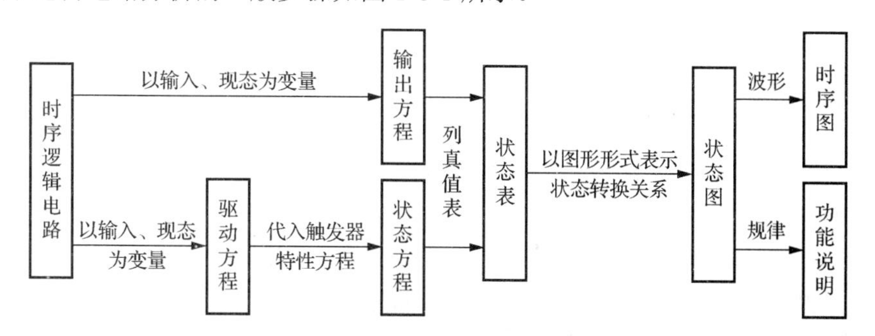

图 1-8-1　时序逻辑电路分析的一般步骤

其中，分析异步时序逻辑电路时，还要考虑各触发器的时钟条件。

同步时序逻辑电路设计的一般步骤如图 1-8-2 所示。

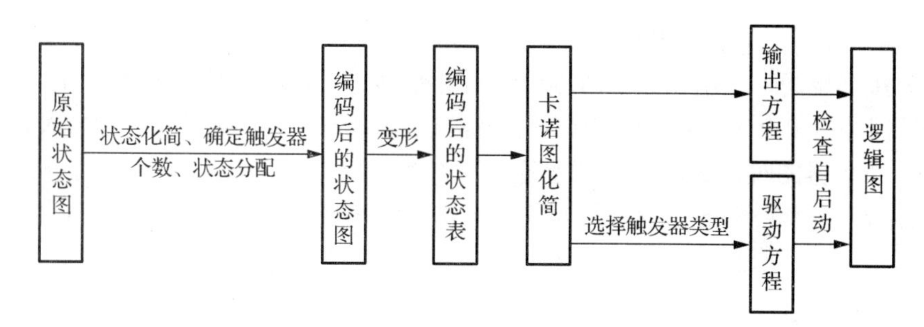

图 1-8-2　同步时序逻辑电路设计的一般步骤

五、实验原理

对给定的或所设计的时序逻辑电路进行实验测试，验证在时钟脉冲作用下电路的状态转换关系是否符合要求，实验测试的原理及方法如下。

1. 单脉冲时钟输入测试

以单脉冲作为时序逻辑电路的时钟脉冲 CP 信号，逐个输入时钟脉冲 CP 信号，用 LED 或万用表测试输出状态，得到状态表或状态图，再与所要求的状态表或状态图比较，从而判断时序逻辑电路的逻辑功能是否正确。

2. 连续脉冲时钟输入测试

以连续脉冲作为时钟脉冲 CP 信号，连续输入时钟脉冲 CP 信号，用示波器观测 CP 及输出状态的波形，再判断状态转换关系是否符合要求。

六、实验内容

1. 同步 3 位二进制加法计数器的逻辑功能分析、测试

计数器是用输出状态的变化来反映时钟脉冲 CP 信号出现个数的时序逻辑电路。3 位二进制计数器由三个触发器构成，2^3 个状态均作为计数的有效状态，不存在无效状态。

图 1-8-3 所示为由负边沿 JK 触发器构成的同步 3 位二进制加法计数器测试电路，其中：CP 为计数时钟脉冲信号，Q_2～Q_0 为状态输出信号，$\overline{R}$ 为异步清零信号。

1）分析同步 3 位二进制加法计数器的逻辑功能。写出图 1-8-3 所示的同步 3 位二进制加法计数器的驱动方程、状态方程，列出状态表，画出状态图，填入表 1-8-1。

2）选用双 JK 触发器 74LS112 两片，在数字电路学习机上合适的位置选取两个 16P 插座，按定位标记插好集成芯片；选用四 2 输入与非门 74LS00 一片，在数字电路学习机上合适的位置选取一个 14P 插座，按定位标记插好集成芯片。对照附录中 74LS112、74LS00 的引脚图，选用其中三个 JK 触发器、两个与非门按照图 1-8-3 接线。计数器的一个时钟脉冲输入端 CP 接单脉冲信号源，一个异步清零端 $\overline{R}$ 接逻辑电平开关，三个状态输出端 Q_2、Q_1、Q_0 分别接 LED 电平显示。

3）接通电源，先用 $\overline{R}$ 异步清零信号对计数器进行清零，使 $Q_2Q_1Q_0$=000，然后逐个输入时钟脉冲 CP 信号，用 LED 或万用表测试输出状态，将测试的状态图填入表 1-8-1。

4）计数器的时钟脉冲输入端接连续脉冲信号，接通电源，对计数器进行异步清零后，再用示波器观测 CP 及 $Q_2Q_1Q_0$ 各输出状态的波形及时序图，填入表 1-8-1。

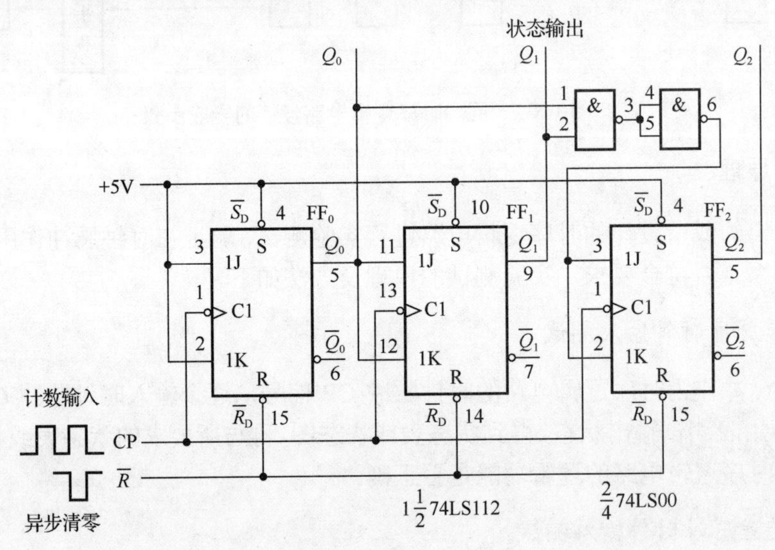

图 1-8-3　同步 3 位二进制加法计数器的测试电路

表 1-8-1　同步 3 位二进制加法计数器功能分析、测试表

<table>
<tr><td rowspan="12">功能分析</td><td>逻辑表达式</td><td colspan="4">驱动方程</td><td colspan="3">状态方程</td></tr>
<tr><td rowspan="10">状态表</td><td rowspan="2">CP 顺序</td><td colspan="3">现态</td><td colspan="3">次态</td></tr>
<tr><td>Q_2^n</td><td>Q_1^n</td><td>Q_0^n</td><td>Q_2^n</td><td>Q_1^{n+1}</td><td>Q_0^{n+1}</td></tr>
<tr><td>1</td><td>0</td><td>0</td><td>0</td><td></td><td></td><td></td></tr>
<tr><td>2</td><td>0</td><td>0</td><td>1</td><td></td><td></td><td></td></tr>
<tr><td>3</td><td>0</td><td>1</td><td>0</td><td></td><td></td><td></td></tr>
<tr><td>4</td><td>0</td><td>1</td><td>1</td><td></td><td></td><td></td></tr>
<tr><td>5</td><td>1</td><td>0</td><td>0</td><td></td><td></td><td></td></tr>
<tr><td>6</td><td>1</td><td>0</td><td>1</td><td></td><td></td><td></td></tr>
<tr><td>7</td><td>1</td><td>1</td><td>0</td><td></td><td></td><td></td></tr>
<tr><td>8</td><td>1</td><td>1</td><td>1</td><td></td><td></td><td></td></tr>
<tr><td>状态图</td><td colspan="7"></td></tr>
<tr><td rowspan="2">实验测试</td><td>状态图</td><td colspan="7"></td></tr>
<tr><td>时序图</td><td colspan="7">CP
Q_0
Q_1
Q_2</td></tr>
<tr><td colspan="2">实验结论</td><td colspan="7"></td></tr>
</table>

2. 异步十进制加法计数器的逻辑功能分析、测试

十进制计数器由四个触发器构成，用 2^4 个状态中的 10 个作为计数的有效状态，存在六个无效状态。

图 1-8-4 所示为用负边沿 JK 触发器构成的异步十进制加法计数器测试电路，其中：CP 为计数时钟脉冲信号，Q_3～Q_0 为状态输出信号，$\overline{R}$ 为异步清零信号。

1）分析异步十进制加法计数器的逻辑功能。写出图 1-8-4 所示的异步十进制加法计数器的驱动方程、状态方程及时钟条件，列出状态表，画出状态图，填入表 1-8-2。

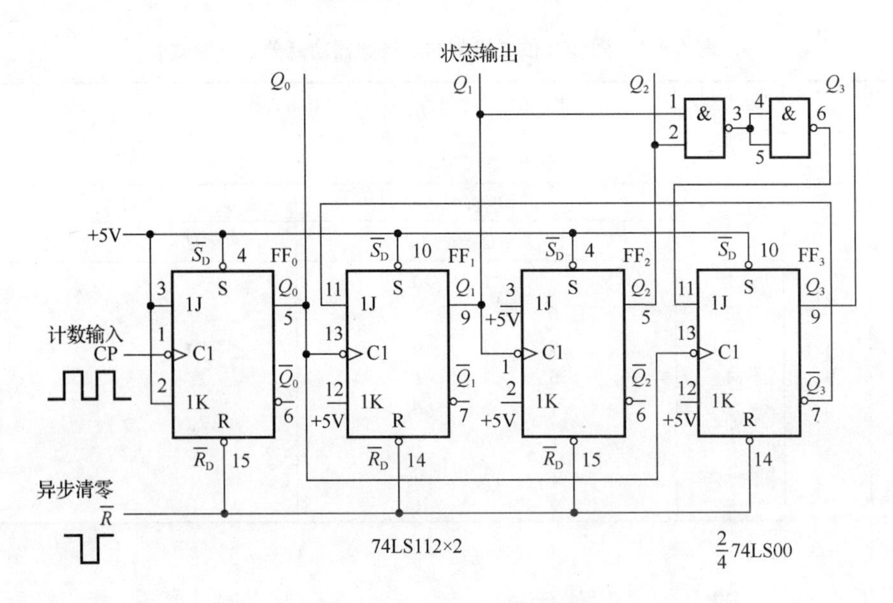

图 1-8-4 异步十进制加法计数器的测试电路

2）选用双 JK 触发器 74LS112 中四个 JK 触发器、四 2 输入与非门 74LS00 中两个与非门，对照附录中 74LS112、74LS00 的引脚图，按照图 1-8-4 接线。计数器的一个时钟脉冲输入端 CP 接单脉冲信号源，一个异步清零端 $\overline{R}$ 接逻辑电平开关，四个状态输出端 Q_3、Q_2、Q_1、Q_0 分别接 LED 电平显示。

3）接通电源，先用 $\overline{R}$ 异步清零信号对计数器进行清零，使 $Q_3Q_2Q_1Q_0$=0000，然后逐个输入时钟脉冲 CP 信号，用 LED 或万用表测试输出状态，将测试的状态图填入表 1-8-2。

4）计数器的时钟脉冲输入端接连续脉冲信号，接通电源，对计数器进行异步清零后，再用示波器观测 CP 及 $Q_3Q_2Q_1Q_0$ 各输出状态的波形即时序图，填入表 1-8-2。

表 1-8-2 异步十进制加法计数器功能分析、测试表

功能分析														
	逻辑表达式	驱动方程					状态方程及时钟条件							
	状态表	CP 顺序	现态				时钟条件				次态			
			Q_3^n	Q_2^n	Q_1^n	Q_0^n	CP_3	CP_2	CP_1	CP_0	Q_3^{n+1}	Q_2^{n+1}	Q_1^{n+1}	Q_0^{n+1}
		1	0	0	0	0								
		2	0	0	0	1								
		3	0	0	1	0								
		4	0	0	1	1								
		5	0	1	0	0								

续表

		CP 顺序	现态				时钟条件				次态			
			Q_3^n	Q_2^n	Q_1^n	Q_0^n	CP_3	CP_2	CP_1	CP_0	Q_3^{n+1}	Q_2^{n+1}	Q_1^{n+1}	Q_0^{n+1}
功能分析	状态表	6	0	1	0	1								
		7	0	1	1	0								
		8	0	1	1	1								
		9	1	0	0	0								
		10	1	0	0	1								
	状态图													
实验测试	状态图													
	时序图	CP Q_0 Q_1 Q_2 Q_3												
实验结论														

3. 同步4位环形计数器的逻辑功能分析、测试

环形计数器是移位寄存器型计数器。4位环形计数器由四个触发器构成，有四个有效状态，2^4-4个无效状态。四个有效状态在时钟脉冲CP作用下的转换方式是，一个1依次出现在各位中。

图1-8-5所示为用上升沿D触发器构成的自启动同步4位环形计数器测试电路，其中，CP为计数时钟脉冲信号，$Q_0 \sim Q_3$为状态输出信号，$\overline{R}$为异步清零信号。

1）分析同步4位环形计数器的逻辑功能。写出图1-8-5所示的同步4位环形计数器的驱动方程、状态方程，列出状态表，画出状态图，填入表1-8-3。

2）选用双D触发器74LS74两片，在数字电路学习机上合适的位置选取两个14P插座，按定位标记插好集成芯片；选用三3输入与非门74LS10一片，在数字电路学习机上合适的位置选取一个14P插座，按定位标记插好集成芯片。对照附录中74LS74、74LS10的引脚图，选用其中四个D触发器、两个与非门按照图1-8-5接线。计数器的一个时钟脉冲输入端CP接单脉冲信号源，一个异步清零端$\overline{R}$接逻辑电平开关，四个状态输出端Q_0、Q_1、Q_2、Q_3分别接LED电平显示。

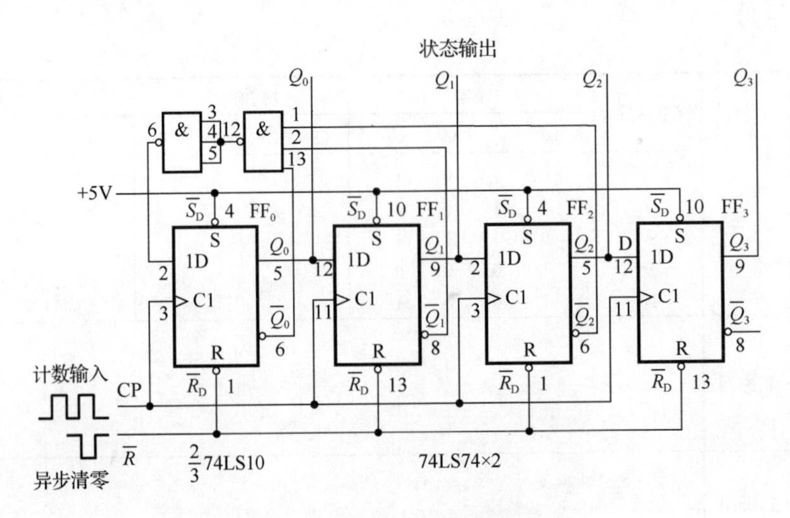

图 1-8-5　同步 4 位环形计数器的测试电路

3）接通电源，先用 $\overline{R}$ 异步清零信号对计数器进行清零，使 $Q_0Q_1Q_2Q_3$= 0000，然后逐个输入时钟脉冲 CP 信号，用 LED 或万用表测试输出状态，将测试的状态图填入表 1-8-3。

表 1-8-3　同步 4 位环形计数器功能分析、测试表

功能分析	逻辑表达式	驱动方程					状态方程			
	状态表	CP 顺序	现态				次态			
			Q_0^n	Q_1^n	Q_2^n	Q_3^n	Q_0^{n+1}	Q_1^{n+1}	Q_2^{n+1}	Q_3^{n+1}
		1	0	0	0	0				
		2	1	0	0	0				
		3	0	1	0	0				
		4	0	0	1	0				
		5	0	0	0	1				
	状态图									
实验测试	状态图									
实验结论										

4. 同步2位二进制减法计数器的设计、测试

用负边沿JK触发器74LS112附加与非门74LS00设计一个同步2位二进制减法计数器。要求：按自然数序计数，设置借位输出Y。

将由设计要求列出的状态图、状态表、所求出的驱动方程、输出方程等逻辑表达式填写在表1-8-4中，所设计的计数器逻辑电路图画在表1-8-4中。

按照时序逻辑电路的实验方法连接电路，计数器的一个时钟脉冲输入端CP接单脉冲信号源，一个异步置1端$\overline{S}_d$接逻辑电平开关，两个状态输出端Q_1、Q_0分别接LED电平显示。

接通电源，先用$\overline{S}_d$异步置1信号对计数器进行置1，使Q_1Q_0=11，然后逐个输入时钟脉冲CP信号，用LED或万用表测试输出状态，将测试的状态图填入表1-8-4。

表1-8-4 同步2位二进制减法计数器电路设计、测试表

<table>
<tr><td rowspan="9">电路设计</td><td>状态图</td><td colspan="6"></td></tr>
<tr><td rowspan="5">状态表</td><td rowspan="2">CP顺序</td><td colspan="2">现态</td><td colspan="2">次态</td><td>输出</td></tr>
<tr><td>Q_1^n</td><td>Q_0^n</td><td>Q_1^{n+1}</td><td>Q_0^{n+1}</td><td>Y</td></tr>
<tr><td>1</td><td>1</td><td>1</td><td></td><td></td><td></td></tr>
<tr><td>2</td><td>1</td><td>0</td><td></td><td></td><td></td></tr>
<tr><td>3</td><td>0</td><td>1</td><td></td><td></td><td></td></tr>
<tr><td>4</td><td>0</td><td>0</td><td></td><td></td><td></td></tr>
<tr><td>逻辑表达式</td><td colspan="6">驱动方程

输出方程</td></tr>
<tr><td>逻辑图</td><td colspan="6"></td></tr>
<tr><td>实验测试</td><td>状态图</td><td colspan="6"></td></tr>
<tr><td colspan="2">实验结论</td><td colspan="6"></td></tr>
</table>

七、注意事项

1）按定位标记将集成芯片插入插座时，先将引脚对准相应插孔再插牢，防止器件的引脚弯曲或折断。

2）实验测试电路中，没有画出芯片的电源引脚、接地引脚。

3）接线、改变接线及拆除接线时，必须关闭电源。

4）集成芯片中不使用的触发器，其置位端、复位端、信号输入端、时钟脉冲输入端、输出端悬空开路处理，不使用的门，其输入端、输出端做悬空开路处理。

八、思考题

1）简述时序逻辑电路的功能和结构特点。

2）简述时序逻辑电路的一般分析、设计方法。

3）简述时序逻辑电路逻辑功能的测试方法。

4）如何构成异步二进制减法计数器？

5）同步时序逻辑电路和异步时序逻辑电路在电路结构、状态变化方面有什么区别？

6）简述二进制计数器的分频作用。

7）分析实验中所用的测试方法并提出改进方案。

九、实验报告要求

1）简述实验原理，画出各实验测试电路，按照实验内容填写各数据表格。

2）整理实验数据，分析实验结果与理论是否相符。

实验9　集成计数器及寄存器

一、实验目的

1）熟悉集成计数器、寄存器的逻辑功能和各控制端的作用。
2）掌握集成计数器、寄存器的使用方法。

二、实验仪器及器件

1. 实验仪器

1）TPE-D6Ⅲ型数字电路学习机。
2）VC9801A 型数字万用表。

2. 器件

1）74LS161（同步 4 位二进制加法计数器）一片。
2）74LS194（4 位双向移位寄存器）一片。
3）74LS00（四 2 输入与非门）一片。
4）74LS20（二 4 输入与非门）一片。

三、预习要求

1）MSI 功能电路的特点。
2）所用器件的逻辑符号、功能表和逻辑功能的扩展方法。
3）所用器件的引脚排列。
4）在 Multisim 中分别组成各实验电路进行仿真测试，并记录数据。

四、实验器件的逻辑功能

表 1-9-1 和表 1-9-2 分别给出了本实验所用集成同步 4 位二进制加法计数器、集成 4 位双向移位寄存器的逻辑符号、功能表和逻辑功能的扩展情况等相关知识。

表 1-9-1　同步 4 位二进制加法计数器的逻辑符号、功能表和逻辑功能扩展

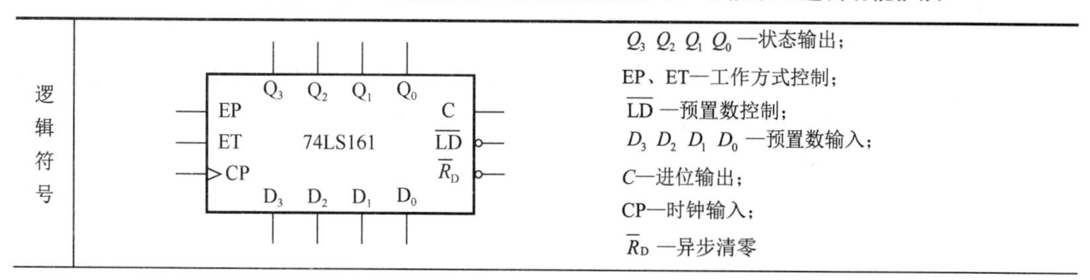

续表

	输入					输出	逻辑功能
	$\overline{R}_D$	$\overline{LD}$	EP　ET	CP	D_3　D_2　D_1　D_0	Q_3　Q_2　Q_1　Q_0	
功能表	0	×	×　×	×	×　×　×　×	0　0　0　0	置　零
	1	0	×　×	↑	d_3　d_2　d_1　d_0	d_3　d_2　d_1　d_0	预置数
	1	1	1　1	↑	×　×　×　×	计　数	计　数
	1	1	0　×	×	×　×　×　×	保　持	保　持
	1	1	×　0	×	×　×　×　×	保　持	保　持
功能扩展	用已有的芯片组成 N 进制计数器，当 $N<2^n$ 时，计数循环过程中通过 $\overline{LD}$ 置数或 $\overline{R}_D$ 置零跳过 2^n-N 个状态。 几个芯片级联，可扩大计数范围。 实现一般时序逻辑电路						

表 1-9-2　4 位双向移位寄存器的逻辑符号、功能表和逻辑功能扩展

逻辑符号	74LS194：Q_0 Q_1 Q_2 Q_3；S_1；S_0；CP；D_{IR}；D_{IL}；$\overline{R}_D$；D_0 D_1 D_2 D_3	$Q_0\,Q_1\,Q_2\,Q_3$—数据并行输出； S_1、S_0—工作方式控制； $D_0\,D_1\,D_2\,D_3$—数据并行输入； D_{IL}—数据左移串行输入； D_{IR}—数据右移串行输入； CP—时钟输入； $\overline{R}_D$ —异步清零

	输入					输出	逻辑功能
	$\overline{R}_D$	S_1　S_0	CP	D_{IL}　D_{IR}	D_0　D_1　D_2　D_3	Q_0　Q_1　Q_2　Q_3	
功能表	0	×　×	×	×　×	×　×　×　×	0　0　0　0	置　零
	1	0　0	×	×　×	×　×　×　×	Q_0　Q_1　Q_2　Q_3	保　持
	1	0　1	↑	×　d_{IR}	×　×　×　×	d_{IR}　Q_0　Q_1　Q_2	右　移
	1	1　0	↑	d_{IL}　×	×　×　×　×	Q_1　Q_2　Q_3　d_{IL}	左　移
	1	1　1	↑	×　×	d_0　d_1　d_2　d_3	d_0　d_1　d_2　d_3	并行输入
功能扩展	构成环形计数器、扭环形计数器。 数据的串、并行转换等。 实现一般时序逻辑电路						

五、实验原理

1. 集成二进制计数器

集成二进制计数器的逻辑功能：通过状态的变化对时钟脉冲 CP 出现的个数进行计数。

对工作方式控制端、预置数控制端、预置数输入端、异步清零端进行不同设置，可使 74LS161 工作处于计数、预置数、异步清零等不同的状态，从而使其构成 4 位二进制计数器、任意进制计数器。

构成 4 位二进制计数器时，逻辑关系式为

$$EP = ET = 1,\ \overline{LD} = 1,\ \overline{R}_D = 1,\ D_3D_2D_1D_0 = \times\times\times\times$$

构成计数模数 $N<16$ 的任意进制计数器的几种方法如下。

1）同步置零法。利用 N 进制计数的最后一个状态通过 $\overline{LD}$ 、$D_3D_2D_1D_0$ 置零。逻辑关系式为

$$EP = ET = 1,\ \overline{R}_D = 1,\ D_3D_2D_1D_0 = 0000,\ \overline{LD} = \text{最后状态中为 1 状态量的与非}$$

2）异步置零法。利用 N 进制计数时的最后一个状态的后续状态即过渡状态，通过 $\overline{R}_D$ 置零。逻辑关系式为

$$EP = ET = 1,\ \overline{LD} = 1,\ D_3D_2D_1D_0 = \times\times\times\times,\ \overline{R}_D = \text{过渡状态中为 1 状态量的与非}$$

3）同步置数法。利用 N 进制计数处于 1111 状态时输出 C 端产生的进位信号通过 $\overline{LD}$ 、$D_3D_2D_1D_0$ 置入起始状态。逻辑关系式为

$$EP = ET = 1,\ \overline{R}_D = 1,\ \overline{LD} = \overline{C},\ D_3D_2D_1D_0 = 2^4-N$$

2. 集成移位寄存器

集成移位寄存器的逻辑功能：在时钟脉冲 CP 的作用下存入数据并使数据移位。

将 Q_3（或 Q_0）状态输出反馈到 D_{IR}（或 D_{IL}）串行输入端，并对工作方式控制端设置进行循环移位，即可构成环形计数器。

3. 本实验的测试原理

本实验选用集成同步 4 位二进制加法计数器 74LS161、集成 4 位双向移位寄存器 74LS194 测试其逻辑功能及功能扩展应用。

实验测试集成同步 4 位二进制加法计数器、集成 4 位双向移位寄存器逻辑功能的原理及方法：将集成计数器、集成移位寄存器的控制端、输入端分别接到逻辑电平开关上，按照功能表的要求测试在不同控制条件下及不同输入条件下器件的输出逻辑状态，从而验证其逻辑功能是否正确。

验证集成二进制计数器、集成移位寄存器逻辑功能改变、扩展情况，是验证其在时钟脉冲作用下的状态转换关系是否符合要求，可输入单脉冲时钟或连续脉冲时钟，用 LED 或万用表、示波器测试输出状态，得到状态表或状态图，再与所要求的状态表或状态图比较，从而判断电路的逻辑功能是否正确。

六、实验内容

1. 集成同步 4 位二进制加法计数器 74LS161 逻辑功能的分析、测试

1）分析集成同步 4 位二进制加法计数器 74LS161 的逻辑功能。列出图 1-9-1 所示集成 4 位二进制同步加法计数器 74LS161 的功能表，填入表 1-9-3。

2）选用集成同步 4 位二进制加法计数器 74LS161 一片，在数字电路学习机上合适

的位置选取一个 16P 插座，按照定位标记插好集成芯片。

3）对照附录中 74LS161 的引脚图按照图 1-9-1 接线，两个工作方式控制端 EP 和 ET，一个预置数控制端 $\overline{LD}$，四个预置数输入端 D_3、D_2、D_1、D_0，一个异步清零端 $\overline{R}_D$ 分别接逻辑电平开关；一个时钟输入端 CP 接单脉冲信号；四个状态输出端 Q_3、Q_2、Q_1、Q_0，一个进位输出端 C 分别接 LED 电平显示。

4）接通电源，按照表 1-9-3 要求改变输入逻辑电平开关的组合状态及输入单脉冲信号，由 LED 显示输出逻辑状态，将测试结果填入表 1-9-3。

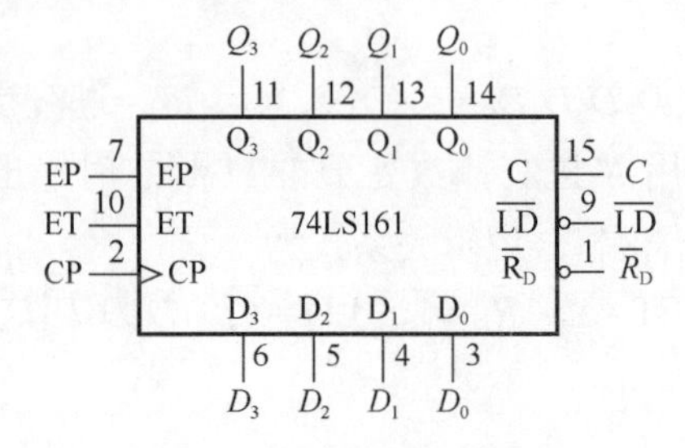

图 1-9-1　集成计数器测试电路

表 1-9-3　集成同步 4 位二进制加法计数器的功能分析、测试表

输入					输出		逻辑功能
					理论分析	实验测试	
$\overline{R}_D$	$\overline{LD}$	EP　ET	CP	D_3　D_2　D_1　D_0	Q_3　Q_2　Q_1　Q_0	Q_3　Q_2　Q_1　Q_0	
0	×	×　×	×	×　×　×　×			
1	0	×　×	↑	d_3　d_2　d_1　d_0			
1	1	1　1	↑	×　×　×　×			
1	1	0　×	×	×　×　×　×			
1	1	×　0	×	×　×　×　×			
实验结论							

2. 集成同步 4 位二进制加法计数器 74LS161 功能扩展的分析、测试

图 1-9-2 所示为用集成同步 4 位二进制加法计数器 74LS161 附加与非门扩展构成的十进制计数器电路。

1）分析十进制计数器的逻辑功能。分析图 1-9-2 所示十进制计数器的计数状态，列出状态表，画出状态图，填入表 1-9-4。

2）除之前选用的一片集成同步 4 位二进制加法计数器 74LS161 外，再选用四 2 输入与非门 74LS00 一片，在数字电路学习机上合适的位置选取一个 14P 插座，按照定位标记插好集成芯片。

对照附录中 74LS161、74LS00 的引脚图，按照图 1-9-2 接线，一个异步清零端 $\overline{R}_D$ 接逻辑电平开关，一个时钟输入端 CP 接单脉冲信号，四个状态输出端 Q_3、Q_2、Q_1、Q_0

分别接 LED 电平显示。

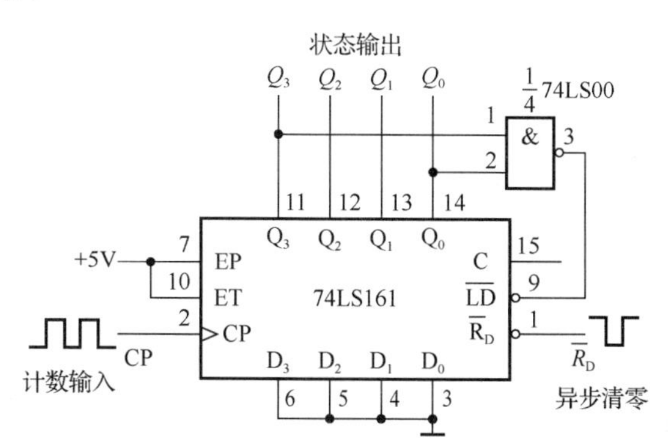

图 1-9-2 集成计数器功能扩展测试电路

表 1-9-4 集成同步 4 位二进制加法计数器 74LS161 功能扩展的分析、测试表

<table>
<tr><td rowspan="14">功能分析</td><td colspan="2">计数状态</td><td colspan="2">预置数控制端 $\overline{LD}$=0 时的计数状态：$Q_3Q_2Q_1Q_0$=
计数的最小状态：$Q_3Q_2Q_1Q_0$=
计数的最大状态：$Q_3Q_2Q_1Q_0$=</td></tr>
<tr><td rowspan="12">状态表</td><td rowspan="2">CP 顺序</td><td>现态</td><td>次态</td></tr>
<tr><td>Q_3^n Q_2^n Q_1^n Q_0^n</td><td>Q_3^{n+1} Q_2^{n+1} Q_1^{n+1} Q_0^{n+1}</td></tr>
<tr><td>1</td><td>0 0 0 0</td><td></td></tr>
<tr><td>2</td><td>0 0 0 1</td><td></td></tr>
<tr><td>3</td><td>0 0 1 0</td><td></td></tr>
<tr><td>4</td><td>0 0 1 1</td><td></td></tr>
<tr><td>5</td><td>0 1 0 0</td><td></td></tr>
<tr><td>6</td><td>0 1 0 1</td><td></td></tr>
<tr><td>7</td><td>0 1 1 0</td><td></td></tr>
<tr><td>8</td><td>0 1 1 1</td><td></td></tr>
<tr><td>9</td><td>1 0 0 0</td><td></td></tr>
<tr><td>10</td><td>1 0 0 1</td><td></td></tr>
<tr><td>状态图</td><td colspan="3"></td></tr>
<tr><td rowspan="2">实验测试</td><td>状态图</td><td colspan="3"></td></tr>
<tr><td>时序图</td><td colspan="3">CP
Q_0
Q_1
Q_2
Q_3</td></tr>
<tr><td colspan="2">实验结论</td><td colspan="3"></td></tr>
</table>

3）接通电源，先用 $\overline{R}_D$ 异步清零信号对计数器进行清零，使 $Q_3Q_2Q_1Q_0$ = 0000，再将 $\overline{R}_D$ 置 1，然后逐个输入时钟脉冲 CP 信号，用 LED 或万用表测试输出状态，将测试的状态图填入表 1-9-4。

4）计数器的时钟脉冲输入端接连续脉冲信号。接通电源，对计数器进行异步清零后，再用示波器观测 CP 及 $Q_3Q_2Q_1Q_0$ 各输出状态的波形及时序图，填入表 1-9-4。

3. 集成 4 位双向移位寄存器 74LS194 逻辑功能的分析、测试

1）分析集成 4 位双向移位寄存器 74LS194 的逻辑功能。列出图 1-9-3 所示集成 4 位双向移位寄存器 74LS194 的功能表，填入表 1-9-5。

2）选用集成 4 位双向移位寄存器 74LS194 一片，在数字电路学习机上合适的位置选取一个 16P 插座，按照定位标记插好集成芯片。

3）对照附录中 74LS194 的引脚图按照图 1-9-3 接线，两个工作方式控制端 S_1 和 S_0，一个数据左移串行输入端 D_{IL}，一个数据右移串行输入端 D_{IR}，四个数据并行输入端 D_0、D_1、D_2、D_3，一个异步清零端 $\overline{R}_D$ 分别接逻辑电平开关；一个时钟输入端 CP 接单脉冲信号；四个状态输出端 Q_0、Q_1、Q_2、Q_3 分别接 LED 电平显示。

4）接通电源，按照表 1-9-5 要求改变输入逻辑电平开关的组合状态及输入单脉冲信号，由 LED 显示输出逻辑状态，将测试结果填入表 1-9-5。

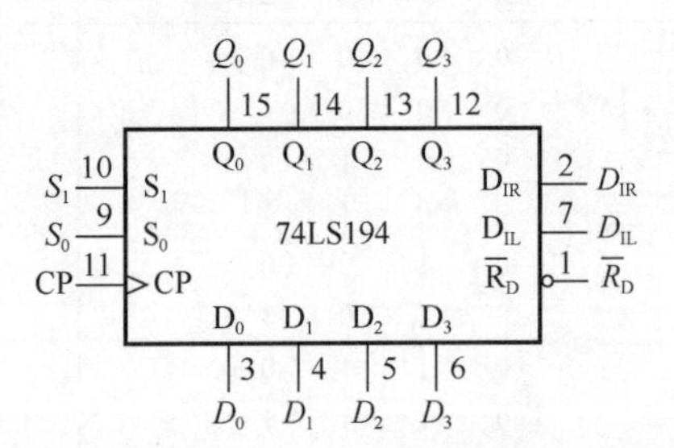

图 1-9-3 集成 4 位双向移位寄存器测试电路

表 1-9-5 集成 4 位双向移位寄存器 74LS194 的功能分析、测试表

输入					输出		逻辑功能
					理论分析	实验测试	
$\overline{R}_D$	S_1 S_0	CP	D_{IL} D_{IR}	D_0 D_1 D_2 D_3	Q_0 Q_1 Q_2 Q_3	Q_0 Q_1 Q_2 Q_3	
0	× ×	×	× ×	× × × ×			
1	0 1	↑	× *a*	× × × ×			
		↑	× *b*				
		↑	× *c*				
		↑	× *d*				

续表

<table>
<tr><td colspan="5" rowspan="2">输入</td><td colspan="2">输出</td><td rowspan="3">逻辑功能</td></tr>
<tr><td>理论分析</td><td>实验测试</td></tr>
<tr><td>$\overline{R}_D$</td><td>S_1 S_0</td><td>CP</td><td>D_{IL} D_{IR}</td><td>D_0 D_1 D_2 D_3</td><td>Q_0 Q_1 Q_2 Q_3</td><td>Q_0 Q_1 Q_2 Q_3</td></tr>
<tr><td rowspan="4">1</td><td rowspan="4">1 0</td><td>↑</td><td>a ×</td><td rowspan="4">× × × ×</td><td></td><td></td><td rowspan="4"></td></tr>
<tr><td>↑</td><td>b ×</td><td></td><td></td></tr>
<tr><td>↑</td><td>c ×</td><td></td><td></td></tr>
<tr><td>↑</td><td>d ×</td><td></td><td></td></tr>
<tr><td>1</td><td>1 1</td><td>↑</td><td>× ×</td><td>a b c d</td><td></td><td></td><td></td></tr>
<tr><td>1</td><td>0 0</td><td>×</td><td>× ×</td><td>× × × ×</td><td></td><td></td><td></td></tr>
<tr><td colspan="2">实验结论</td><td colspan="6"></td></tr>
</table>

4. 集成4位双向移位寄存器74LS194功能扩展的分析、测试

图1-9-4所示为用集成4位双向移位寄存器74LS194附加与非门扩展构成的4位环形计数器电路。

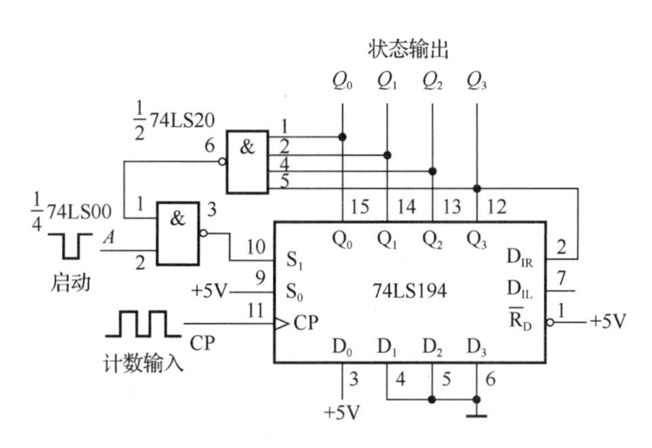

图1-9-4 集成双向移位寄存器功能扩展测试电路

1）分析4位环形计数器的逻辑功能。分析图1-9-4所示的4位环形计数器中的74LS194的工作方式，列出状态表，画出状态图，填入表1-9-6。

2）除之前选用的一片集成4位双向移位寄存器74LS194和一片四2输入与非门74LS00外，再选用二4输入与非门74LS20一片，在数字电路学习机上合适的位置选取一个14P插座，按照定位标记插好集成芯片。

对照附录中74LS194、74LS00、74LS20的引脚图，按照图1-9-4接线，一个启动端A接逻辑电平开关，一个时钟输入端CP接单脉冲信号，四个状态输出端Q_0、Q_1、Q_2、Q_3分别接LED电平显示。

3）接通电源，先将A启动信号置零，使寄存器执行并行输入功能，作用时钟脉冲CP信号使$Q_0Q_1Q_2Q_3=D_0D_1D_2D_3$=1000；再将$A$启动信号置1，使寄存器执行右移功能，

然后逐个输入时钟脉冲 CP 信号，用 LED 或万用表测试输出状态，将测试的状态图填入表 1-9-6。

4）计数器的时钟脉冲输入端接连续脉冲信号，接通电源，对计数器进行启动后，再用示波器观测 CP 及 $Q_0Q_1Q_2Q_3$ 各输出状态的波形及时序图，填入表 1-9-6。

表 1-9-6　集成 4 位双向移位寄存器 74LS194 功能扩展的分析、测试表

<table>
<tr><td rowspan="6">功能分析</td><td colspan="2">工作方式</td><td colspan="8">启动端 A=0 时，74LS194 的工作方式：
启动端 A=1 时，74LS194 的工作方式：</td></tr>
<tr><td rowspan="4">状态表</td><td rowspan="2">CP 顺序</td><td colspan="4">现态</td><td colspan="4">次态</td></tr>
<tr><td>Q_0^n</td><td>Q_1^n</td><td>Q_2^n</td><td>Q_3^n</td><td>Q_0^{n+1}</td><td>Q_1^{n+1}</td><td>Q_2^{n+1}</td><td>Q_3^{n+1}</td></tr>
<tr><td>1
2
3
4</td><td>1
0
0
0</td><td>0
1
0
0</td><td>0
0
1
0</td><td>0
0
0
1</td><td></td><td></td><td></td><td></td></tr>
<tr><td colspan="9"></td></tr>
<tr><td>状态图</td><td colspan="9"></td></tr>
<tr><td rowspan="2">实验测试</td><td>状态图</td><td colspan="9"></td></tr>
<tr><td>时序图</td><td colspan="9">CP
Q_0
Q_1
Q_2
Q_3</td></tr>
<tr><td colspan="2">实验结论</td><td colspan="9"></td></tr>
</table>

七、注意事项

1）按定位标记将集成芯片插入插座时，先将引脚对准相应插孔再插牢，防止器件的引脚弯曲或折断。

2）实验测试电路中，没有画出芯片的电源引脚、接地引脚。

3）接线、改变接线及拆除接线时，必须关闭电源。

4）集成芯片中不使用的门，其输入端、输出端做悬空开路处理。

八、思考题

1）简述集成计数器的功能特点及使用方法。

2）用集成计数器 74LS161 构成任意进制计数器有哪些方法？

3）若用 74LS161 芯片实现六十进制计数电路，则芯片应该怎样连接？试画出电路接线图，并用 Multisim 仿真实验验证其功能。

4）简述集成移位寄存器的功能特点及使用方法。

5）简述用移位寄存器 74LS194 实现串并行代码变换的电路构成方案。

6）分析实验中所用的测试方法并提出改进方案。

九、实验报告要求

1）简述实验原理，画出各实验测试电路，按实验内容填写各数据表格。

2）整理实验数据，分析实验结果与理论是否相符。

实验 10　555 定时器及应用电路

一、实验目的

1）掌握 555 定时器的结构、引脚功能和正确使用方法。

2）掌握分析和测试用 555 定时器构成的施密特触发器、单稳态触发器和多谐振荡器 3 种典型电路的方法。

二、实验仪器及器件

1. 实验仪器

1）TPE-D6Ⅲ型数字电路学习机。

2）V-252 型双踪示波器。

3）SG1651A 函数信号发生器。

4）VC9801A 型数字万用表。

2. 器件

1）NE556（或 LM556、5G556 等，双定时器电路）一片。

2）二极管（1N4148）两只。

3）电位器（22kΩ、1kΩ）两只。

4）电阻器、电容器若干。

三、预习要求

1）555 定时器电路的特点。

2）用 555 定时器构成的施密特触发器、单稳态触发器和多谐振荡器的电路结构、工作原理及主要技术指标。

3）所用器件的引脚排列。

4）在 Multisim 中分别组成各实验电路进行仿真测试，并记录数据。

四、实验器件的功能及应用电路原理

555 定时器是一种多用途的数字-模拟混合集成电路，表 1-10-1 给出了 555 定时器的图形符号、功能表等相关知识。表 1-10-2 给出了 555 定时器应用电路的结构、工作过程及主要技术指标。

表 1-10-1 555 定时器的图形符号、功能表

<table>
<tr><td rowspan="1">图形符号</td><td colspan="3">V_{CC} $\overline{R}_D$ TH DIS 555 $\overline{TR}$ OUT GND V_C</td><td>V_{CC}— 电源，5～15V；GND — 接地；
V_C — 电压控制；DIS — 放电；
$\overline{R}_D$ — 复位控制；TH — 阈值输入；
$\overline{TR}$ —触发输入；OUT — 输出</td></tr>
<tr><td rowspan="3">功能表</td><td colspan="2">输入</td><td>输出</td><td rowspan="2">说明</td></tr>
<tr><td colspan="2">$\overline{R}_D$　TH　$\overline{TR}$</td><td>OUT　DIS</td></tr>
<tr><td colspan="2">0　×　×
1　$>\frac{2}{3}V_{CC}$　$>\frac{1}{3}V_{CC}$
1　$<\frac{2}{3}V_{CC}$　$>\frac{1}{3}V_{CC}$
1　×　$<\frac{1}{3}V_{CC}$</td><td>U_{OL}　导通
U_{OL}　导通
不变　不变
U_{OH}　截止</td><td>DIS 端内部有一个晶体管，其状态为导通或截止。
电压控制端不外加电压时，使输出改变状态的 TH 输入端电压为 $\frac{2}{3}V_{CC}$，$\overline{TR}$ 输入端电压为 $\frac{1}{3}V_{CC}$。
电压控制端外加电压 V_C 时，使输出改变状态的 TH 输入端电压为 V_C，$\overline{TR}$ 输入端电压为 $\frac{1}{2}V_C$</td></tr>
</table>

五、实验原理

本实验所用的 555 定时器芯片为 NE556，同一芯片上集成了两个各自独立的 555 定时器。

1）555 定时器，其输出状态由复位控制引脚 $\overline{R}_D$、阈值输入引脚 TH、触发输入引脚 $\overline{TR}$ 决定。

验证 555 定时器的功能，是在其 $\overline{R}_D$ 引脚上加入高、低电平，TH 引脚加入能大于 $\frac{2}{3}V_{CC}$ 及小于 $\frac{2}{3}V_{CC}$ 的连续变化电压，$\overline{TR}$ 引脚加入能大于 $\frac{1}{3}V_{CC}$ 及小于 $\frac{1}{3}V_{CC}$ 的连续变化电压，输入全部组合状态并测出相应的输出状态，再与正确的功能表对比是否相符。

2）施密特触发器，当输入信号 $u_I\uparrow\geqslant U_{T+}$ 时，使输出 $u_O=U_{OL}$ 为低电平状态；当输入信号 $u_I\downarrow\leqslant U_{T-}$ 时，使输出 $u_O=U_{OH}$ 为高电平状态。

验证施密特触发器的特性，可输入三角波或正弦波形，并使幅度满足上升变化经过上限阈值电压 U_{T+}、下降变化经过下限阈值电压 U_{T-} 的条件及频率合适，利用双踪示波器观测输出 u_O 相对于输入 u_I 的波形、电压传输特性曲线及指标参数，再与理论估算值比较。

表 1-10-2　555 定时器应用电路的电路结构、工作过程及主要技术指标

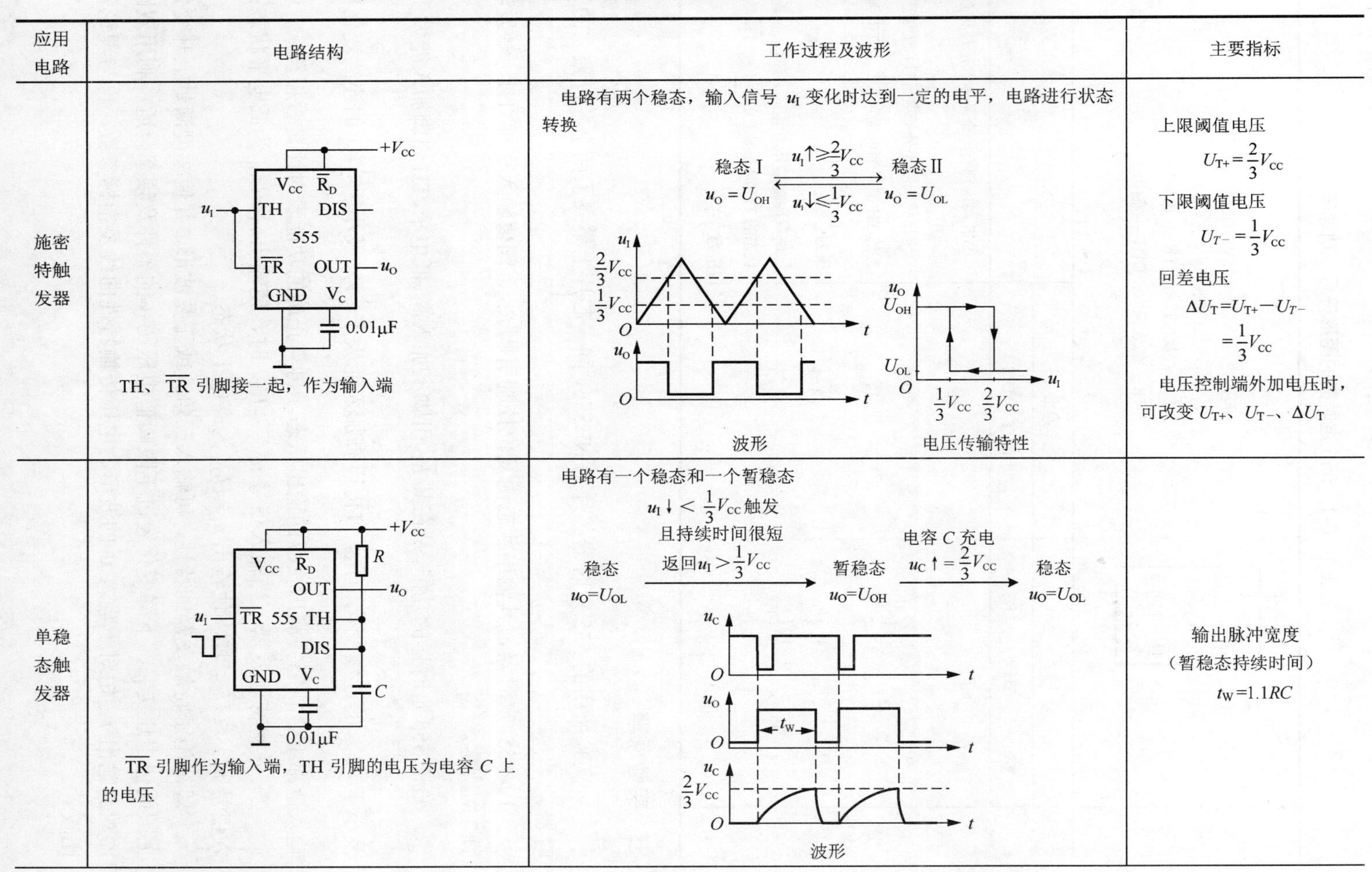

应用电路	电路结构	工作过程及波形	主要指标
施密特触发器	TH、$\overline{TR}$ 引脚接一起，作为输入端	电路有两个稳态，输入信号 u_I 变化时达到一定的电平，电路进行状态转换 波形　电压传输特性	上限阈值电压 $U_{T+}=\frac{2}{3}V_{CC}$ 下限阈值电压 $U_{T-}=\frac{1}{3}V_{CC}$ 回差电压 $\Delta U_T=U_{T+}-U_{T-}$ $=\frac{1}{3}V_{CC}$ 电压控制端外加电压时，可改变 U_{T+}、U_{T-}、ΔU_T
单稳态触发器	$\overline{TR}$ 引脚作为输入端，TH 引脚的电压为电容 C 上的电压	电路有一个稳态和一个暂稳态 波形	输出脉冲宽度 （暂稳态持续时间） $t_W=1.1RC$

续表

应用电路	电路结构	工作过程及波形	主要指标
多谐振荡器	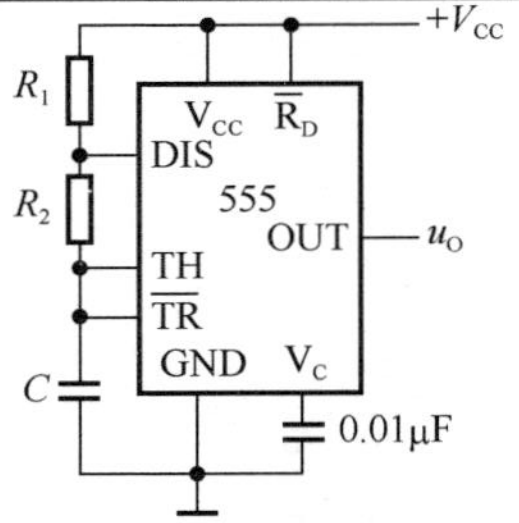 没有外部输入，电容 C 上的电压为 TH、$\overline{\text{TR}}$ 引脚的电压	电路有两个暂稳态，电容 C 的充、放电使 TH、$\overline{\text{TR}}$ 引脚的电压发生变化，电路自动在两个暂稳态之间转换 暂稳态 I $u_O=U_{OH}$ ⇄ 暂稳态 II $u_O=U_{OL}$ 电容 C 充电，$u_C\uparrow=\frac{2}{3}V_{CC}$ 电容 C 放电，$u_C\downarrow=\frac{1}{3}V_{CC}$ 波形	振荡周期 $T=0.69(R_1+2R_2)C$ 占空比 $q=\frac{R_1+R_2}{R_1+2R_2}$ $(1/2<q<1)$ 加入可变电阻，使振荡周期、占空比可调
	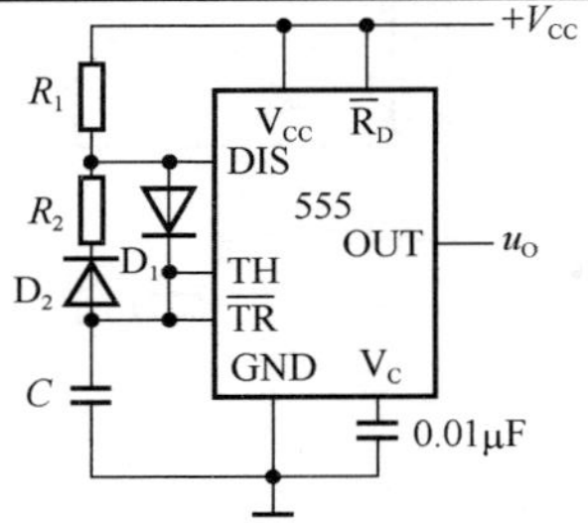 没有外部输入，电容 C 上的电压为 TH、$\overline{\text{TR}}$ 引脚的电压		振荡周期 $T=0.69(R_1+R_2)C$ 占空比 $q=\frac{R_1}{R_1+R_2}$ $(0<q<1)$ 加入可变电阻，使振荡周期、占空比可调

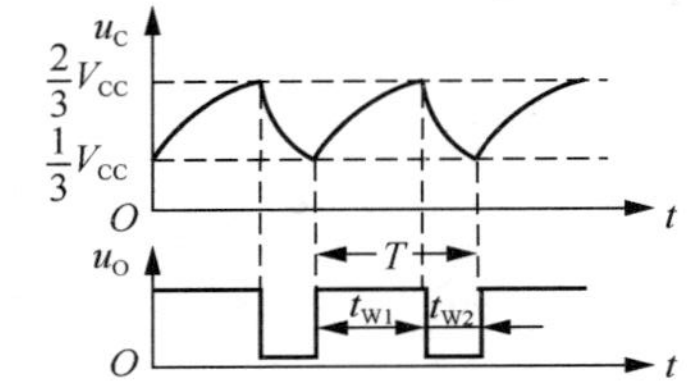

3）单稳态触发器，电路有一个稳态和一个暂稳态。无触发输入信号时 $u_I>\frac{1}{3}V_{CC}$，电路处于稳态 $u_O=U_{OL}$；加入持续时间很短的 $u_I<\frac{1}{3}V_{CC}$ 的触发输入信号时，电路进入暂稳态 $u_O=U_{OH}$；电容 C 充电 $u_C\uparrow=\frac{2}{3}V_{CC}$ 时，暂稳态结束返回 $u_O=U_{OL}$ 的稳态，之后电容迅速放电恢复。RC 定时元件决定充电的速度，从而决定暂稳态持续时间，即输出脉冲的宽度。

验证单稳态触发器的功能，可输入适当频率和幅度的脉冲波，用双踪示波器观测输出 u_O 相对于输入 u_I 的波形，并测出输出脉冲的宽度 t_W，再和理论估算值比较。

4）多谐振荡器，电路有两个暂稳态，电容 C 的充、放电使 TH、$\overline{\text{TR}}$ 引脚的电压发生变化，电路自动在两个暂稳态之间转换，RC 定时元件决定充、放电的速度，从而决定振荡周期。

验证多谐振荡器的功能，可用示波器观察并测量输出端 u_O 波形的周期、占空比等指标参数，再和理论估算值比较。

六、实验内容

1. 555 定时器功能的分析、测试

1）分析 555 定时器的功能。列出图 1-10-1 所示 555 定时器的功能表，填入表 1-10-3。

2）选用双定时器芯片 NE556 一片，在数字电路学习机上合适的位置选取一个 14P 插座，按定位标记插好集成芯片。

3）对照附录中 NE556 的引脚图按图 1-10-1 接线，TH、$\overline{\text{TR}}$ 引脚的可调电压取自电位器分压器，$\overline{R}_D$ 复位引脚接逻辑电平开关。

4）接通电源，按表 1-10-3 要求用数字万用表逐项测试其功能，将测试结果填入表 1-10-3。

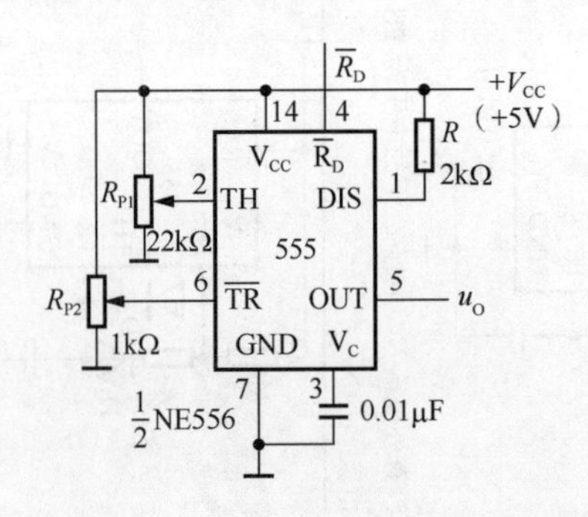

图 1-10-1　555 定时器功能测试电路

表 1-10-3　555 定时器功能分析、测试表

输入			输出			
			理论分析		实验测试	
$\overline{R}_D$	TH	$\overline{TR}$	OUT/V	DIS/状态	OUT/V	DIS/状态
0	×	×				
1	$>\frac{2}{3}V_{CC}$	$>\frac{1}{3}V_{CC}$				
1	$<\frac{2}{3}V_{CC}$	$>\frac{1}{3}V_{CC}$				
1	×	$<\frac{1}{3}V_{CC}$				
实验结论						

2. 施密特触发器性能的分析、测试

图 1-10-2 所示为用 555 定时器构成的施密特触发器实验测试电路。

1）分析施密特触发器的性能。求出图 1-10-2 所示施密特触发器的上限阈值电压 U_{T+}、下限阈值电压 U_{T-}、回差电压 ΔU_T，填入表 1-10-4。

2）对照附录中 NE556 的引脚图按图 1-10-2 接线，u_I 输入端接信号源及示波器，u_O 输出端接示波器。

3）接通电源，输入三角波或正弦波，其最大瞬时值应大于施密特触发器的上限阈值电压、最小瞬时值应小于下限阈值电压，并调至一定的频率。

用双踪示波器观察并记录输入 u_I、输出 u_O 的波形，在波形中标示出 U_{T+}、U_{T-}，填入表 1-10-4。

将施密特触发器的输入端 u_I 接到示波器的水平通道(X)、输出端 u_O 接到示波器的垂直通道(Y)，示波器置 X-Y 工作方式，将两个通道的偏转灵敏度置合适挡位，测试施密特触发器电压传输特性曲线，并在曲线中标示出 U_{T+}、U_{T-}、ΔU_T，填入表 1-10-4。

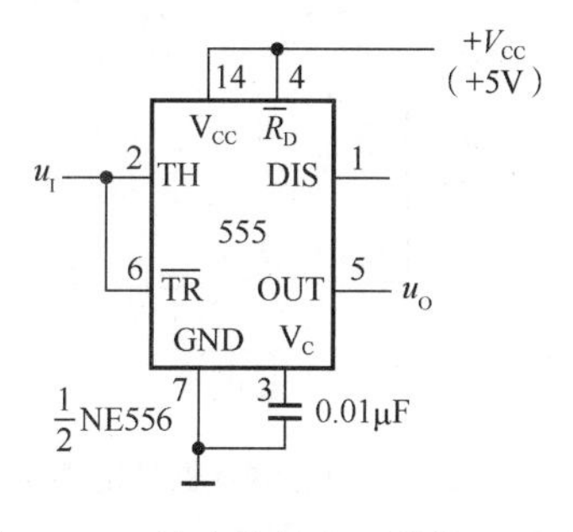

图 1-10-2　施密特触发器性能测试电路

表 1-10-4　施密特触发器性能分析、测试表

<table>
<tr><td rowspan="3">指标参数</td><td>数据</td><td>上限阈值电压
U_{T+}/V</td><td>下限阈值电压
U_{T-}/V</td><td>回差电压
ΔU_T/V</td></tr>
<tr><td>理论值</td><td></td><td></td><td></td></tr>
<tr><td>实测值</td><td></td><td></td><td></td></tr>
<tr><td rowspan="2">实验测试曲线波形</td><td colspan="2">电压传输曲线</td><td colspan="2">输入、输出波形</td></tr>
<tr><td colspan="2">u_O
O　u_I</td><td colspan="2">u_I
O　t
u_O
O　t</td></tr>
<tr><td colspan="2">实验结论</td><td colspan="3"></td></tr>
</table>

3. 单稳态触发器性能的分析、测试

图 1-10-3 所示为用 555 定时器构成的单稳态触发器实验测试电路。

1）分析单稳态触发器的性能。求出图 1-10-3 所示单稳态触发器的输出脉冲宽度（暂稳态持续时间）t_W，分析对 u_I 触发输入信号的要求，填入表 1-10-5。

2）对照附录中 NE556 的引脚图按图 1-10-3 接线，输入端 u_I 接脉冲信号源。

3）接通电源，输入频率为 10kHz 左右的方波（保证 $T > t_W$），用双踪示波器观察并记录输入信号 u_I、输出信号 u_O、电容 C 电压 u_C 的波形，在波形中标示出输出脉冲宽度 t_W，填入表 1-10-5。

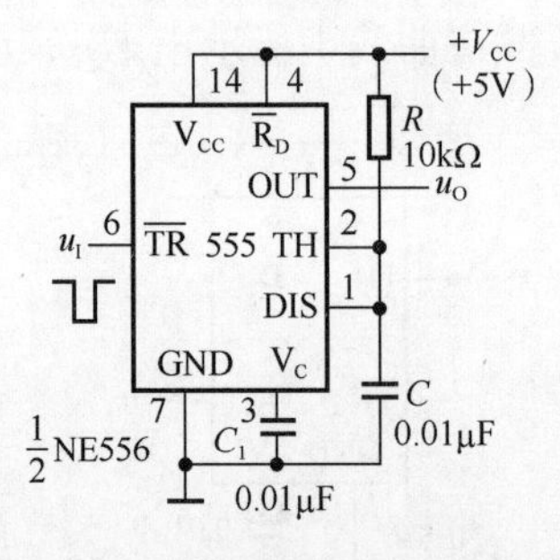

图 1-10-3　单稳态触发器性能测试电路

表 1-10-5 单稳态触发器性能分析、测试表

指标参数	理论值	实测值	触发时对 u_I 的幅度要求 周期触发信号时对 u_I 的周期要求
输出脉冲宽度 t_W			
实验测试波形	u_I O t u_O O t u_C O t		
实验结论			

4. 多谐振荡器性能的分析、测试

图 1-10-4 是用 555 定时器构成的占空比固定的多谐振荡器实验测试电路，图 1-10-5 是用 555 定时器构成的占空比可调的多谐振荡器实验测试电路。

1）分析多谐振荡器的性能。计算图 1-10-4 所示多谐振荡器的振荡周期 T、占空比 q，计算图 1-10-5 所示多谐振荡器的振荡占空比 q 的可调范围，填入表 1-10-6。

2）对照附录中 NE556 的引脚图按照图 1-10-4 接线，电容 C 上端及输出端 u_O 接示波器。

3）用双踪示波器观察并记录 u_C 与 u_O 的波形，测量振荡周期 T、占空比 q，填入表 1-10-6。

4）对照附录中 NE556 的引脚图按照图 1-10-5 接线，输出端 u_O 接示波器，调节可变电阻 R_P 测量占空比 q 的最小值及最大值，填入表 1-10-6。

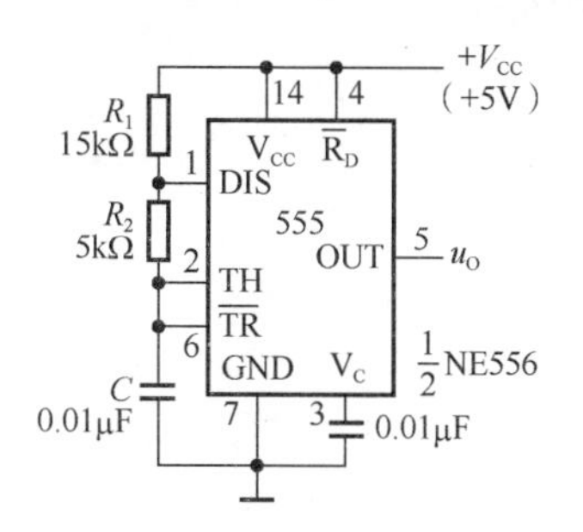

图 1-10-4 多谐振荡器性能测试电路 I

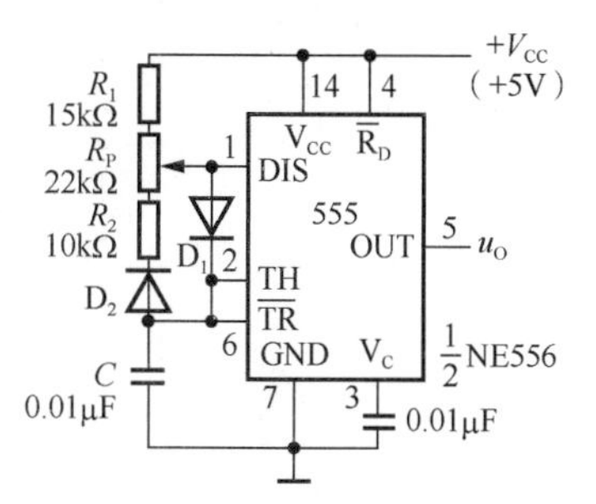

图 1-10-5 多谐振荡器性能测试电路 II

表 1-10-6　多谐振荡器性能的分析、测试表

指标参数	数据	占空比固定的多谐振荡器		占空比可调的多谐振荡器	
	理论值	振荡周期 T	占空比 q	占空比 q_{min}	占空比 q_{max}
	实测值				
实验测试波形					
实验结论					

七、注意事项

1）按定位标记将集成芯片插入插座时，先将引脚对准相应插孔再插牢，防止器件的引脚弯曲或折断。

2）接线、改变接线及拆除接线时，必须关闭电源。

3）芯片中不使用的引脚做悬空开路处理。

八、思考题

1）哪些引脚决定 555 定时器的输出状态？

2）施密特触发器的上限阈值电压 U_{T+}、下限阈值电压 U_{T-}、回差电压 ΔU_T 与什么因素有关？

3）单稳态触发器为什么要求触发脉冲宽度小于输出脉冲宽度？

4）单稳态触发器输出脉冲宽度与什么因素有关？

5）多谐振荡器的振荡周期、占空比与什么因素有关？

6）分析实验中所用的测试方法并提出改进方案。

九、实验报告要求

1）简述实验原理，画出各实验测试电路，按实验内容填写各数据表格。

2）整理实验数据，分析实验结果与理论是否相符。

实验 11 半导体随机存取存储器

一、实验目的

1）掌握半导体随机存取存储器（random access memory，RAM）的读写原理。

2）掌握半导体随机存取存储器的容量扩展方法。

二、实验仪器及器件

1. 实验仪器

1）TPE-D6Ⅲ型数字电路学习机。

2）VC9801A 型数字万用表。

2. 器件

1）2114（1K×4 位 RAM）两片。

2）74LS161（同步 4 位二进制加法计数器）一片。

3）74LS00（四 2 输入与非门）一片。

三、预习要求

1）随机存取存储器的读写时序。

2）所用器件的逻辑符号、功能表和逻辑功能的扩展方法。

3）所用器件的引脚排列。

四、实验器件的逻辑功能

半导体随机存取存储器是一种按照地址存放信息并能存储大量二进制信息的器件。

随机存取存储器在正常工作状态下，可以随时从任何一个指定地址的存储单元中读出数据，也可以随时将数据写入任何一个指定的存储单元中去。

表 1-11-1 给出了本实验所用 2114 RAM 的结构图、逻辑符号、功能表和逻辑功能扩展情况等相关知识。

表 1-11-1　2114 RAM 的结构框图、逻辑符号、功能表和逻辑功能的扩展

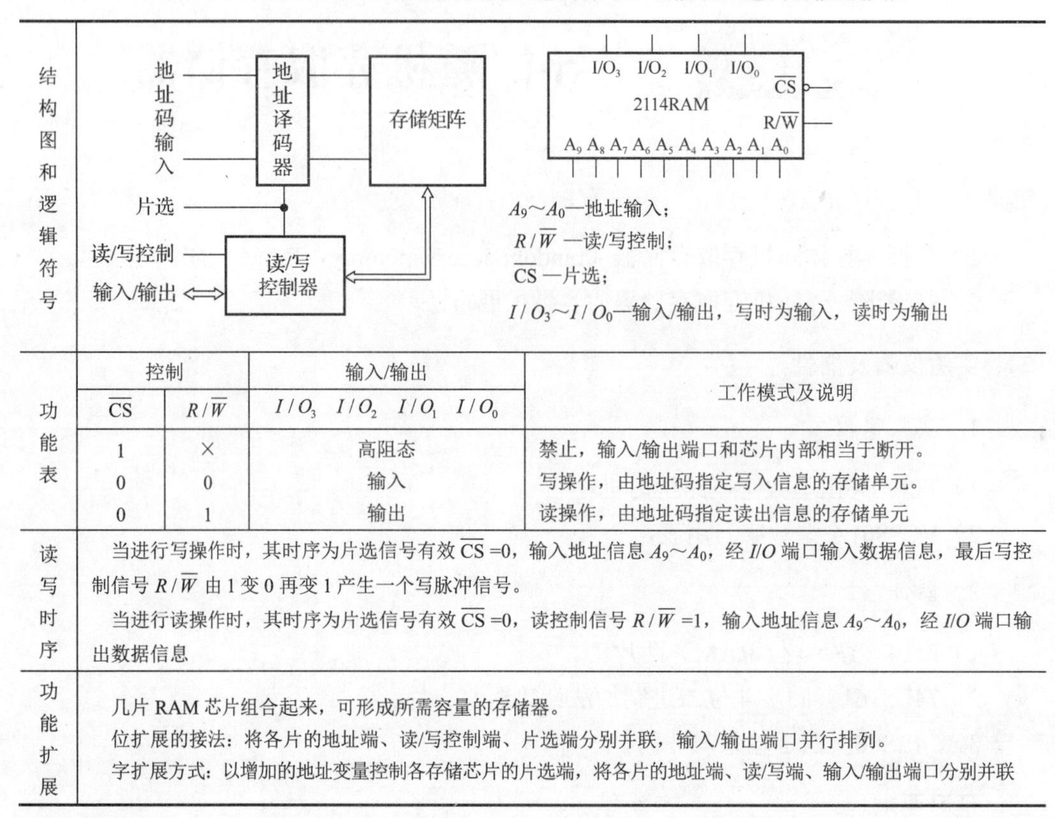

A_9～A_0—地址输入；
$R/\overline{W}$ —读/写控制；
$\overline{\text{CS}}$ —片选；
I/O_3～I/O_0—输入/输出，写时为输入，读时为输出

功能表：

控制		输入/输出	工作模式及说明
$\overline{\text{CS}}$	$R/\overline{W}$	I/O_3　I/O_2　I/O_1　I/O_0	
1	×	高阻态	禁止，输入/输出端口和芯片内部相当于断开。
0	0	输入	写操作，由地址码指定写入信息的存储单元。
0	1	输出	读操作，由地址码指定读出信息的存储单元

读写时序：

当进行写操作时，其时序为片选信号有效 $\overline{\text{CS}}$=0，输入地址信息 A_9～A_0，经 I/O 端口输入数据信息，最后写控制信号 $R/\overline{W}$ 由 1 变 0 再变 1 产生一个写脉冲信号。

当进行读操作时，其时序为片选信号有效 $\overline{\text{CS}}$=0，读控制信号 $R/\overline{W}$=1，输入地址信息 A_9～A_0，经 I/O 端口输出数据信息

功能扩展：

几片 RAM 芯片组合起来，可形成所需容量的存储器。

位扩展的接法：将各片的地址端、读/写控制端、片选端分别并联，输入/输出端口并行排列。

字扩展方式：以增加的地址变量控制各存储芯片的片选端，将各片的地址端、读/写端、输入/输出端口分别并联

五、实验原理

1）随机存取存储器的逻辑功能：片选端有效时，在读/写控制信号 $R/\overline{W}$ 的作用下，对由地址代码 A_9～A_0 指定的存储单元进行读/写操作。

本实验选用 1K×4 位 2114 RAM，测试其读写功能及容量扩展后的读写功能。

2）2114 RAM 位扩展的方法：将各片的地址端、读/写控制端、片选端分别并联，输入/输出端口并行排列。

2114 RAM 字扩展的方法：以增加的地址变量控制各存储芯片的片选端，使各芯片依次轮流工作，将各片的地址端、读/写端、输入/输出端口分别并联。

3）实验测试 2114 RAM 读写功能的原理及方法：将 2114 RAM 的片选端、读写控制端分别接到逻辑电平开关上控制读/写操作，用二进制计数器控制对 RAM 输入不同的地址信息选择不同的存储单元，通过逻辑电平开关控制经输入/输出端口写入所选存储单元的信息，用 LED 显示所选存储单元经输入/输出端口读出的信息。

验证 2114 RAM 容量扩展功能，需要先根据位、字扩展的要求构成所需容量的存储

器，再测试读/写功能。

六、实验内容

1. 随机存取存储器的功能测试

1）选用 2114 RAM 一片、74LS161 集成计数器一片，在数字电路学习机上合适的位置选取一个 18P、一个 16P 插座，按定位标记插好集成芯片。

2）对照附录中 2114 RAM 及 74LS161 的引脚图按照图 1-11-1 接线。为了验证 RAM 芯片数据的写入与读出过程，只对低 4 位地址指定的存储单元进行读/写操作，其中同步 4 位二进制加法计数器 74LS161 的状态输出作为 2114 RAM 的低 4 位地址输入信号。

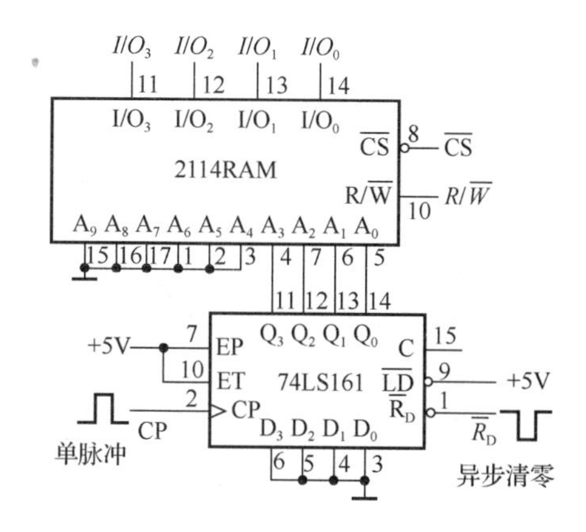

图 1-11-1　2114 RAM 功能测试电路

计数器的 CP 脉冲输入端接单脉冲信号，$\overline{R}_D$ 接逻辑电平开关，状态输出端 Q_3～Q_0 接至 2114 RAM 的地址输入端 A_3～A_0，2114 RAM 的高位地址端 A_9～A_4 分别接地，I/O_3～I/O_0 端写操作时分别接逻辑电平开关、读操作时分别接 LED，$\overline{CS}$ 接逻辑电平开关，$R/\overline{W}$ 端接逻辑电平开关。

3）2114 RAM 写功能测试。

① 使片选信号 $\overline{CS}=0$。

② 计数器清零，然后处于计数工作方式，即 $\overline{R}_D$ 端先输入一个 0 复位信号，然后再置 1，使存储单元地址 $A_3A_2A_1A_0=0000$，输入数据 I/O_3～I/O_0 =1111，读/写控制 $R/\overline{W}$ 由 1 变 0 再变 1 产生一个写脉冲信号，将 1111 数据写入 0000 地址单元中。

③ 输入一次单次脉冲，计数器加计数改变状态使存储单元地址 $A_3A_2A_1A_0=0001$，输入数据改变为 I/O_3～I/O_0 =1110，将 $R/\overline{W}$ 由 1 变 0 再变 1 产生一个写脉冲信号，将 1110 数据写入 0001 地址单元中。

④ 依次类推，每输入一次单次脉冲，改变一次 $I/O_3 \sim I/O_0$ 的状态输入不同的数据，$R/\overline{W}$ 端输入一个写脉冲，将 0000～1111 共 16 个存储单元按表 1-11-2 要求分别写入数据。

表 1-11-2　2114 RAM 读/写功能测试表

片选	存储单元地址				写操作					读操作				
$\overline{CS}$	A_3	A_2	A_1	A_0	I/O_3	I/O_2	I/O_1	I/O_0	$R/\overline{W}$	$R/\overline{W}$	I/O_3	I/O_2	I/O_1	I/O_0
0	0	0	0	0	1	1	1	1	⊔	1				
0	0	0	0	1	1	1	1	0	⊔	1				
0	0	0	1	0	1	1	0	1	⊔	1				
0	0	0	1	1	1	1	0	0	⊔	1				
0	0	1	0	0	1	0	1	1	⊔	1				
0	0	1	0	1	1	0	1	0	⊔	1				
0	0	1	1	0	1	0	0	1	⊔	1				
0	0	1	1	1	1	0	0	0	⊔	1				
0	1	0	0	0	0	1	1	1	⊔	1				
0	1	0	0	1	0	1	1	0	⊔	1				
0	1	0	1	0	0	1	0	1	⊔	1				
0	1	0	1	1	0	1	0	0	⊔	1				
0	1	1	0	0	0	0	1	1	⊔	1				
0	1	1	0	1	0	0	1	0	⊔	1				
0	1	1	1	0	0	0	0	1	⊔	1				
0	1	1	1	1	0	0	0	0	⊔	1				
实验结论														

4）2114 RAM 读功能测试。

① 使片选信号 $\overline{CS}$=0，读/写控制信号 $R/\overline{W}$=1。

② 将计数器清零，使存储单元地址 $A_3A_2A_1A_0$ = 0000，读出 0000 地址单元中的数据。

③ 输入一次单次脉冲，计数器加计数改变状态使存储单元地址 $A_3A_2A_1A_0$ = 0001，读出 0001 地址单元中的数据。

④ 依次类推，每输入一次单次脉冲读出一次数据，将写入 0000～1111 共 16 个存储单元的数据按照表 1-11-2 要求分别读出，填入表 1-11-2。

5）2114 RAM 禁止功能测试。将 $\overline{CS}$ 置 1，$A_3A_2A_1A_0$=××××，$R/\overline{W}$=×，用数字万用表测量 $I/O_3 \sim I/O_0$ 端口的电平，确定 $I/O_3 \sim I/O_0$ 端口的状态填入表 1-11-3。

表 1-11-3 2114 RAM 禁止功能测试表

片选	存储单元地址	读/写控制	I/O 端口状态
$\overline{CS}$	A_3 A_2 A_1 A_0	$R/\overline{W}$	I/O_3 I/O_2 I/O_1 I/O_0
1	× × × ×	×	
实验结论			

2. 随机存取存储器位扩展读/写功能测试

图 1-11-2 是用两片 2114 RAM 位扩展成 1K×8 位的电路。本实验只对低 4 位地址指定的存储单元进行读/写操作，其中附加的同步 4 位二进制加法计数器 74LS161 的状态输出作为扩展后 RAM 的低 4 位地址输入信号。

1）选用 2114 RAM 两片、74LS161 集成计数器一片，在数字电路学习机上合适的位置选取两个 18P、一个 16P 插座，按定位标记插好集成芯片。

2）对照附录中 2114 RAM 及 74LS161 的引脚图按图 1-11-2 接线。计数器的 CP 脉冲输入端接单脉冲信号，$\overline{R}_D$ 端接逻辑电平开关，状态输出端 Q_3～Q_0 接至两片 2114 RAM 的地址输入端 A_3～A_0，两片 2114 RAM 的高位地址 A_9～A_4 端分别接地，I/O_7～I/O_0 端写操作时分别接逻辑电平开关、读操作时分别接 LED，$\overline{CS}$ 端接逻辑电平开关，$R/\overline{W}$ 端接逻辑电平开关。

3）读/写功能测试。按照实验内容 1 的方法先写入数据再读出数据进行读/写功能测试，填入表 1-11-4。

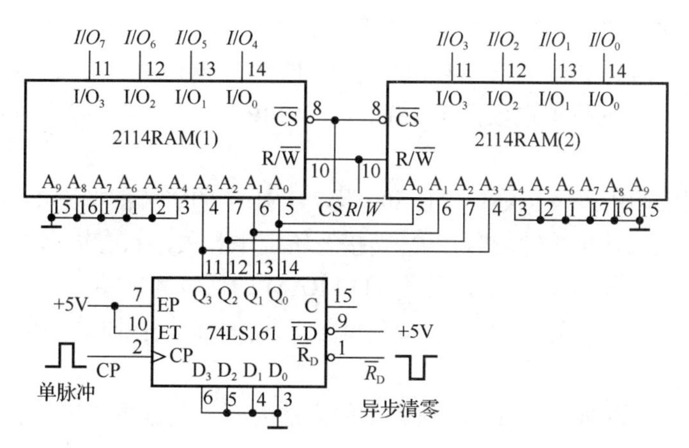

图 1-11-2 2114 RAM 位扩展功能测试电路

表 1-11-4　2114 RAM 位扩展读/写功能测试表

片选	存储单元地址				写操作									读操作								
$\overline{CS}$	A_3	A_2	A_1	A_0	I/O_7	I/O_6	I/O_5	I/O_4	I/O_3	I/O_2	I/O_1	I/O_0	$R/\overline{W}$	$R/\overline{W}$	I/O_7	I/O_6	I/O_5	I/O_4	I/O_3	I/O_2	I/O_1	I/O_0
0	0	0	0	0	1	1	1	1	1	1	1	0	⊔	1								
0	0	0	0	1	1	1	1	1	1	1	0	0	⊔	1								
0	0	0	1	0	1	1	1	1	1	0	0	0	⊔	1								
0	0	0	1	1	1	1	1	1	0	0	0	0	⊔	1								
0	0	1	0	0	1	1	1	0	0	0	0	0	⊔	1								
0	0	1	0	1	1	1	0	0	0	0	0	0	⊔	1								
0	0	1	1	0	1	0	0	0	0	0	0	0	⊔	1								
0	0	1	1	1	0	0	0	0	0	0	0	0	⊔	1								
0	1	0	0	0	0	0	0	0	0	0	0	1	⊔	1								
0	1	0	0	1	0	0	0	0	0	0	1	1	⊔	1								
0	1	0	1	0	0	0	0	0	0	1	1	1	⊔	1								
0	1	0	1	1	0	0	0	0	1	1	1	1	⊔	1								
0	1	1	0	0	0	0	0	1	1	1	1	1	⊔	1								
0	1	1	0	1	0	0	1	1	1	1	1	1	⊔	1								
0	1	1	1	0	0	1	1	1	1	1	1	1	⊔	1								
0	1	1	1	1	1	1	1	1	1	1	1	1	⊔	1								
实验结论																						

3．随机存取存储器字扩展读/写功能测试

图 1-11-3 是用两片 2114 RAM 附加与非门字扩展成 2K×4 位存储器的电路。本实验只对高 4 位地址指定的存储单元进行读/写操作，附加一片 74LS161 集成计数器，其状态输出作为扩展后 RAM 的高 4 位地址输入信号。

1）选用 2114 RAM 两片、74LS00 与非门一片、74LS161 集成计数器一片，在数字电路学习机上合适的位置选取两个 18P、一个 14P、一个 16P 插座，按定位标记插好集成芯片。

2）对照附录中 2114 RAM、74LS00 及 74LS161 的引脚图按图 1-11-3 接线。计数器的 CP 脉冲输入端接单脉冲信号，$\overline{R}_D$ 端接逻辑电平开关，状态输出端 Q_3～Q_0 接至扩展后 RAM 的地址输入端 A_{10}～A_7，两片 2114 RAM 的低位地址端 A_6～A_0 分别接地，输入/输出端口 I/O_3～I/O_0 写操作时分别接逻辑电平开关、读操作时分别接 LED，$R/\overline{W}$ 端接逻辑电平开关。

3）读/写功能测试。按照实验内容 1 的方法先写入数据再读出数据进行读/写功能测试，填入表 1-11-5。

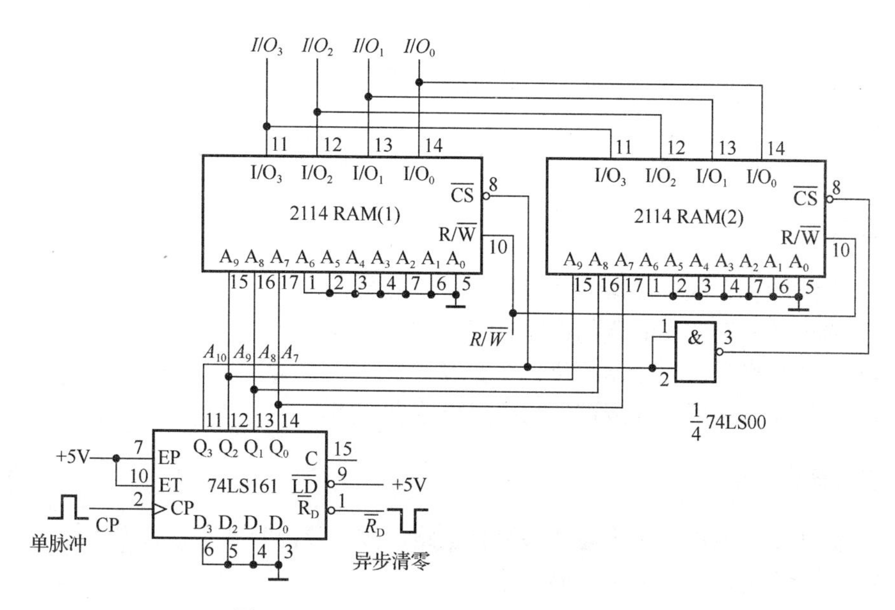

图 1-11-3 2114 RAM 字扩展功能测试电路

表 1-11-5 2114 RAM 字扩展读/写功能测试表

存储单元地址				写操作					读操作				
A_{10}	A_9	A_8	A_7	I/O_3	I/O_2	I/O_1	I/O_0	$R/\overline{W}$	$R/\overline{W}$	I/O_3	I/O_2	I/O_1	I/O_0
0	0	0	0	1	1	1	1	‾|_|‾	1				
0	0	0	1	1	1	1	0	‾|_|‾	1				
0	0	1	0	1	1	0	1	‾|_|‾	1				
0	0	1	1	1	1	0	0	‾|_|‾	1				
0	1	0	0	1	0	1	1	‾|_|‾	1				
0	1	0	1	1	0	1	0	‾|_|‾	1				
0	1	1	0	1	0	0	1	‾|_|‾	1				
0	1	1	1	1	0	0	0	‾|_|‾	1				
1	0	0	0	0	1	1	1	‾|_|‾	1				
1	0	0	1	0	1	1	0	‾|_|‾	1				
1	0	1	0	0	1	0	1	‾|_|‾	1				
1	0	1	1	0	1	0	0	‾|_|‾	1				
1	1	0	0	0	0	1	1	‾|_|‾	1				
1	1	0	1	0	0	1	0	‾|_|‾	1				
1	1	1	0	0	0	0	1	‾|_|‾	1				
1	1	1	1	0	0	0	0	‾|_|‾	1				
实验结论													

七、注意事项

1）按定位标记将集成芯片插入插座时，先将引脚对准相应插孔再插牢，防止器件的引脚弯曲或折断。

2）实验测试电路中，没有画出芯片的电源引脚、接地引脚。

3）接线、改变接线及拆除接线时，必须关闭电源。

4）集成芯片中不使用的门，其输入端、输出端做悬空开路处理。

八、思考题

1）简述随机存取存储器的功能特点及使用方法。

2）简述随机存取存储器的读写时序。

3）简述随机存取存储器的位、字扩展方法。

4）分析实验中所用的测试方法并提出改进方案。

九、实验报告要求

1）简述实验原理，画出各实验测试电路，按实验内容填写各数据表格。

2）整理实验数据，分析实验结论。

实验 12　D/A 与 A/D 转换

一、实验目的

1）了解 D/A 转换与 A/D 转换的基本原理。
2）掌握 D/A 转换器 DAC0832、A/D 转换器 ADC0809 的性能和使用方法。
3）验证 DAC0832 和 ADC0809 的功能。

二、实验仪器及器件

1. 实验仪器

1）TPE-D6Ⅲ型数字电路学习机。
2）V-252 型双踪示波器。
3）VC9801A 型数字万用表。

2. 器件

1）DAC0832（8 位电流输出型 D/A 转换器）一片。
2）ADC0809（8 位 8 通道逐次逼近型 A/D 转换器）一片。
3）μA741（集成运算放大器）一片。
4）74LS161（同步 4 位二进制加法计数器）一片。

三、预习要求

1）D/A 转换、A/D 转换的原理。
2）所用 D/A 转换器、A/D 转换器的结构框图、功能和使用方法。
3）所用器件的引脚排列。
4）在 Multisim 中分别组成各实验电路进行仿真测试，并记录数据。

四、实验器件的逻辑功能

表 1-12-1 和表 1-12-2 分别介绍了本实验所用 D/A 转换器 DAC0832 和 A/D 转换器 ADC0809 的相关知识。

表 1-12-1　D/A 转换器 DAC0832 的原理图、工作方式、输出电压和功能扩展

原理图	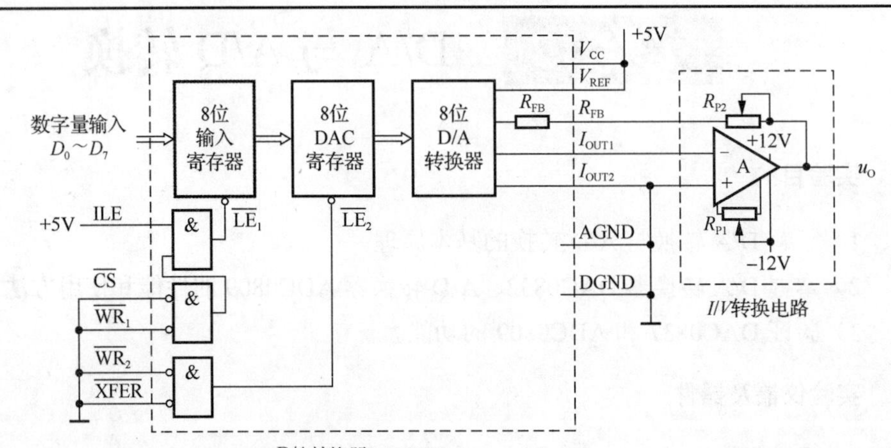 D/A转换器DAC0832 DAC0832 是采用 CMOS 工艺制成的单片电流输出型 8 位 D/A 转换器。器件的核心部分是采用倒 T 形电阻网络的 8 位 D/A 转换器。各引脚功能如下： D_0～D_7—数字信号输入； ILE—输入寄存器选通信号，高电平有效； $\overline{CS}$ —片选信号，低电平有效； $\overline{WR_1}$ —输入寄存器写选通信号，低电平有效； $\overline{WR_2}$ —DAC 寄存器写选通信号，低电平有效； $\overline{XFER}$ —数据传送控制信号，低电平有效； I_{OUT1}—转换器输出电流 1，输入全 1 时输出电流最大，输入全 0 时输出电流为 0； I_{OUT2}—转换器输出电流 2，$I_{OUT1}+I_{OUT2}$=常数； R_{FB}—内部反馈电阻； V_{REF}—转换器的基准电压，其值可在−10～+10V 选定； AGND—模拟信号地； DGND—数字信号地； V_{CC}—芯片电源，其值可在 5～15V 选取
直通工作方式	接法：输入寄存器选通信号 ILE 置 1，片选信号 $\overline{CS}$ 、输入寄存器写选通信号 $\overline{WR_1}$ 、DAC 寄存器写选通信号 $\overline{WR_2}$ 、数据传送控制信号 $\overline{XFER}$ 均置 0。 工作特点：数字量送到数据输入端，立即进入 D/A 转换器进行转换
输出电压	DAC0832 以电流形式输出转换结果，需外加运算放大器构成的 I/V 转换电路得到电压形式输出。 单极性输出电路，输出电压为 $$u_O=-\frac{D}{256}\cdot V_{REF}$$ 式中，D 为输入数字量对应的十进制数。 调整运算放大器的调零电位器 R_{P1}，可以对 D/A 芯片进行零点补偿；调节外接于反馈回路的电位器 R_{P2}，可以调整满量程
功能扩展	用二进制计数器向 D/A 转换器输入周期性变化的二进制数字量，输出为阶梯波形

表 1-12-2 A/D 转换器 ADC0809 的原理图、控制转换方法和工作原理

<table>
<tr><td>原理图</td><td colspan="9"> 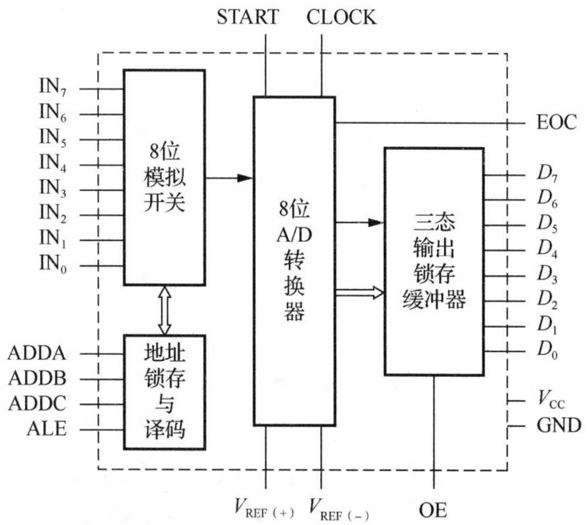ADC0809 是采用 CMOS 工艺制成的单片 8 位 8 通道逐次渐近型 A/D 转换器。各引脚功能如下：
CLOCK（CP）—时钟信号输入，允许范围为 10～1280kHz；
$V_{REF(+)}$与 $V_{REF(-)}$—正、负基准电压输入，典型值分别为+5V 和 0V；
IN_0 ～IN_7—8 路模拟信号输入，输入模拟电压范围 $V_{REF(-)}$ ～$V_{REF(+)}$；
ADDC、ADDB、ADDA—地址输入，取值从 000 ～ 111 分别选中输入通道 IN_0 ～ IN_7；
D_7 ～D_0—数字量输出，D_0 为最低有效位（LSB），D_7 为最高有效位（MSB）；
ALE—地址锁存允许输入信号，上升沿锁存 ADDC、ADDB、ADDA 地址码；
START—启动脉冲信号输入，有效信号为一正脉冲，在脉冲的上升沿 A/D 转换器内部寄存器均被清零，在其下降沿开始 A/D 转换；
OE—输出允许信号，高电平有效；
EOC—转换结束信号，当 A/D 转换完毕之后发出一个正脉冲；
V_{CC}—电源电压，+5V；
GND—地</td></tr>
<tr><td rowspan="4">地址码与输入通道选通</td><td>ADDC</td><td>0</td><td>0</td><td>0</td><td>0</td><td>1</td><td>1</td><td>1</td><td>1</td></tr>
<tr><td>ADDB</td><td>0</td><td>0</td><td>1</td><td>1</td><td>0</td><td>0</td><td>1</td><td>1</td></tr>
<tr><td>ADDA</td><td>0</td><td>1</td><td>0</td><td>1</td><td>0</td><td>1</td><td>0</td><td>1</td></tr>
<tr><td>选中的输入通道</td><td>IN_0</td><td>IN_1</td><td>IN_2</td><td>IN_3</td><td>IN_4</td><td>IN_5</td><td>IN_6</td><td>IN_7</td></tr>
<tr><td>控制转换方法</td><td colspan="9">OE 接高电平。START、ALE 加正向脉冲启动转换，转换结束 EOC=1，读取转换结果</td></tr>
<tr><td>工作原理</td><td colspan="9">用一个计量单位使连续量量化，即用计量单位与连续量做比较，把连续量变为计量单位的整数倍，略去小于计量单位的连续量部分，得到整数量，即数字量</td></tr>
</table>

五、实验原理

1）本实验使用的 DAC0832 是单片电流输出型 8 位 D/A 转换器，用 μA741 运算放

大器实现 I/V 转换得到模拟输出电压。

DAC0832 采用直通工作方式，只要数字量送到数据输入端就立即进入 D/A 转换器进行转换。各控制端的接法：输入寄存器选通信号 ILE 置 1，片选信号 $\overline{CS}$、输入寄存器写选通信号 $\overline{WR_1}$、DAC 寄存器写选通信号 $\overline{WR_2}$、数据传送控制信号 $\overline{XFER}$ 均置 0。

各数字信号输入端 $D_7 \sim D_0$ 分别接到逻辑电平开关上，调零和满量程调整后，输入不同的数字信号并测出相应的模拟输出电压，再与理论值对比是否相符，从而验证 D/A 转换关系是否符合要求。

2）本实验使用的 ADC0809 是采用 CMOS 工艺制成的单片 8 位 8 通道逐次逼近型 A/D 转换器。

ADC0809 控制转换的方法：启动脉冲信号 START 与地址锁存允许输入信号 ALE 加正向脉冲启动转换。

数字量输出端 $D_7 \sim D_0$ 及转换结束信号 EOC 分别接 LED，用于显示转换结果及转换结束；输出允许信号 OE 接高电平；CLOCK 时钟信号输入端接连续脉冲；ADDC、ADDB、ADDA 地址输入端接逻辑电平开关，其不同的输入组合选择不同模拟信号通道；启动脉冲信号 START 与地址锁存允许输入信号 ALE 接单脉冲，在所选中的输入通道上输入模拟信号后启动进行 A/D 转换。

六、实验内容

1. D/A 转换的分析、测试

1）分析 D/A 转换电路。计算图 1-12-1 所示 D/A 转换电路的模拟输出电压 u_O，填入表 1-12-3。

2）选用 D/A 转换器 DAC0832 一片，集成运算放大器 μA741 一片，在数字电路学习机上合适的位置选取一个 20P 插座、一个 8P 插座，按定位标记插好集成芯片。

3）对照附录中 DAC0832、μA741 的引脚图按照图 1-12-1 接线，八个数字量输入端分别接逻辑电平开关。

4）D/A 转换测试。

① 置数字量开关使 $D_7 \sim D_0$ 全为 0，调节运算放大器的调零电位器 R_{P1}，使模拟输出电压 $u_O = 0$。

② 置数字量开关使 $D_7 \sim D_0$ 全为 1，调节运算放大器 R_{P2} 电位器，改变运算放大器的放大倍数，使模拟输出电压满量程。

③ 按照表 1-12-3 的要求，改变输入数字量，测试模拟输出电压 u_O，填入表 1-12-3。

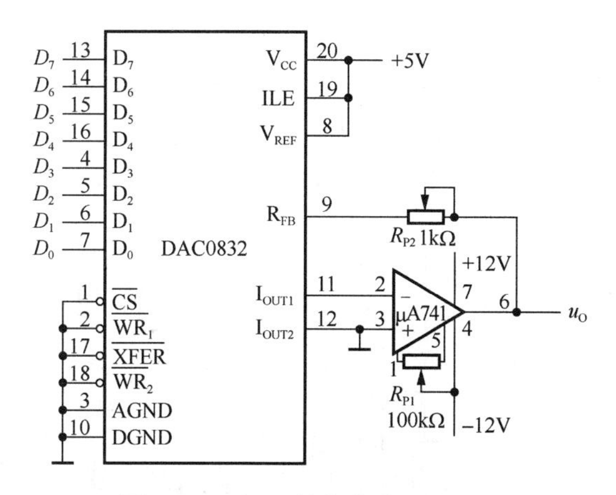

图 1-12-1 D/A 转换实验测试电路

表 1-12-3 D/A 转换电路分析、测试表

输入数字量								模拟输出电压 u_O/V	
D_7	D_6	D_5	D_4	D_3	D_2	D_1	D_0	理论值	实测值
0	0	0	0	0	0	0	0		
0	0	0	0	0	0	0	1		
0	0	0	0	0	0	1	1		
0	0	0	0	0	1	1	1		
0	0	0	0	1	1	1	1		
0	0	0	1	1	1	1	1		
0	0	1	1	1	1	1	1		
0	1	1	1	1	1	1	1		
1	1	1	1	1	1	1	1		
实验结论									

2. DAC0832 构成阶梯波形产生电路的分析、测试

图 1-12-2 所示为用 D/A 转换器 DAC0832 附加集成运算放大器 μA741、集成同步 4 位二进制加法计数器 74LS161 扩展构成的阶梯波形产生电路。DAC0832 高 5 位数字量 $D_7D_6D_5D_4D_3$ =00000，低 3 位数字量输入端 $D_2D_1D_0$ 接集成同步 4 位二进制加法计数器 74LS161 的 $Q_2Q_1Q_0$ 状态输出端，在时钟脉冲 CP 作用下产生八个阶梯的阶梯波形。

1）计算阶梯波形电压。计算图 1-12-2 所示阶梯波形产生电路在各计数状态下的模拟输出电压，填入表 1-12-4。

2）除之前选用的一片 D/A 转换器 DAC0832 和一片集成运算放大器 μA741 外，再选用集成同步 4 位二进制加法计数器 74LS161 一片，在数字电路学习机上合适的位置选取一个 16P 插座，按定位标记插好集成芯片。

对照附录中 DAC0832、μA741、74LS161 的引脚图，按照图 1-12-2 接线，一个异步清零端 $\overline{R}_D$ 接逻辑电平开关，一个时钟输入端 CP 接脉冲信号。

3）先用 $\overline{R}_D$ 异步清零信号对计数器进行清零，使 $Q_2Q_1Q_0=000$，然后输入时钟脉冲 CP，用双踪示波器观察并记录时钟脉冲 CP 及模拟输出电压 u_O 的波形，填入表 1-12-4。

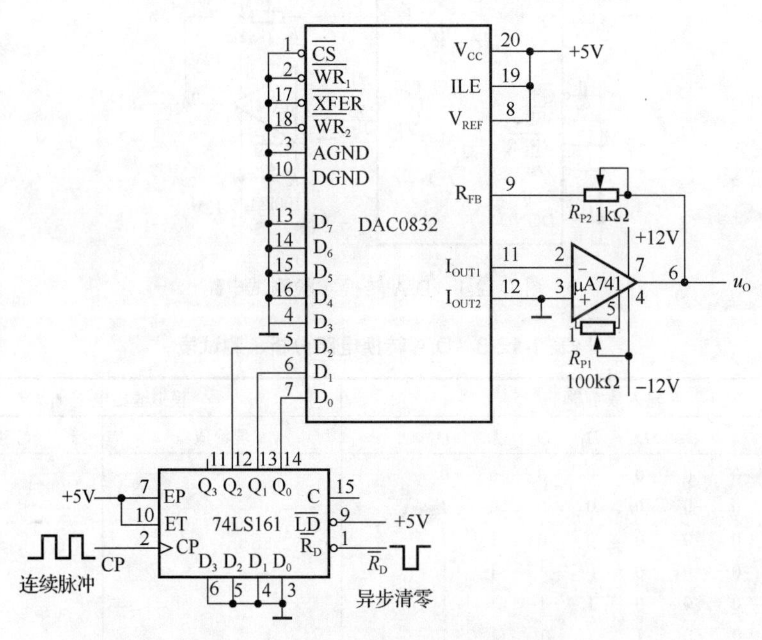

图 1-12-2　阶梯波形产生实验测试电路

表 1-12-4　DAC0832 构成阶梯波形产生电路的分析、测试表

	CP 顺序	计数器状态			模拟输出电压
		Q_2	Q_1	Q_0	u_O / V
理论分析	0	0	0	0	
	1	0	0	1	
	2	0	1	0	
	3	0	1	1	
	4	1	0	0	
	5	1	0	1	
	6	1	1	0	
	7	1	1	1	

续表

实验测试波形图	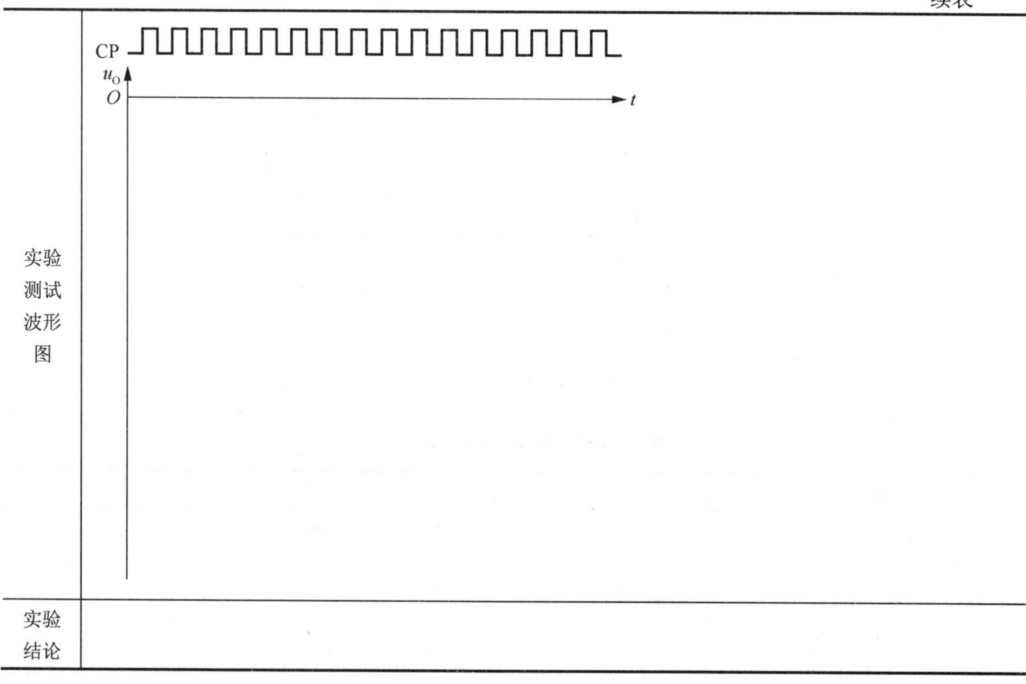
实验结论	

3. A/D 转换测试

1）选用 A/D 转换器 ADC0809 一片，在数字电路学习机上合适的位置选取一个 28P 插座，按定位标记插好集成芯片。

2）对照附录中 ADC0809 的引脚图按图 1-12-3 接线，八个数字量输出端 D_7～D_0 及一个转换结束信号 EOC 端分别接 LED，三个地址输入端 ADDC、ADDB、ADDA 接逻辑电平开关，CP 时钟输入端接连续脉冲，一个启动脉冲信号端 START 与一个地址锁存允许输入信号端 ALE 接单脉冲，可调模拟输入电压 u_I 取自电位器 R_P。

3）将 ADDC、ADDB、ADDA 所接的逻辑电平开关置于 000 状态选择通道 IN_0，调节 CP 脉冲至最高频率（频率大于 1kHz），START 单脉冲启动信号平时处于低电平，转换时为高电平。

调节 R_P 并用数字万用表测量 u_I 为 0V，按一次单次脉冲启动信号 START，观察并记录数字量输出 D_7～D_0 的值。

按照表 1-12-5 要求，分别调节 R_P 改变输入电压，观察并记录每次数字量输出 D_7～D_0 的值，填入表 1-12-5。

4）改变 ADDC、ADDB、ADDA 所接的逻辑电平开关分别选择其他模拟通道，同时改变电位器 R_P 的连接位置，进行 A/D 转换测试。

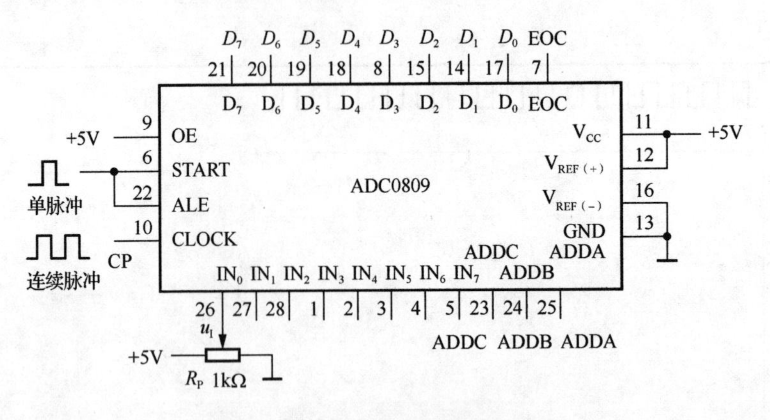

图 1-12-3　A/D 转换实验测试电路

表 1-12-5　A/D 转换电路测试表

模拟输入电压	输出数字量							
u_I/V	D_7	D_6	D_5	D_4	D_3	D_2	D_1	D_0
0.0								
0.5								
1.0								
1.5								
2.0								
2.5								
3.0								
3.5								
4.0								
4.5								
5.0								
实验结论								

七、注意事项

1）按定位标记将集成芯片插入插座时，先将引脚对准相应插孔再插牢，防止器件的引脚弯曲或折断。

2）实验测试电路中，集成同步 4 位二进制加法计数器 74LS161 没有画出电源引脚、接地引脚。

3）接线、改变接线及拆除接线时，必须关闭电源。

4）集成芯片中不使用的输出引脚做悬空开路处理。

八、思考题

1）简述 D/A 转换器 DAC0832 的使用方法。

2）用 DAC0832 进行 D/A 转换时，若要获得双极性模拟电压输出，应如何外接运算放大器？

3）A/D 转换器误差的大小与哪些因素有关？

4）说明影响 A/D 转换器转换精度的主要因素有哪些？

九、实验报告要求

1）简述实验原理，画出各实验测试电路，按实验内容填写各数据表格。

2）整理实验数据，分析实验结果与理论是否相符。

第二部分
设计及综合实验

设计及综合实验是学生在具有一定数字电子技术基础知识和电子技术实验基本操作技能的基础上，根据技术指标要求和实验条件自行设计实验电路及实验方案并加以实现的实验，以及综合运用本课程和相关课程的知识，对实验技能和实验方法进行综合训练的复合性实验。

通过实验激励和调动学生的学习积极性，培养学生灵活应用基本知识的能力、综合分析能力、实验设计能力、实验操作能力、数据处理能力、创新思维能力及查阅资料的能力。

实验 1 顺序脉冲发生器电路设计

一、实验目的

1）培养学生灵活运用数字器件实现应用电路的能力。

2）掌握顺序脉冲发生器电路的设计和调试方法。

二、实验仪器及器件

1. 实验仪器

1）TPE-D6Ⅲ型数字电路学习机。

2）V-252 型双踪示波器。

3）VC9801A 型数字万用表。

2. 器件

1）74LS74（双 D 触发器）两片。

2）74LS194（4 位双向移位寄存器）一片。

3）74LS161（同步 4 位二进制加法计数器）一片。

4）74LS138（3 线-8 线译码器）一片。

5）74LS20（二 4 输入与非门）一片。

6）74LS27（三 3 输入或非门）一片。

三、实验器件的逻辑功能

1）3 线-8 线译码器 74LS138 的功能参见第一部分实验 6。

2）双 D 触发器 74LS74 的功能参见第一部分实验 7。

3）同步 4 位二进制加法计数器 74LS161、4 位双向移位寄存器 74LS194 的功能参见第一部分实验 9。

四、设计任务与要求

用中、小规模集成电路设计顺序脉冲发生器电路。

设计要求如下：

1）用 D 触发器 74LS74 设计一个如图 2-1-1 所示的顺序脉冲发生器电路。

2）用移位寄存器 74LS194 附加门设计一个如图 2-1-1 所示的顺序脉冲发生器电路。

3）用同步 4 位二进制加法计数器 74LS161 及 3 线-8 线译码器 74LS138 设计一个如图 2-1-2 所示的顺序脉冲发生器电路。

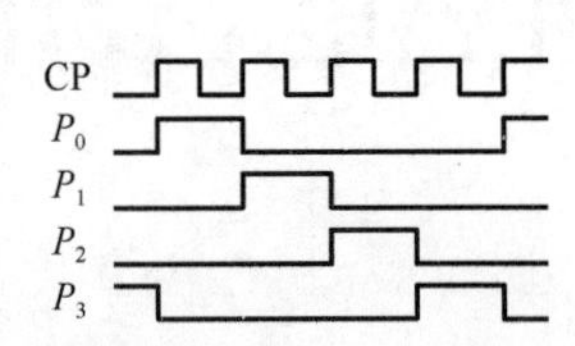

图 2-1-1 设计要求 1)、2) 的顺序脉冲波形

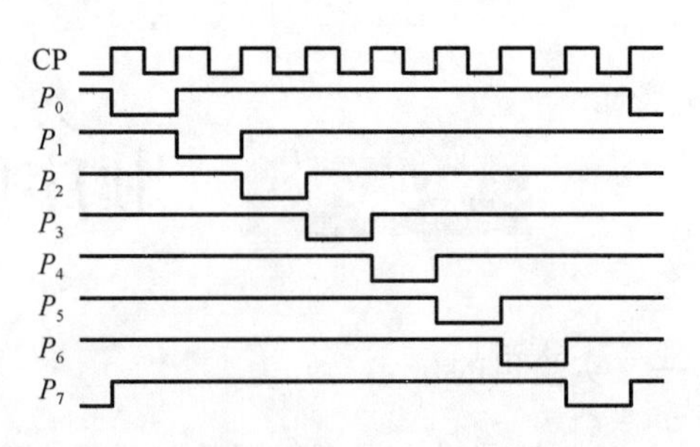

图 2-1-2 设计要求 3) 的顺序脉冲波形

五、设计原理

1. 系统的逻辑功能分析

顺序脉冲是一种按规定时序出现的周期波形，实现方案有两种：①用环形计数器进行周期变化控制并直接产生顺序脉冲；②用计数器进行周期变化控制，用译码器对计数状态译码产生顺序脉冲。

2. 参考设计方案

(1) 用 D 触发器构成顺序脉冲发生器的设计

图 2-1-1 所示波形的变化规律表明，在时钟脉冲 CP 的作用下一个 1 依次右移循环，四个 CP 作用后循环一个周期，为 4 位右移环形计数器的计数规律。

用 D 触发器构成一个 4 位右移环形计数器，逻辑电路如图 2-1-3 所示。其中，置初始状态信号用于将电路异步置于 $Q_0Q_1Q_2Q_3$=1000 初始状态。

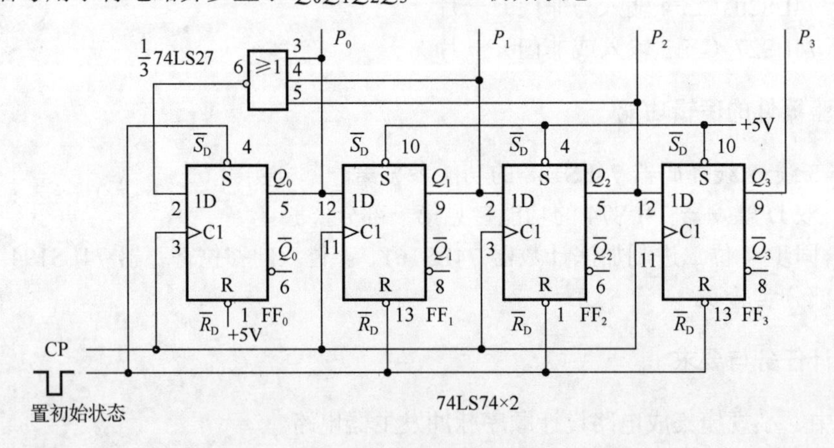

图 2-1-3 D 触发器构成的顺序脉冲发生器电路

(2) 用移位寄存器构成顺序脉冲发生器的设计

将移位寄存器 74LS194 附加门接成 4 位右移环形计数器，逻辑电路如图 2-1-4 所示。

其中，置初始状态信号用于将电路在一个时钟脉冲 CP 作用下置于 $Q_0Q_1Q_2Q_3$=1000 初始状态。

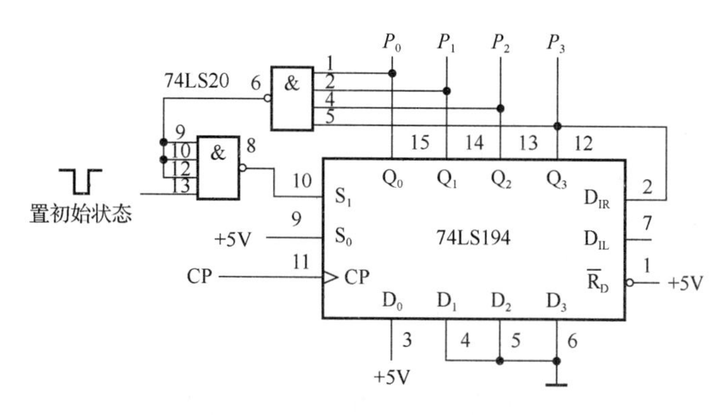

图 2-1-4　移位寄存器 74LS194 构成的顺序脉冲发生器电路

（3）用同步 4 位二进制加法计数器及 3 线–8 线译码器构成顺序脉冲发生器的设计

图 2-1-2 所示波形的变化规律表明，在时钟脉冲 CP 的作用下一个 0 依次右移循环，八个 CP 作用后循环一个周期，可用同步 4 位二进制加法计数器 74LS161 进行周期变化控制，用低电平输出有效的 3 线–8 线译码器 74LS138 对计数状态译码产生顺序脉冲，逻辑电路如图 2-1-5 所示。

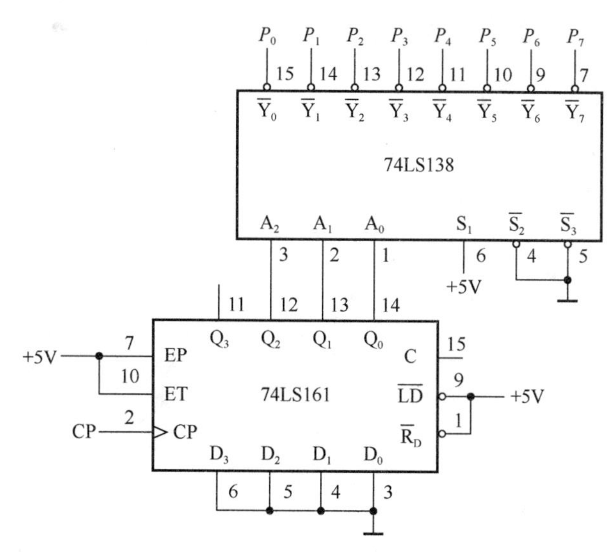

图 2-1-5　同步 4 位二进制加法计数器及 3 线–8 线译码器构成的顺序脉冲发生器电路

六、实验内容

1. 用 D 触发器构成顺序脉冲发生器的设计、仿真及实验测试

按设计任务要求，完成用 D 触发器 74LS74 构成顺序脉冲发生器的设计，求出各触

发器的驱动方程，用 Multisim 仿真后再进行硬件实验测试。

记录在时钟脉冲 CP 作用下 $P_0 \sim P_3$ 的状态变化。

2. 用移位寄存器构成顺序脉冲发生器的设计、仿真及实验测试

按设计任务要求，完成用移位寄存器 74LS194 构成顺序脉冲发生器的设计，求出数据左移串行输入端 D_{IL}、数据右移串行输入端 D_{IR}、数据并行输入端 $D_0D_1D_2D_3$ 的逻辑表达式，用 Multisim 仿真后再进行硬件实验测试。

记录在时钟脉冲 CP 作用下 $P_0 \sim P_3$ 的状态变化。

3. 用同步 4 位二进制加法计数器及 3 线-8 线译码器构成顺序脉冲发生器的设计、仿真及实验测试

按设计任务要求，完成用同步 4 位二进制加法计数器 74LS161 及 3 线-8 线译码器 74LS138 构成顺序脉冲发生器的设计，用 Multisim 仿真后再进行硬件实验测试。

记录在时钟脉冲 CP 作用下 $P_0 \sim P_7$ 的状态变化。

七、思考题

1）说明顺序脉冲发生器电路的设计原理。

2）若使图 2-1-3、图 2-1-4 所示电路能自启动，如何修改设计？画出电路图。

3）图 2-1-1 所示的波形，能否用左移环形计数器产生。

八、实验报告要求

1）简述设计及实验原理，画出实验电路图。

2）设计记录表格，整理实验数据，分析实验结果与设计要求是否相符。

3）回答思考题。

4）写出体会与建议。

实验2 移位寄存器型彩灯控制电路设计

一、实验目的

1）培养学生灵活运用数字器件实现应用电路的能力。
2）掌握移位寄存器型彩灯控制电路的设计和调试方法。

二、实验仪器及器件

1. 实验仪器

1）TPE-D6III型数字电路学习机。
2）V-252 型双踪示波器。
3）VC9801A 型数字万用表。

2. 器件

1）74LS194（4 位双向移位寄存器）两片。
2）74LS161（同步 4 位二进制加法计数器）两片。
3）74LS00（四 2 输入与非门）一片。
4）NE556（或 LM556、5G556 等，双定时器电路）一片。
5）电阻器、电容器、电位器、LED 若干。

三、实验器件的逻辑功能

1）四 2 输入与非门 74LS00 的功能参见第一部分实验 1。
2）同步 4 位二进制加法计数器 74LS161、4 位双向移位寄存器 74LS194 的功能参见第一部分实验 9。
3）双定时器电路 NE556 的功能参见第一部分实验 10。

四、设计任务与要求

用移位寄存器 74LS194 为核心器件设计一个 8 路彩灯控制器。
设计要求如下：
控制 8 个彩灯，组成 2 种花型，每种花型连续循环 2 次，各种花型轮流交替，用 LED 模拟彩灯。
花型 I：8 路彩灯由中间向两边对称地依次亮，全亮后仍由中间向两边对称地依次灭。
花型 II：8 路彩灯分成两半，从左至右顺序亮，再从左至右顺序灭。
8 路彩灯输出状态编码表如表 2-2-1 所示。

表 2-2-1　8 路彩灯输出状态编码表

节拍脉冲	花型 I								花型 II							
	Q_0	Q_1	Q_2	Q_3	Q_4	Q_5	Q_6	Q_7	Q_0	Q_1	Q_2	Q_3	Q_4	Q_5	Q_6	Q_7
0	0	0	0	0	0	0	0	0	0	0	0	0	0	0	0	0
1	0	0	0	1	1	0	0	0	1	0	0	0	1	0	0	0
2	0	0	1	1	1	1	0	0	1	1	0	0	1	1	0	0
3	0	1	1	1	1	1	1	0	1	1	1	0	1	1	1	0
4	1	1	1	1	1	1	1	1	1	1	1	1	1	1	1	1
5	1	1	1	0	0	1	1	1	0	1	1	1	0	1	1	1
6	1	1	0	0	0	0	1	1	0	0	1	1	0	0	1	1
7	1	0	0	0	0	0	0	1	0	0	0	1	0	0	0	1
8	0	0	0	0	0	0	0	0	0	0	0	0	0	0	0	0

五、设计原理

1. 系统的逻辑功能分析

彩灯控制器的原理框图如图 2-2-1 所示，主要由脉冲信号发生器、控制器和编码器等部分组成。

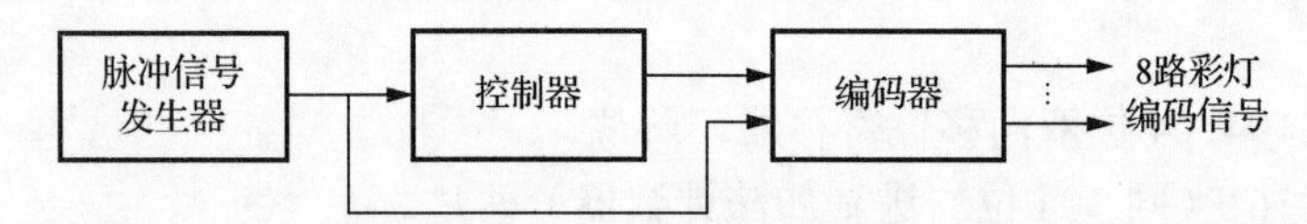

图 2-2-1　彩灯控制器的原理框图

脉冲信号发生器为系统提供时钟脉冲信号；控制器为编码器提供所需的节拍脉冲及控制信号，控制整个系统工作；编码器根据花型按节拍输出 8 路编码信号，控制彩灯按规定的规律亮、灭。

2. 参考设计方案

（1）编码器的设计

分析表 2-2-1，实现花型 I 时，前 4 位 $Q_0Q_1Q_2Q_3$ 为模 8 左移扭环形计数器的计数规律，后 4 位 $Q_4Q_5Q_6Q_7$ 为模 8 右移扭环形计数器的计数规律；实现花型 II 时，前 4 位 $Q_0Q_1Q_2Q_3$ 为模 8 右移扭环形计数器的计数规律，后 4 位 $Q_4Q_5Q_6Q_7$ 也为模 8 右移扭环形计数器的计数规律。

编码器的逻辑电路图如图 2-2-2 所示。编码器选用两片 4 位双向移位寄存器 74LS194 组成两个扭环形计数器。其中，第一片 74LS194 的工作方式控制端 $S_{1(1)}$、$S_{0(1)}$由控制器控制，其数据左移串行输入端 $D_{IL(1)}=\overline{Q}_7^n$，数据右移串行输入端 $D_{IR(1)}=\overline{Q}_7^n$；第二片 74LS194 的工作方式控制端 $S_{1(2)}=1$、$S_{0(2)}=0$，数据右移串行输入端 $D_{IR(2)}=\overline{Q}_7^n$，数据左移串行输入端 $D_{IL(2)}=\times$。各片的数据并行输入端 $D_0D_1D_2D_3=\times\times\times\times$。

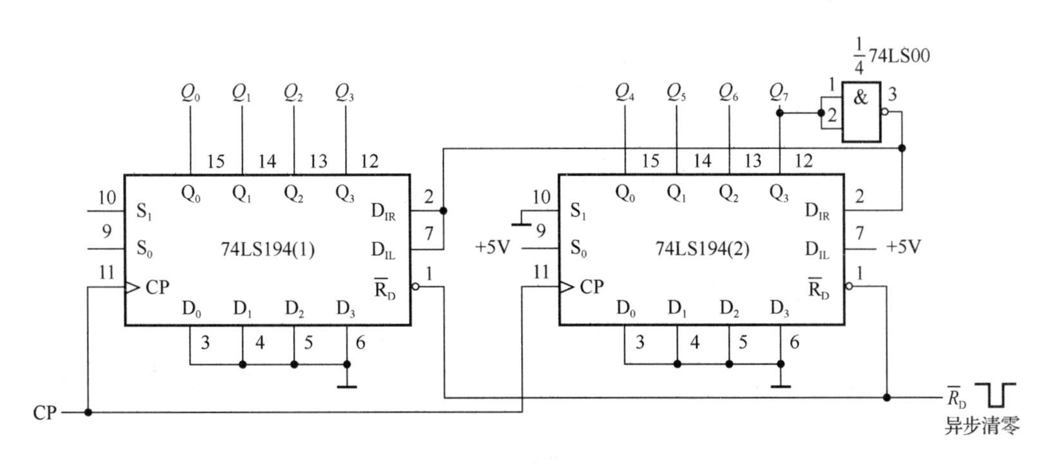

图 2-2-2　编码器的逻辑电路图

（2）控制器的设计

分析表 2-2-1，花型 I、花型 II 经 8 个 CP 脉冲信号作用循环一次。按显示方式要求，每种花型连续循环两次需经过 16 个 CP 脉冲信号作用，实现一次大循环需 32 个 CP 脉冲信号作用。控制器的时序图如图 2-2-3 所示。

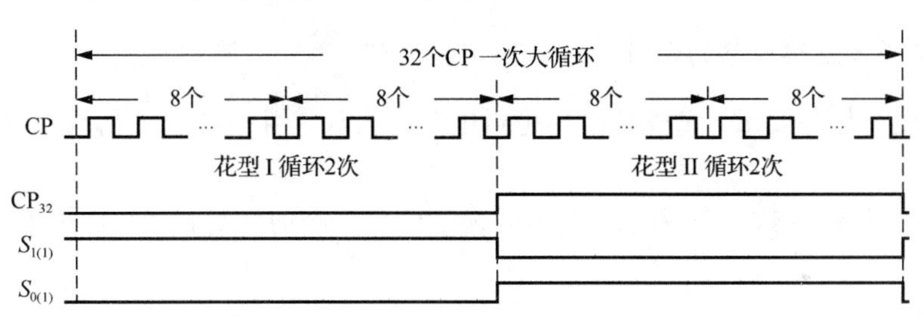

图 2-2-3　控制器的时序图

控制器需产生一个 32 拍的节拍脉冲，用于控制第一片 74LS194 的工作方式控制端 $S_{1(1)}$、$S_{0(1)}$，从而控制彩灯的花型。

1）节拍脉冲的产生。32 拍的节拍脉冲可通过计数器对 CP 时钟脉冲信号进行 32 分频的方法产生，用两片同步 4 位二进制加法计数器 74LS161 级联成 8 位二进制计数器，Q_4 端的输出即为 32 拍的节拍脉冲 CP_{32}，如图 2-2-4 所示。

2）工作方式的控制。根据图 2-2-3 得出，第一片 74LS194 的工作方式控制端 $S_{1(1)}$、$S_{0(1)}$与节拍脉冲 CP_{32} 的逻辑关系为

$$S_{1(1)} = \overline{\mathrm{CP}}_{32}\,,\quad S_{0(1)} = \mathrm{CP}_{32}$$

用一个与非门实现 $S_{1(1)}$式。

将节拍脉冲逻辑电路的 CP_{32} 输出端直接连接在第一片 74LS194 的 $S_{0(1)}$控制端。

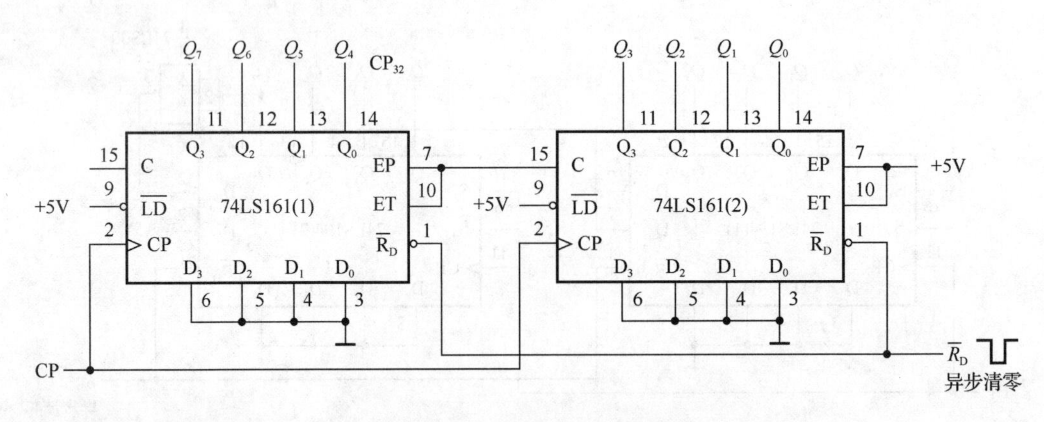

图 2-2-4　产生节拍脉冲的逻辑电路

（3）脉冲信号发生器的设计

脉冲信号发生器可用 555 定时器构成的多谐振荡器实现，具体电路参见第一部分实验 10。多谐振荡器振荡频率设置在 100Hz 左右。

六、实验内容

1. 编码器逻辑电路的设计、仿真及实验测试

按照设计任务要求，完成编码器逻辑电路的设计，用 Multisim 仿真后再进行硬件实验测试。

分别记录 $S_{1(1)}$=1、$S_{0(1)}$=0 及 $S_{1(1)}$=0、$S_{0(1)}$=1 时，在时钟脉冲 CP 作用下 Q_0～Q_7 的状态变化。

2. 节拍脉冲逻辑电路的设计、仿真及实验测试

按照设计任务要求，完成节拍脉冲逻辑电路的设计，用 Multisim 仿真后再进行硬件实验测试。

观察节拍脉冲 CP_{32} 与时钟脉冲 CP 的频率关系。

3. 脉冲信号发生器电路的设计、仿真及实验测试

按照设计任务要求，完成脉冲信号发生器电路的设计，用 Multisim 仿真后再进行硬件实验测试。

4. 彩灯控制电路的联调实验测试

将各个单元电路连接为完整电路，测试其功能。

七、思考题

1）说明编码器的设计原理。

2）画出节拍脉冲产生电路用D触发器实现时的逻辑电路图。

3）若实现以快节拍显示一次，再以慢节拍显示一次，应如何设计电路？

八、实验报告要求

1）简述设计及实验原理，画出实验电路图。

2）设计记录表格，整理实验数据，分析实验结果与设计要求是否相符。

3）回答思考题。

4）写出体会与建议。

实验 3 汽车尾灯控制电路设计

一、实验目的

1）培养学生灵活运用数字器件实现应用电路的能力。

2）掌握汽车尾灯控制电路的设计和调试方法。

二、实验仪器及器件

1. 实验仪器

1）TPE-D6Ⅲ型数字电路学习机。

2）V-252 型双踪示波器。

3）VC9801A 型数字万用表。

2. 器件

1）74LS138（3 线-8 线译码器）一片。

2）74LS00（四 2 输入与非门）三片。

3）74LS86（四 2 输入异或门）一片。

4）74LS112（双 JK 触发器）一片。

5）NE556（或 LM556、5G556 等，双定时器电路）一片。

6）电阻器、电容器、电位器、LED 若干。

三、实验器件的逻辑功能

1）四 2 输入与非门 74LS00、四 2 输入异或门 74LS86 的功能参见第一部分实验 1。

2）3 线-8 线译码器 74LS138 的功能参见第一部分实验 6。

3）双 JK 触发器 74LS112 的功能参见第一部分实验 7。

4）双定时器电路 NE556 的功能参见第一部分实验 10。

四、设计任务与要求

设汽车尾部左、右两侧各有三个尾灯（用 LED 模拟），设计一个对尾灯进行控制的电路。

设计要求如下：

汽车正常行驶时尾灯全灭；左转弯时左侧三个尾灯按左循环顺序点亮；右转弯时右侧三个尾灯按右循环顺序点亮；临时刹车时左侧、右侧所有尾灯同时闪烁。

五、设计原理

1. 系统的逻辑功能分析

汽车的正常行驶、左转弯、右转弯和临时刹车 4 种状态用两个开关 S_1、S_0 的 4 种取值组合模拟表示，汽车运行状态和尾灯状态的关系如表 2-3-1 所示。

表 2-3-1 汽车运行状态和尾灯状态的关系表

汽车运行状态	开关状态		左侧三个尾灯	右侧三个尾灯
	S_1	S_0	D_0 D_1 D_2	D_3 D_4 D_5
正常行驶	0	0	灯灭	灯灭
左转弯	0	1	按 $D_0D_1D_2$ 顺序循环点亮	灯灭
右转弯	1	0	灯灭	按 $D_3D_4D_5$ 顺序循环点亮
临时刹车	1	1	同时闪烁	同时闪烁

汽车尾灯控制电路的原理框图如图 2-3-1 所示，主要由开关控制电路、计数器、译码器、显示驱动电路和脉冲信号发生器等部分组成。

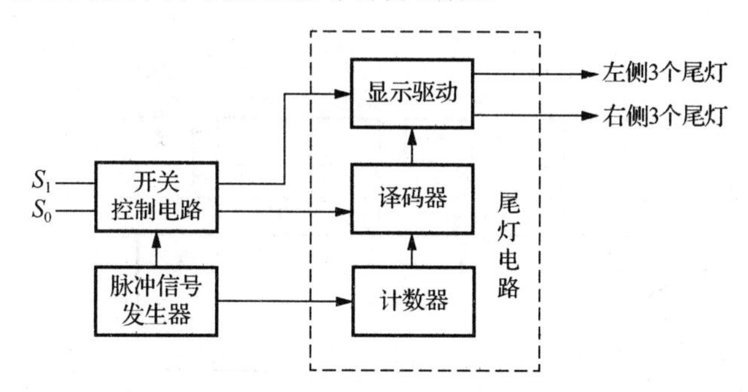

图 2-3-1 汽车尾灯控制电路的原理框图

计数器按照三进制计数，用于左转弯、右转弯时控制三个尾灯按照周期规律点亮；译码器对计数状态进行译码，产生节拍脉冲输出，控制尾灯按照循环顺序点亮；显示驱动电路用于驱动、控制 LED；开关控制电路根据汽车运行状态产生对译码器、显示驱动电路的控制信号。

2. 参考设计方案

（1）尾灯电路的设计

分析表 2-3-1 及图 2-3-1，列出逻辑功能表如表 2-3-2 所示。

表 2-3-2　尾灯电路的逻辑功能表

开关状态	计数器状态	译码控制	译码器输出	驱动控制	尾灯状态
S_1 S_0	Q_1 Q_0	G	$\overline{Y}_0$ $\overline{Y}_1$ $\overline{Y}_2$ $\overline{Y}_4$ $\overline{Y}_5$ $\overline{Y}_6$	A	D_0 D_1 D_2 D_3 D_4 D_5
0 0	× ×	0	1 1 1 1 1 1	1	0 0 0 0 0 0
0 1	0 0	1	0 1 1 1 1 1	1	1 0 0 0 0 0
	0 1		1 0 1 1 1 1		0 1 0 0 0 0
	1 0		1 1 0 1 1 1		0 0 1 0 0 0
1 0	0 0	1	1 1 1 0 1 1	1	0 0 0 1 0 0
	0 1		1 1 1 1 0 1		0 0 0 0 1 0
	1 0		1 1 1 1 1 0		0 0 0 0 0 1
1 1	× ×	0	1 1 1 1 1 1	CP	CP CP CP CP CP CP

尾灯电路的逻辑电路图如图 2-3-2 所示。其中，JK 触发器 74LS112 用于构成三进制计数器，3 线-8 线译码器 74LS138 用于对计数状态进行译码，与非门 74LS00 用于构成显示驱动电路。译码器的译码控制信号 G、显示驱动电路的控制信号 A 由开关控制电路产生。

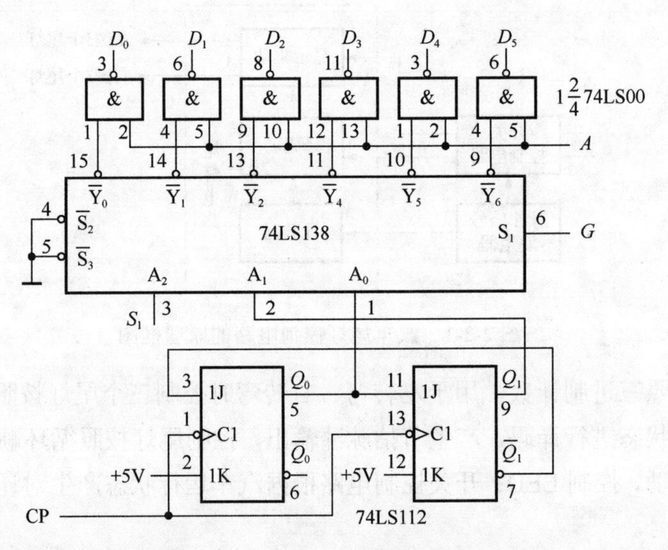

图 2-3-2　尾灯电路的逻辑电路图

（2）开关控制电路的设计

由表 2-3-2 并化简，得控制信号的逻辑表达式为

$$G = S_1 \oplus S_0$$

$$A = \overline{S_1 S_0 \cdot \overline{\mathrm{CP}}}$$

用异或门、与非门实现的开关控制逻辑电路如图 2-3-3 所示。

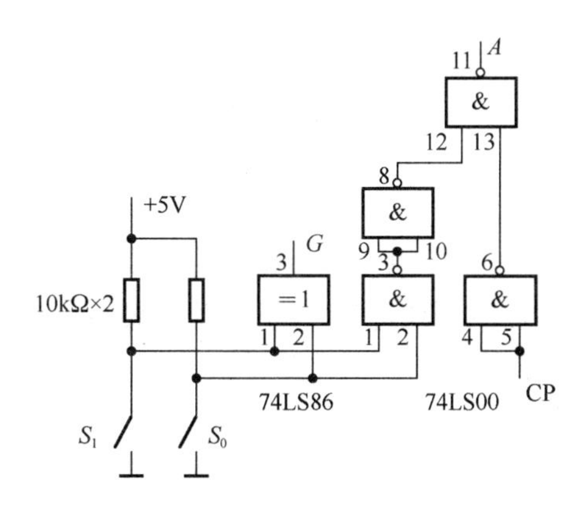

图 2-3-3　开关控制逻辑电路

（3）脉冲信号发生器的设计

脉冲信号发生器可用 555 定时器构成的多谐振荡器实现，具体电路参见第一部分实验 10。多谐振荡器振荡频率设置在 100Hz 左右。

六、实验内容

1. 尾灯电路的设计、仿真及实验测试

按设计任务要求，完成尾灯电路的设计，用 Multisim 仿真后再进行硬件实验测试。

加入时钟脉冲 CP，按表 2-3-2 改变 S_1、S_0 及 G、A，观察并记录六个尾灯的变化情况。

2. 开关控制电路的设计、仿真及实验测试

按设计任务要求，完成开关控制电路的设计，用 Multisim 仿真后再进行硬件实验测试。

观察改变 S_1、S_0 时 G、A 的变化情况。

3. 脉冲信号发生器电路的设计、仿真及实验测试

按设计任务要求，完成脉冲信号发生器电路的设计，用 Multisim 仿真后再进行硬件实验测试。

4. 汽车尾灯控制电路的联调实验测试

将各个单元电路连接为完整电路，测试其功能。

七、思考题

1）说明尾灯电路的设计原理。

2）若用环形计数器控制左侧三个尾灯按左循环顺序点亮、右侧三个尾灯按右循环

顺序点亮，画出其逻辑电路图。

3）若显示驱动电路输出低电平时控制 LED 模拟尾灯点亮，则应该如何修改电路？

八、实验报告要求

1）简述设计及实验原理，画出实验电路图。

2）设计记录表格，整理实验数据，分析实验结果与设计要求是否相符。

3）回答思考题。

4）写出体会与建议。

实验 4　多路竞赛抢答器电路设计

一、实验目的

1）培养学生灵活运用数字器件实现应用电路的能力。

2）掌握多路竞赛抢答器电路的设计和调试方法。

二、实验仪器及器件

1. 实验仪器

1）TPE-D6Ⅲ型数字电路学习机。

2）V-252 型双踪示波器。

3）VC9801A 型数字万用表。

2. 器件

1）74LS148（8 线-3 线优先编码器）一片。

2）74LS279（四 $\overline{R}-\overline{S}$ 锁存器）一片。

3）74LS248（4 线-七段译码器/驱动器）三片。

4）74LS10（三 3 输入与非门）两片。

5）74LS192（同步十进制加/减计数器）两片。

6）74LS121（单稳态触发器）一片。

7）NE556（或 LM556、5G556 等，双定时器电路）一片。

8）电阻器、电容器、电位器、LED、共阴极数码管、扬声器若干。

三、实验器件的逻辑功能

1）三 3 输入与非门 74LS10 的符号、引脚说明见附录。

2）双定时器电路 NE556 的功能参见第一部分实验 10。

3）8 线-3 线优先编码器 74LS148 的逻辑符号、功能表如表 2-4-1 所示。

表 2-4-1　74LS148 的逻辑符号、功能表

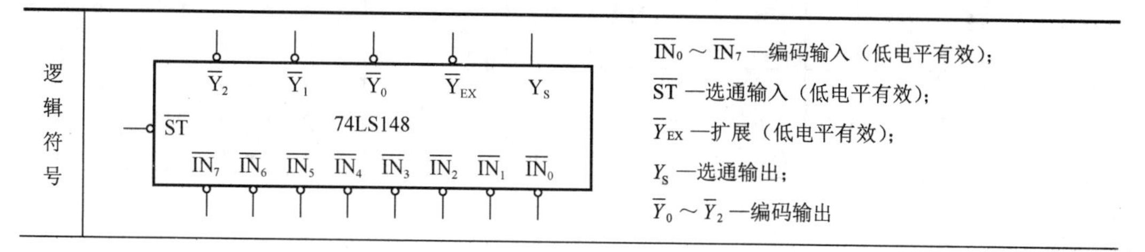

逻辑符号	（见上图）	$\overline{IN}_0 \sim \overline{IN}_7$ —编码输入（低电平有效）； $\overline{ST}$ —选通输入（低电平有效）； $\overline{Y}_{EX}$ —扩展（低电平有效）； Y_S —选通输出； $\overline{Y}_0 \sim \overline{Y}_2$ —编码输出

续表

	输入									输出				
	$\overline{ST}$	$\overline{IN_0}$	$\overline{IN_1}$	$\overline{IN_2}$	$\overline{IN_3}$	$\overline{IN_4}$	$\overline{IN_5}$	$\overline{IN_6}$	$\overline{IN_7}$	$\overline{Y_2}$	$\overline{Y_1}$	$\overline{Y_0}$	$\overline{Y_{EX}}$	Y_S
功能表	1	×	×	×	×	×	×	×	×	1	1	1	1	1
	0	1	1	1	1	1	1	1	1	1	1	1	1	0
	0	×	×	×	×	×	×	×	0	0	0	0	0	1
	0	×	×	×	×	×	×	0	1	0	0	1	0	1
	0	×	×	×	×	×	0	1	1	0	1	0	0	1
	0	×	×	×	×	0	1	1	1	0	1	1	0	1
	0	×	×	×	0	1	1	1	1	1	0	0	0	1
	0	×	×	0	1	1	1	1	1	1	0	1	0	1
	0	×	0	1	1	1	1	1	1	1	1	0	0	1
	0	0	1	1	1	1	1	1	1	1	1	1	0	1

4）4 线-七段译码器/驱动器 74LS248 的逻辑符号、功能表如表 2-4-2 所示。

表 2-4-2 74LS248 的逻辑符号、功能表

逻辑符号：

$\overline{LT}$　Y_a Y_b Y_c Y_d Y_e Y_f Y_g

$\overline{BI}/\overline{RBO}$　74LS248

$\overline{RBI}$　A_3 A_2 A_1 A_0

$A_3 \sim A_0$ —译码地址输入；

$\overline{LT}$ —灯测试输入（低电平有效）；

$\overline{RBI}$ —脉冲消隐输入（低电平有效）；

$\overline{BI}/\overline{RBO}$ —消隐输入（低电平有效）/脉冲消隐输出（低电平有效）；

$Y_a \sim Y_g$ —输出

	十进制或功能	输入						$\overline{BI}/\overline{RBO}$	输出						
		$\overline{LT}$	$\overline{RBI}$	A_3	A_2	A_1	A_0		Y_a	Y_b	Y_c	Y_d	Y_e	Y_f	Y_g
功能表	0	1	1	0	0	0	0	1	1	1	1	1	1	1	0
	1	1	×	0	0	0	1	1	0	1	1	0	0	0	0
	2	1	×	0	0	1	0	1	1	1	0	1	1	0	1
	3	1	×	0	0	1	1	1	1	1	1	1	0	0	1
	4	1	×	0	1	0	0	1	0	1	1	0	0	1	1
	5	1	×	0	1	0	1	1	1	0	1	1	0	1	1
	6	1	×	0	1	1	0	1	1	0	1	1	1	1	1
	7	1	×	0	1	1	1	1	1	1	1	0	0	0	0
	8	1	×	1	0	0	0	1	1	1	1	1	1	1	1
	9	1	×	1	0	0	1	1	1	1	1	1	0	1	1
	10	1	×	1	0	1	0	1	0	0	0	1	1	0	1
	11	1	×	1	0	1	1	1	0	0	1	1	0	0	1
	12	1	×	1	1	0	0	1	0	1	0	0	0	1	1
	13	1	×	1	1	0	1	1	1	0	0	1	0	1	1
	14	1	×	1	1	1	0	1	0	0	0	1	1	1	1
	15	1	×	1	1	1	1	1	0	0	0	0	0	0	0
	消隐	×	×	×	×	×	×	0	0	0	0	0	0	0	0
	脉冲消隐	1	0	0	0	0	0	0	0	0	0	0	0	0	0
	灯测试	0	×	×	×	×	×	1	1	1	1	1	1	1	1

5）同步十进制加/减计数器 74LS192 的逻辑符号、功能表如表 2-4-3 所示。

表 2-4-3　74LS192 的逻辑符号、功能表

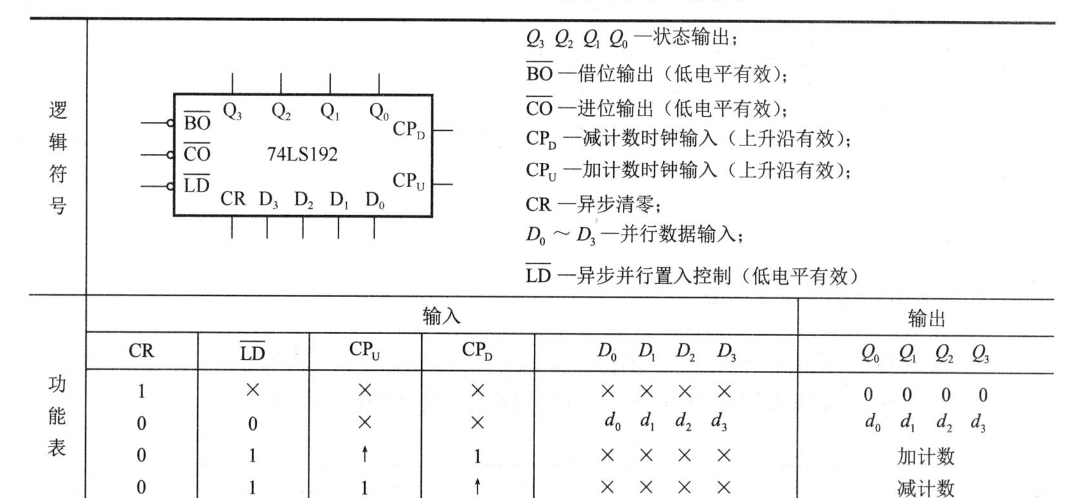

逻辑符号：

Q_3 Q_2 Q_1 Q_0 —状态输出；

$\overline{BO}$ —借位输出（低电平有效）；

$\overline{CO}$ —进位输出（低电平有效）；

CP_D —减计数时钟输入（上升沿有效）；

CP_U —加计数时钟输入（上升沿有效）；

CR —异步清零；

$D_0 \sim D_3$ —并行数据输入；

$\overline{LD}$ —异步并行置入控制（低电平有效）

功能表：

输入					输出
CR	$\overline{LD}$	CP_U	CP_D	D_0 D_1 D_2 D_3	Q_0 Q_1 Q_2 Q_3
1	×	×	×	× × × ×	0 0 0 0
0	0	×	×	d_0 d_1 d_2 d_3	d_0 d_1 d_2 d_3
0	1	↑	1	× × × ×	加计数
0	1	1	↑	× × × ×	减计数
0	1	1	1	× × × ×	保持

6）单稳态触发器 74LS121 的逻辑符号、功能表如表 2-4-4 所示。

表 2-4-4　74LS121 的逻辑符号、功能表

逻辑符号：

Q　$\overline{Q}$　R_{ext}/C_{ext}　R_{int}　74LS121　C_{ext}　TR_+　TR_{-A}　TR_{-B}

C_{ext} —外接电容；Q —正脉冲输出；

$\overline{Q}$ —负脉冲输出；R_{int} —内电阻；

R_{ext} / C_{ext} —外接电阻/电容；

TR_+ —正触发输入；

TR_{-A}、TR_{-B} —负触发输入

功能表：

输入			输出	
TR_{-A}	TR_{-B}	TR_+	Q	$\overline{Q}$
0	×	1	0	1
×	0	1	0	1
×	×	0	0	1
1	1	×	0	1
1	↓	1	⎍	⊔
↓	1	1	⎍	⊔
↓	↓	1	⎍	⊔
0	×	↑	⎍	⊔
×	0	↑	⎍	⊔

四、设计任务与要求

设计一个多路竞赛抢答器电路。

设计要求如下：

1）抢答器设置八个抢答按钮 $S_0 \sim S_7$，供八名选手或八个代表队比赛时抢答使用。设置一个由主持人控制的系统清除和抢答控制开关 S。抢答器具有数据锁存与显示功能。抢答开始后，选手按动按钮，锁存相应的编号并在 LED 数码管上显示，扬声器发出报

警声响提示，同时封锁输入电路禁止其他选手抢答。优先抢答选手的编号一直保持到主持人将系统清除为止。

2）抢答器具有定时限定功能，且一次定时限定的时间由主持人设定（如 50s）。当主持人启动“开始”，定时器进行减计时同时扬声器发出短暂的声响，声响持续时间为 0.5s 左右。选手在设定的时间内进行抢答则有效，显示器显示抢答的时间，并保持到主持人将系统清除为止。如果定时时间到但无人抢答，系统报警并禁止抢答，定时显示器显示 00。

五、设计原理

1. 系统的逻辑功能分析

多路竞赛抢答器的原理框图如图 2-4-1 所示，主要由主体电路和扩展电路两部分组成。主体电路完成基本的抢答功能，扩展电路完成定时抢答的功能。

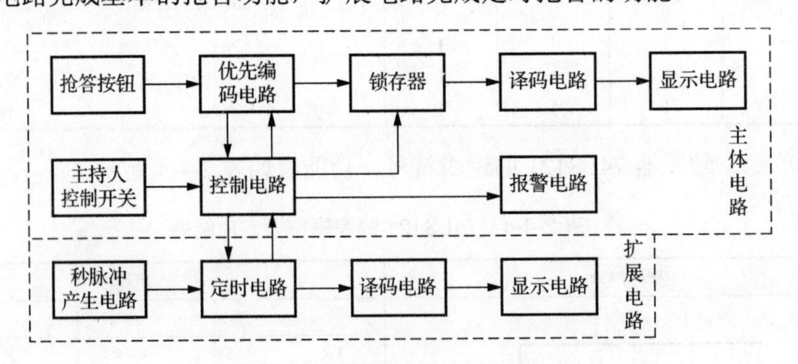

图 2-4-1 多路竞赛抢答器的原理框图

2. 参考设计方案

（1）抢答电路

抢答电路完成两个功能：一是分辨选手按键的先后，并锁存优先抢答者的编号及译码显示电路显示编号；二是使其他选手按键操作无效。

选用优先编码器 74LS148、$\overline{\mathrm{R}}-\overline{\mathrm{S}}$ 锁存器 74LS279、七段译码器/驱动器 74LS248 实现上述功能。逻辑电路图如图 2-4-2 所示。

工作过程如下：

开关 S 置于“清除”位置时，$\overline{\mathrm{R}}-\overline{\mathrm{S}}$ 锁存器的 $\overline{\mathrm{R}}$ 端为逻辑 0，四个锁存器输出端 $4Q$～$1Q$ 均为逻辑 0。使 74LS248 的 $\overline{\mathrm{BI}}$=0，显示器灯灭；使 74LS148 的 $\overline{\mathrm{ST}}$=0，优先编码器处于工作状态。

开关 S 置于“开始”位置时，抢答器处于等待工作状态，当有选手按下按键时（如按下 S_6），74LS148 的输出 $\overline{Y}_2\overline{Y}_1\overline{Y}_0$=001、$\overline{Y}_{\mathrm{EX}}$=0，经 $\overline{\mathrm{R}}-\overline{\mathrm{S}}$ 锁存后 CTR=1、$\overline{\mathrm{BI}}$=1，锁存器 74LS279 的 $4Q3Q2Q$=110，经 74LS248 译码后显示“6”。CTR=1 使 74LS148 的 $\overline{\mathrm{ST}}$=1，

74LS148 处于禁止状态，封锁其他按键的输入，保证了抢答者的优先性。

当优先抢答者回答完问题后，由主持人将开关 S 重新置“清除”位置，以便再进行下一轮抢答。

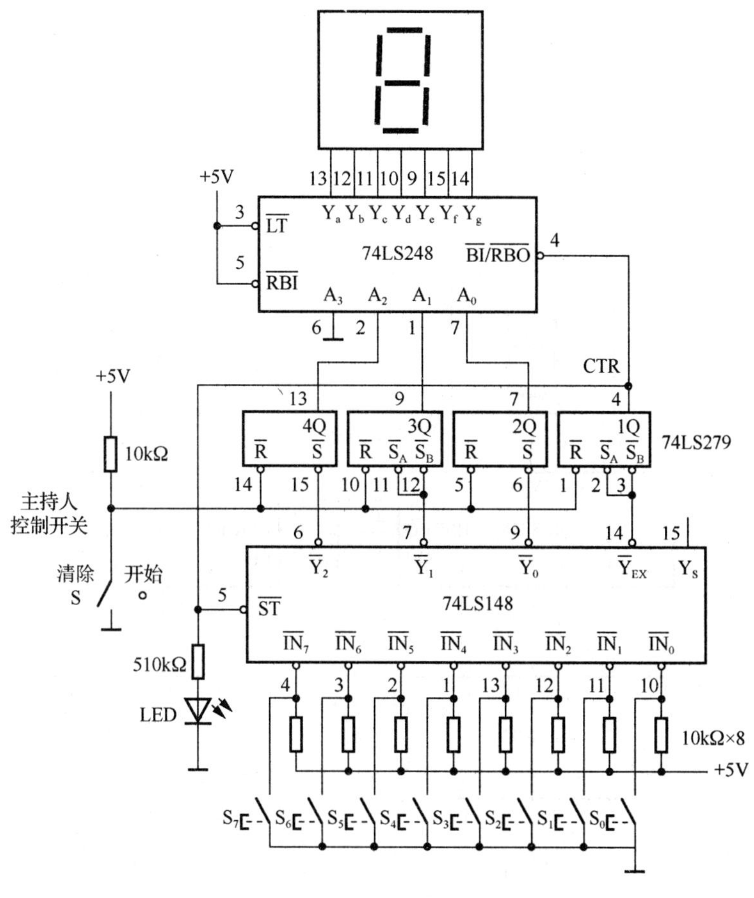

图 2-4-2　抢答电路

（2）报警电路

由 555 定时器和晶体管构成的报警电路如图 2-4-3 所示。

其中，555 定时器构成多谐振荡器，振荡周期为

$$T = 0.69(R_1 + 2R_2)C_1$$

输出信号经晶体管推动扬声器。PR 为控制信号，当 PR 为高电平时多谐振荡器工作；反之，电路停振。

（3）定时电路

可预置时间的定时电路选用两片同步十进制加/减计数器 74LS192 和七段译码器/驱动器 74LS248 进行设计，逻辑电路如图 2-4-4 所示。

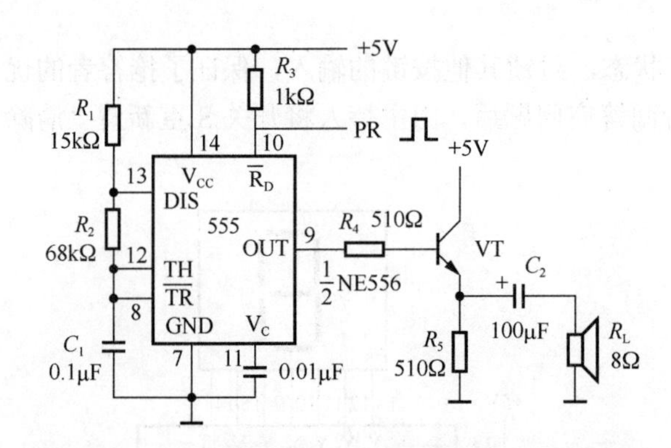

图 2-4-3 报警电路

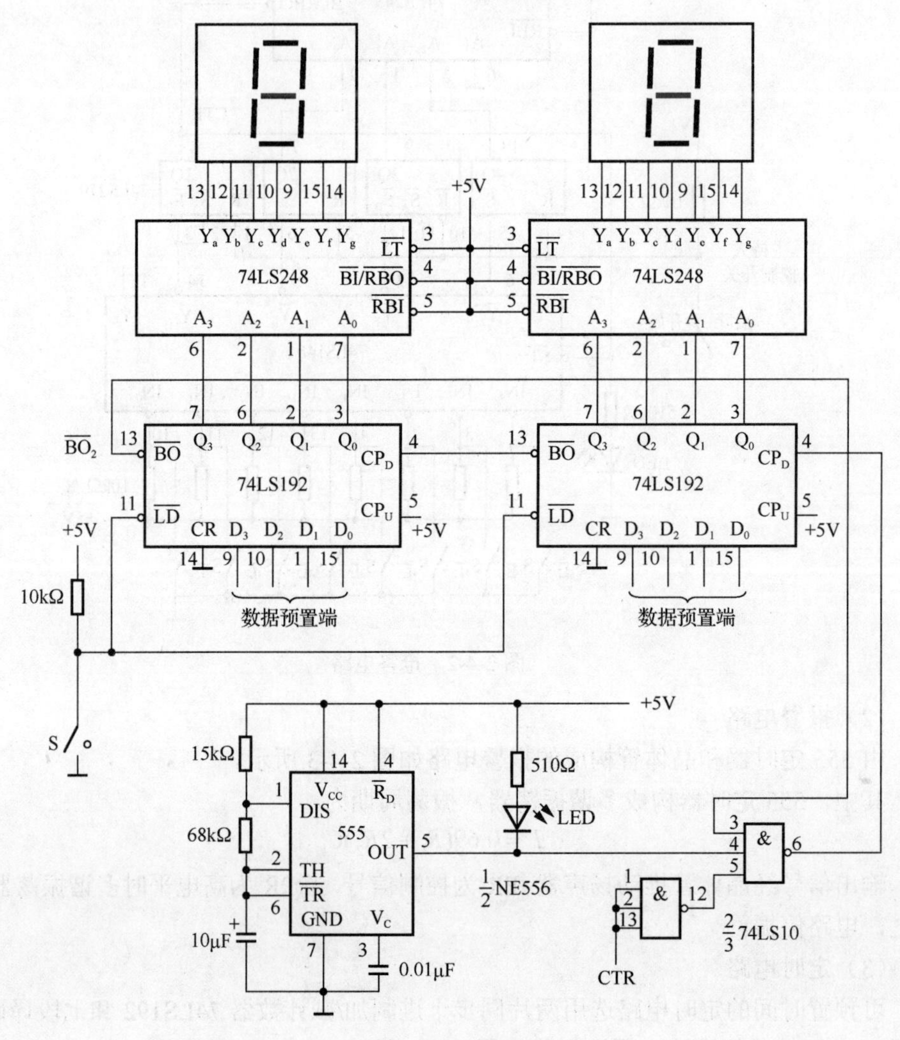

图 2-4-4 定时电路

由主持人根据抢答题的难易程度，设定一次抢答的时间，通过预置时间电路对计数器进行预置，计数器的时钟脉冲由秒脉冲电路提供。

（4）时序控制电路

时序控制电路完成以下 3 项功能：

1）主持人将控制开关拨到“开始”位置时，扬声器发声，抢答电路和定时电路进入正常抢答工作状态。

2）当参赛选手按动抢答键时，扬声器发声，抢答电路和定时电路停止工作。

3）当设定的抢答时间到，无人抢答时，扬声器发声，同时抢答电路和定时电路停止工作。

根据上面的功能要求及图 2-4-2 和图 2-4-4，设计的时序控制电路如图 2-4-5 所示。

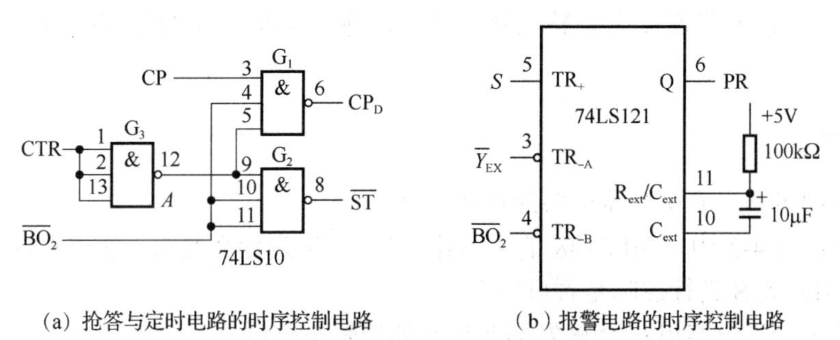

（a）抢答与定时电路的时序控制电路　　（b）报警电路的时序控制电路

图 2-4-5　时序控制电路

图 2-4-5（a）中，门 G_1 的作用是控制时钟信号 CP 的通过与禁止，门 G_2 的作用是控制 74LS148 的使能输入端 $\overline{ST}$ 。

图 2-4-2 中主持人控制开关从“清除”位置拨到“开始”位置时，来自图 2-4-2 中 74LS279 的输出 CTR=0，经 G_3 反相，A=1，则时钟信号 CP 能够加到 74LS192 的 CP_D 时钟输入端，定时电路进行递减计时。同时，在定时时间未到时，图 2-4-4 中 74LS192 的借位输出端 $\overline{BO_2}$=1，门 G_2 的输出 $\overline{ST}$=0，使 74LS148 处于正常工作状态，从而实现功能 1）的要求。

当选手在定时时间内按动抢答键时，CTR=1，经 G_3 反相，A=0，封锁 CP 信号，定时器处于保持工作状态；同时，门 G_2 的输出 $\overline{ST}$=1，74LS148 处于禁止工作状态，从而实现功能 2）的要求。

当定时时间到时，来自 74LS192 的 $\overline{BO_2}$=0，$\overline{ST}$=1，74LS148 处于禁止工作状态，禁止选手进行抢答。同时，门 G_1 封锁 CP 信号，使定时电路保持 00 状态不变，从而实现功能 3）的要求。

单稳态触发器 74LS192 用于控制报警电路及发声的时间。

六、实验内容

（1）抢答器电路的设计、仿真及实验测试

按设计任务要求，完成抢答器逻辑电路的设计，用 Multisim 仿真后再进行硬件组装、实验测试。

（2）定时电路的设计、仿真及实验测试

设计可预置时间的定时电路，用 Multisim 仿真后再进行硬件组装、实验测试。

（3）报警电路的设计、仿真及实验测试

设计报警电路，用 Multisim 仿真后再进行硬件组装、实验测试。

（4）多路竞赛抢答器电路的联调实验测试

将各个单元电路连接为完整电路，注意各部分电路之间的时序配合关系，测试其功能。

七、思考题

1）说明多路竞赛抢答器电路的设计原理。

2）在图 2-4-2 中，74LS148 的选通输入信号 $\overline{ST}$ 为什么要用 $1Q$ 进行控制？改为用主持人控制开关 S 进行控制是否可以？

3）画出抢答电路用八 D 触发器实现时的逻辑电路图。

八、实验报告要求

1）简述设计及实验原理，画出实验电路图。

2）设计记录表格，整理实验数据，分析实验结果与设计要求是否相符。

3）回答思考题。

4）写出体会与建议。

实验5 交通灯控制电路设计

一、实验目的

1）培养学生灵活运用数字器件实现应用电路的能力。
2）掌握交通灯控制电路的设计和调试方法。

二、实验仪器及器件

1. 实验仪器

1）TPE-D6III型数字电路学习机。
2）V-252 型双踪示波器。
3）VC9801A 型数字万用表。

2. 器件

1）74LS161（同步 4 位二进制加法计数器）五片。
2）74LS74（双 D 触发器）一片。
3）74LS00（四 2 输入与非门）四片。
4）74LS153（双 4 选 1 数据选择器）两片。
5）74LS139（双 2 线-4 线译码器）一片。
6）NE556（或 LM556、5G556 等，双定时器电路）一片。
7）电阻器、电容器、电位器、LED 若干。

三、实验器件的逻辑功能

1）四 2 输入与非门 74LS00 的功能参见第一部分实验 1。
2）2 线-4 线译码器 74LS139、4 选 1 数据选择器 74LS153 的功能参见第一部分实验 5。
3）双 D 触发器 74LS74 的功能参见第一部分实验 7。
4）同步 4 位二进制加法计数器 74LS161 的功能参见第一部分实验 9。
5）双定时器电路 NE556 的功能参见第一部分实验 10。

四、设计任务与要求

用中、小规模集成电路设计一个十字路口交通灯控制电路。
设计要求如下：
1）A 车道和 B 车道两条交叉道路上的车辆交替通行，每次通行时间都设为 25s；
2）每次绿灯变红灯时，要求黄灯先亮 5s，此时原红灯不变；
3）黄灯亮时，要求每秒闪烁一次。
交通灯切换过程如图 2-5-1 所示。

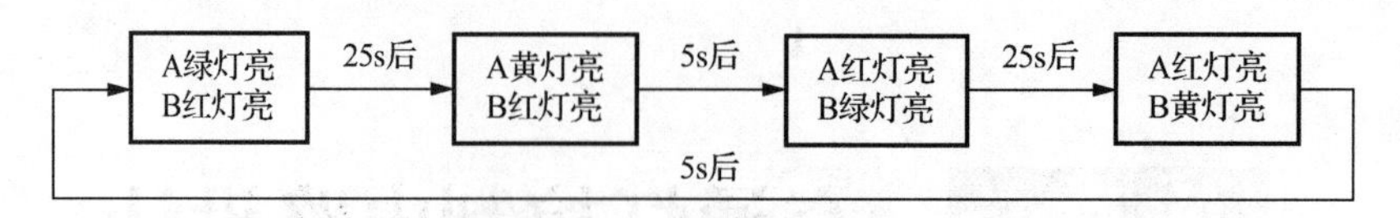

图 2-5-1　交通灯切换过程

五、设计原理

1. 系统的逻辑功能分析

交通灯控制系统的原理框图如图 2-5-2 所示，主要由控制器、定时器、显示电路和秒脉冲信号发生器等部分组成。

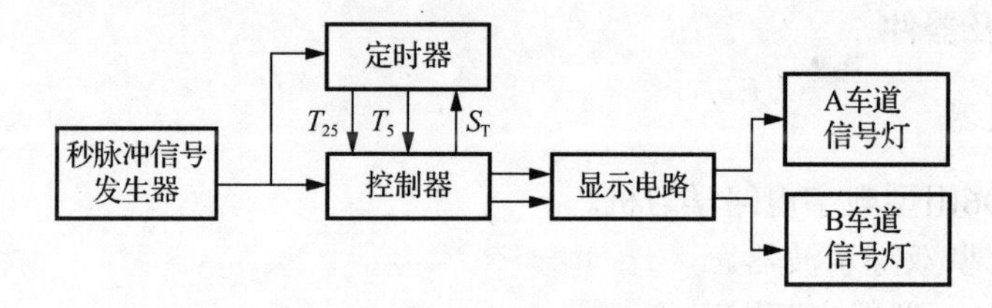

图 2-5-2　交通灯控制系统原理框图

控制器是系统的主要部分，由它控制定时器和显示电路工作；定时器提供交通灯点亮的定时信号；秒脉冲信号发生器为定时器和控制器提供标准时钟信号；显示电路输出两组信号灯的控制信号。

图 2-5-2 中：

T_{25}—定时器发出的 A 或 B 车道绿灯亮 25s 定时结束信号。到了规定的定时时间 $T_{25}=1$，控制控制器转入下一个工作状态。

T_5—定时器发出的 A 或 B 车道黄灯亮 5s 定时结束信号。到了规定的定时时间 $T_5=1$，控制控制器转入下一个工作状态。

S_T—控制器发出的状态转换信号。到了规定的定时时间 $S_T=1$，控制定时器开始下一个工作状态的定时。

2. 参考设计方案

（1）定时器的设计

由计数器实现定时功能，计数器的时钟信号 CP 为秒脉冲信号发生器提供的系统秒脉冲信号。

计数器在状态转换信号 S_T 的控制下清零，然后在时钟脉冲 CP 的作用下从零开始增 1 计数，向控制器提供模 5 的定时信号 T_5 及模 25 的定时信号 T_{25}。

计数器选用两片集成同步 4 位二进制加法计数器 74LS161 级联组成，用 S_T 控制 $\overline{LD}$ 通过预置数输入端实现清零。

定时器的逻辑电路图如图 2-5-3 所示。

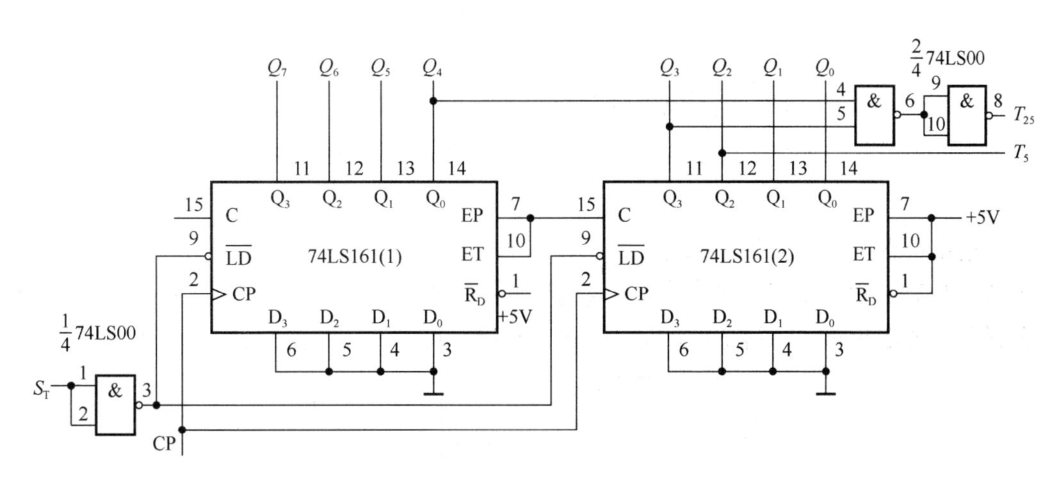

图 2-5-3　定时器的逻辑电路图

（2）控制器的设计

控制器共有四个状态，在不同定时输入信号 T_5 及 T_{25} 的作用下进行状态转换并输出状态信号 S_T：

1）A 车道绿灯亮，B 车道红灯亮。到了规定的 25s 时间隔 T_{25}=1，控制器输出状态转换信号 S_T，转到下一工作状态。

2）A 车道黄灯亮，B 车道红灯亮。到了规定的 5s 时间隔 T_5=1，控制器输出状态转换信号 S_T，转到下一工作状态。

3）A 车道红灯亮，B 车道绿灯亮。到了规定的 25s 时间隔 T_{25}=1，控制器输出状态转换信号 S_T，转到下一工作状态。

4）A 车道红灯亮，B 车道黄灯亮。到了规定的 5s 时间隔 T_5=1，控制器输出状态转换信号 S_T，转到第 1）种工作状态。

控制器的状态图如图 2-5-4 所示。

将图 2-5-4 转换成状态表，如表 2-5-1 所示。

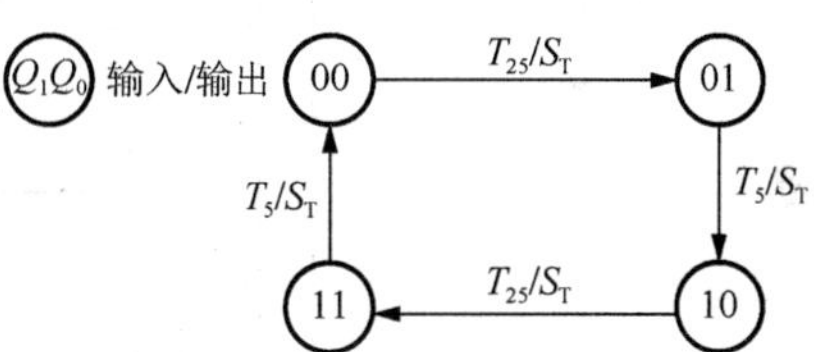

图 2-5-4　控制器的状态图

表 2-5-1　控制器的状态表

现态		状态转换条件		次态		状态转换信号
Q_1^n	Q_0^n	T_5	T_{25}	Q_1^{n+1}	Q_0^{n+1}	S_T
0	0	×	0	0	0	0
0	0	×	1	0	1	1
0	1	0	×	0	1	0
0	1	1	×	1	0	1
1	0	×	0	1	0	0
1	0	×	1	1	1	1
1	1	0	×	1	1	0
1	1	1	×	0	0	1

由状态表写出状态方程及输出方程：

$$Q_1^{n+1} = \overline{Q}_1^n\overline{Q}_0^n \cdot 0 + \overline{Q}_1^n Q_0^n \cdot T_5 + Q_1^n\overline{Q}_0^n \cdot 1 + Q_1^n Q_0^n \cdot \overline{T}_5$$

$$Q_0^{n+1} = \overline{Q}_1^n\overline{Q}_0^n \cdot T_{25} + \overline{Q}_1^n Q_0^n \cdot \overline{T}_5 + Q_1^n\overline{Q}_0^n \cdot T_{25} + Q_1^n Q_0^n \cdot \overline{T}_5$$

$$S_T = \overline{Q}_1^n\overline{Q}_0^n \cdot T_{25} + \overline{Q}_1^n Q_0^n \cdot T_5 + Q_1^n\overline{Q}_0^n \cdot T_{25} + Q_1^n Q_0^n \cdot T_5$$

根据状态方程及输出方程，用两个 D 触发器 74LS74 和三个 4 选 1 数据选择器 74LS153 实现控制器，触发器的两个现态输出 $Q_1^nQ_0^n$ 作为数据选择器的 A_1A_0 选择输入变量，数据选择器实现选择状态转换条件，如图 2-5-5 所示，其中 R、C 构成通电复位电路。

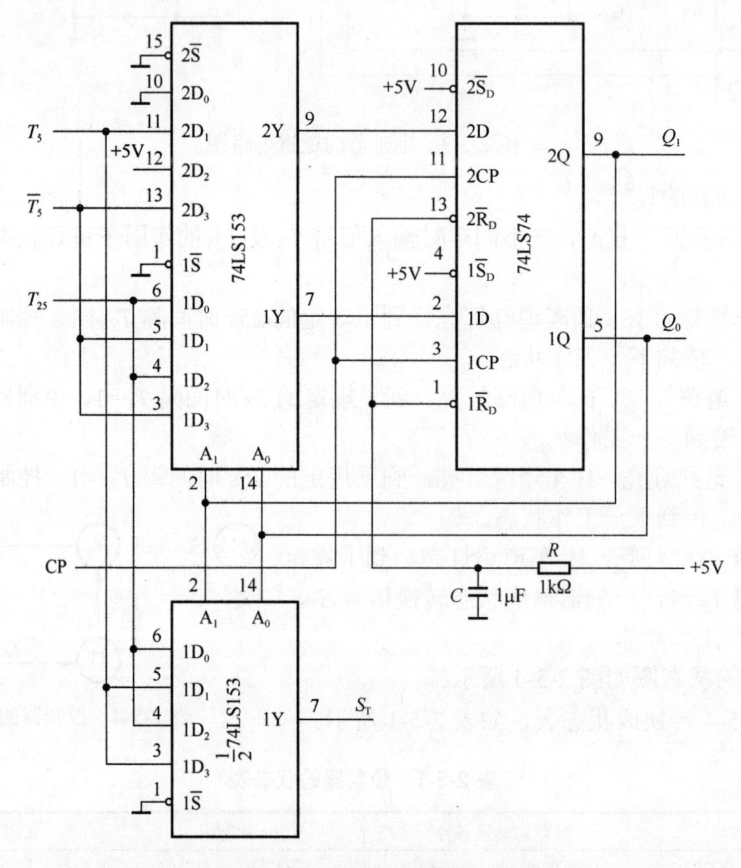

图 2-5-5　控制器的逻辑电路图

（3）显示电路的设计

显示电路的作用是将控制器状态输出 Q_1Q_0 的四种工作状态转换成控制 A、B 车道上六个信号灯亮、灭的控制信号。

设 A 车道上对灯的控制信号为 R_A（控制红灯）、Y_A（控制黄灯）及 G_A（控制绿灯），B 车道上对灯的控制信号为 R_B（控制红灯）、Y_B（控制黄灯）及 G_B（控制绿灯），灯“亮”为 1 状态，灯“灭”为 0 状态。

显示电路的真值如表 2-5-2 所示。

表 2-5-2　显示电路的真值表

控制器的状态		A 车道灯状态			B 车道灯状态		
Q_1^n	Q_0^n	R_A	Y_A	G_A	R_B	Y_B	G_B
0	0	0	0	1	1	0	0
0	1	0	1	0	1	0	0
1	0	1	0	0	0	0	1
1	1	1	0	0	0	1	0

用 2 线-4 线译码器 74LS139 及与非门 74LS00 实现显示电路，并考虑黄灯亮时每秒闪烁一次的要求，各输出逻辑表达式为

$$R_A = Q_1^n\overline{Q_0^n} + Q_1^n Q_0^n = \overline{\overline{Y}_2\overline{Y}_3}$$

$$Y_A = \overline{Q_1^n}Q_0^n\cdot \mathrm{CP} = \overline{\overline{\overline{\overline{Y}_1}}\cdot \mathrm{CP}}$$

$$G_A = \overline{Q_1^n}\,\overline{Q_0^n} = \overline{\overline{Y}_0}$$

$$R_B = \overline{Q_1^n}\,\overline{Q_0^n} + \overline{Q_1^n}Q_0^n = \overline{\overline{Y}_0\overline{Y}_1}$$

$$Y_B = Q_1^n Q_0^n\cdot \mathrm{CP} = \overline{\overline{\overline{\overline{Y}_3}}\cdot \mathrm{CP}}$$

$$G_B = Q_1^n\overline{Q_0^n} = \overline{\overline{Y}_2}$$

显示电路的逻辑电路图如图 2-5-6 所示。

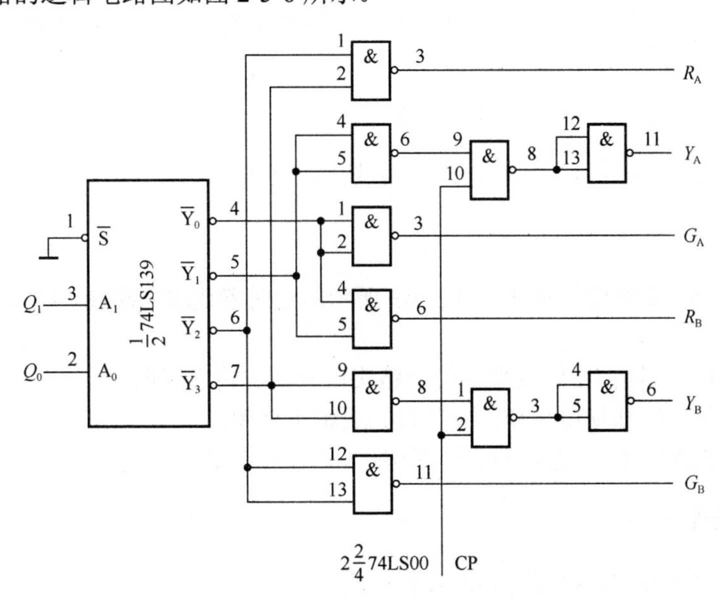

图 2-5-6　显示电路的逻辑电路图

（4）秒脉冲信号发生器的设计

秒脉冲信号发生器可用 555 定时器构成的多谐振荡器实现，具体电路参见实验 10。

多谐振荡器的振荡频率设置在 1kHz 左右比较容易起振，再用 74LS161 构成 3 级十进制计数器进行分频即得到秒脉冲。

六、实验内容

1. 定时器逻辑电路的设计、仿真及实验测试

按照设计任务要求，完成定时器逻辑电路的设计，用 Multisim 仿真后再进行硬件实验测试。

时钟脉冲 CP 为 1Hz 时，记录 CP、Q_0、Q_1、Q_2、Q_3、Q_4、T_5、T_{25} 的波形，并注意时序关系。

2. 控制器逻辑电路的设计、仿真及实验测试

按照设计任务要求，完成控制器逻辑电路的设计，用 Multisim 仿真后再进行硬件实验测试。

3. 显示逻辑电路的设计、仿真及实验测试

按照设计任务要求，完成显示电路的逻辑设计，用 Multisim 仿真后再进行硬件实验测试，实验时用 LED 模拟信号灯。

4. 秒脉冲信号发生器电路的设计、仿真及实验测试

按照设计任务要求，完成秒脉冲信号发生器电路的设计，用 Multisim 仿真后再进行硬件实验测试。

5. 交通灯控制电路的联调实验测试

将各个单元电路连接为完整电路，测试其功能。

七、思考题

1）说明定时器的设计原理。图 2-5-3 所示的定时器逻辑电路图，能否用异步清零功能进行清零？

2）画出控制器用 JK 触发器及门电路实现时的逻辑电路图。

3）画出显示电路仅用与非门实现时的逻辑电路图。

4）显示电路的 Y_A 、 Y_B 逻辑表达式中，CP 有何作用？

八、实验报告要求

1）简述设计及实验原理，画出实验电路图。

2）设计记录表格，整理实验数据，分析实验结果与设计要求是否相符。

3）回答思考题。

4）写出体会与建议。

实验6 数字电子钟电路设计

一、实验目的

1）培养学生灵活运用数字器件实现应用电路的能力。
2）掌握数字电子钟电路的设计和调试方法。

二、实验仪器及器件

1. 实验仪器

1）TPE-D6Ⅲ型数字电路学习机。
2）V-252 型双踪示波器。
3）VC9801A 型数字万用表。

2. 器件

1）74LS160（十进制计数器）九片。
2）74LS00（四 2 输入与非门）四片。
3）74LS248（4 线-七段译码器/驱动器）六片。
4）NE556（或 LM556、5G556 等，双定时器电路）一片。
5）电阻器、电容器、电位器、共阴极数码管若干。

三、实验器件的逻辑功能

1）四 2 输入与非门 74LS00 的功能参见第一部分实验 1。
2）双定时器电路 NE556 的功能参见第一部分实验 10。
3）4 线-七段译码器/驱动器 74LS248 的功能参见第二部分实验 4。
4）十进制计数器 74LS160 的逻辑符号、功能表如表 2-6-1 所示。

表 2-6-1　十进制计数器 74LS160 的逻辑符号、功能表

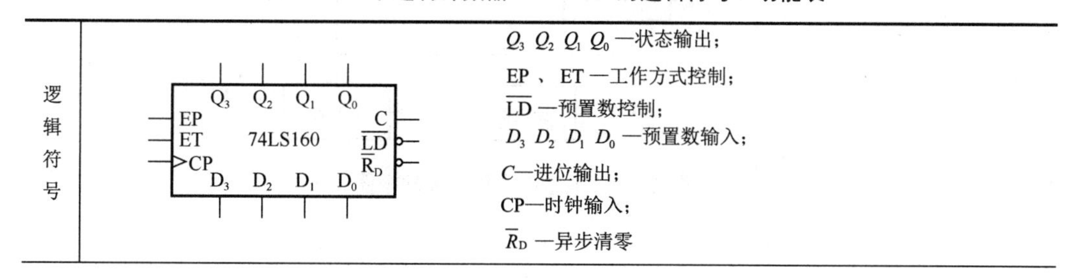

逻辑符号	（逻辑符号图）	Q_3 Q_2 Q_1 Q_0 —状态输出； EP 、ET —工作方式控制； $\overline{LD}$ —预置数控制； D_3 D_2 D_1 D_0 —预置数输入； C—进位输出； CP—时钟输入； $\overline{R}_D$ —异步清零

续表

功能表	输入					输出	逻辑功能
	$\overline{R}_D$	$\overline{LD}$	EP ET	CP	D_3 D_2 D_1 D_0	Q_3 Q_2 Q_1 Q_0	
	0	×	× ×	×	× × × ×	0 0 0 0	置零
	1	0	× ×	↑	d_3 d_2 d_1 d_0	d_3 d_2 d_1 d_0	预置数
	1	1	1 1	↑	× × × ×	计数	计数
	1	1	0 ×	×	× × × ×	保持	保持
	1	1	× 0	×	× × × ×	保持	保持

四、设计任务与要求

用中、小规模集成电路设计一个能显示时、分、秒的数字电子钟。

要求：

1）由 555 电路产生振荡频率为 1kHz 的脉冲信号，经分频产生 1Hz 的标准秒信号。

2）秒、分为 00～59 的六十进制计数。

3）时为 00～23 的二十四进制计数。

4）能分别进行分、时的手动校准。

五、设计原理

1．系统的逻辑功能分析

数字电子钟的原理框图如图 2-6-1 所示，由振荡器、分频器、校准电路、六十进制秒计数器、六十进制分计数器、二十四进制时计数器、秒译码显示电路、分译码显示电路及时译码显示电路等部分组成。

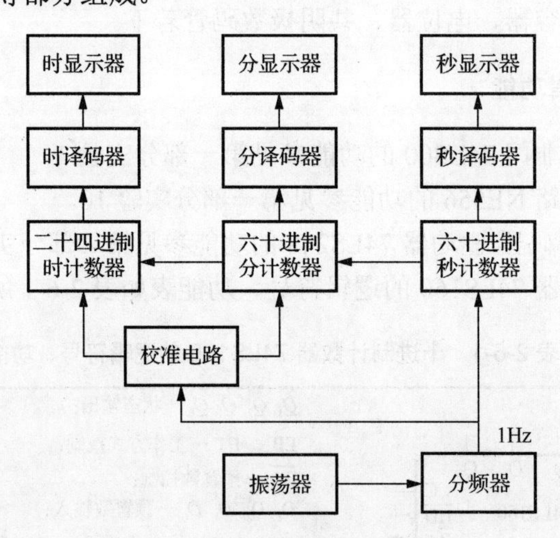

图 2-6-1　数字电子钟的原理框图

2. 参考设计方案

（1）振荡器的设计

振荡器是数字钟的核心部分，它的精度和稳定度决定了数字钟的质量。本实验选用555定时器与RC组成多谐振荡器，振荡频率为1kHz，电路及元器件参数如图2-6-2所示。

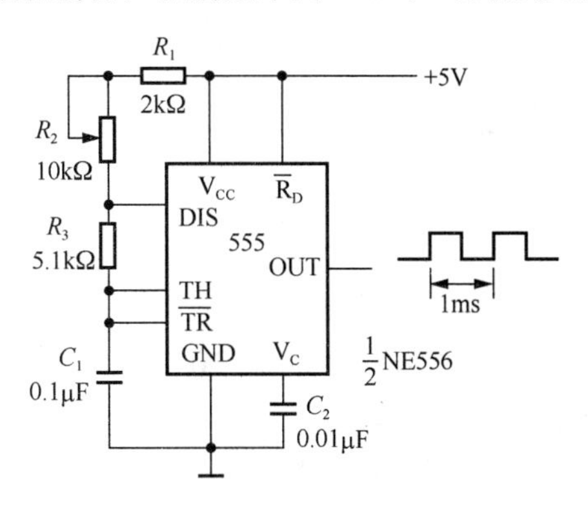

图2-6-2　振荡器

（2）分频器的设计

分频器的作用是对振荡器产生的1kHz脉冲信号进行分频，获得1Hz的秒脉冲信号。选用三片集成十进制计数器74LS160级联构成，每级实现10分频，三级实现1000分频，如图2-6-3所示。

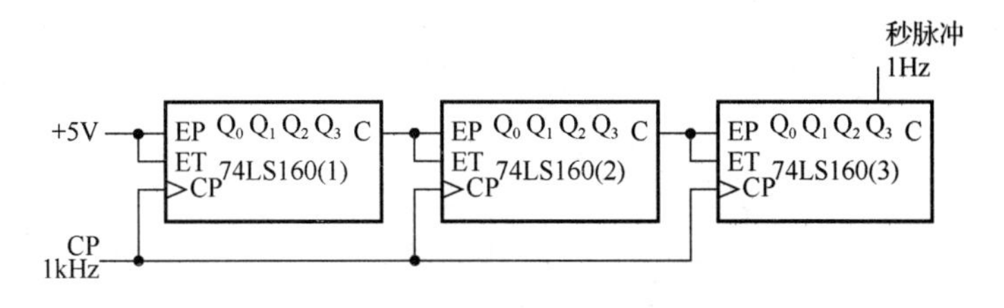

图2-6-3　分频器

（3）秒、分、时计数器的设计

秒、分计数器都是六十进制计数器，其计数范围为00～59，选用两片集成十进制计数器74LS160级联构成，如图2-6-4所示。

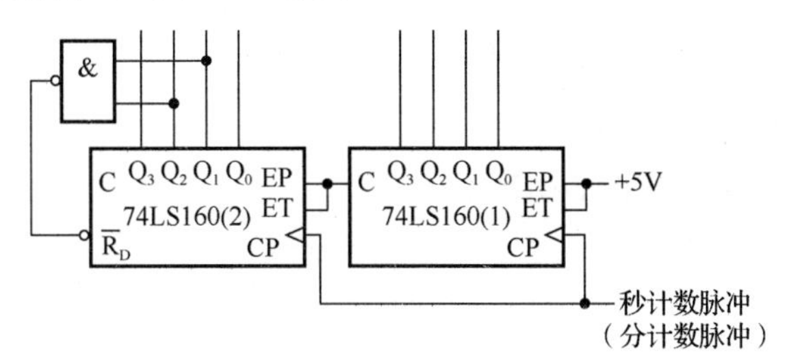

图2-6-4　秒、分计数器

时计数器是二十四进制计数器，其计数范围为 00～23，选用两片集成十进制计数器 74LS160 级联构成，如图 2-6-5 所示。

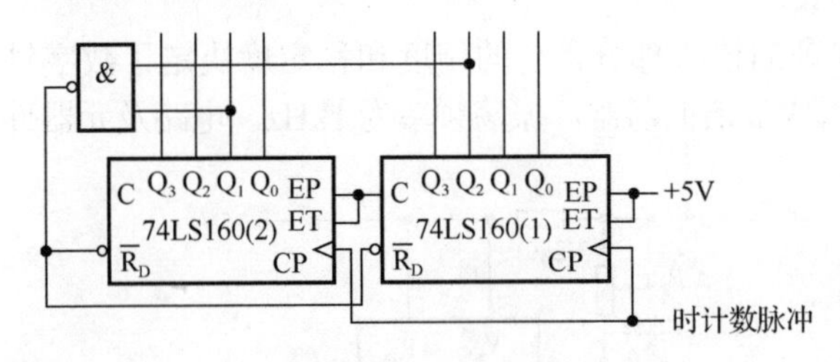

图 2-6-5　时计数器

（4）秒、分、时译码显示电路的设计

译码显示均选用 4 线-七段译码器/驱动器 74LS248，采用共阴极 LED 数码显示器。

（5）校准电路的设计

当数字电子钟接通电源或计时出现误差时，需要校准。为简化电路只进行分和时的校准。常用的校准方法为"快速校准法"，即校准时使分、时计数器对 1Hz 的秒脉冲信号进行计数。

校准电路如图 2-6-6 所示。工作时，若开关 S 置于 *A* 端，1Hz 的秒脉冲信号被送至时或分计数器的 CP 端，使分或时计数器在 1Hz 的秒脉冲信号作用下快速校准计数；若开关 S 置于 *B* 端，分或秒计数器的进位脉冲被送至时或分计数器的 CP 端，使分、时计数器正常工作。

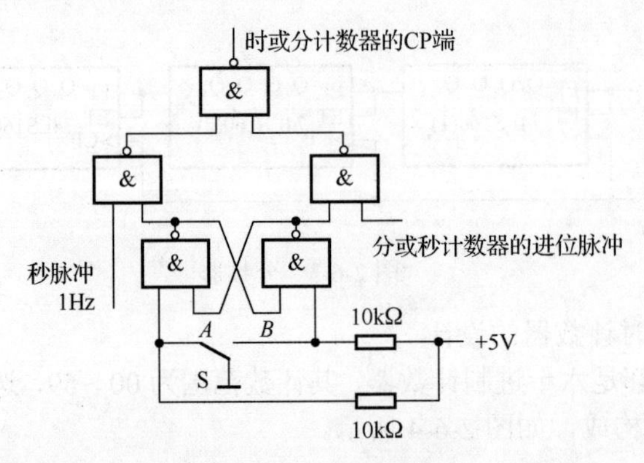

图 2-6-6　校准电路

（6）数字电子钟整体电路

数字电子钟整体电路如图 2-6-7 所示。

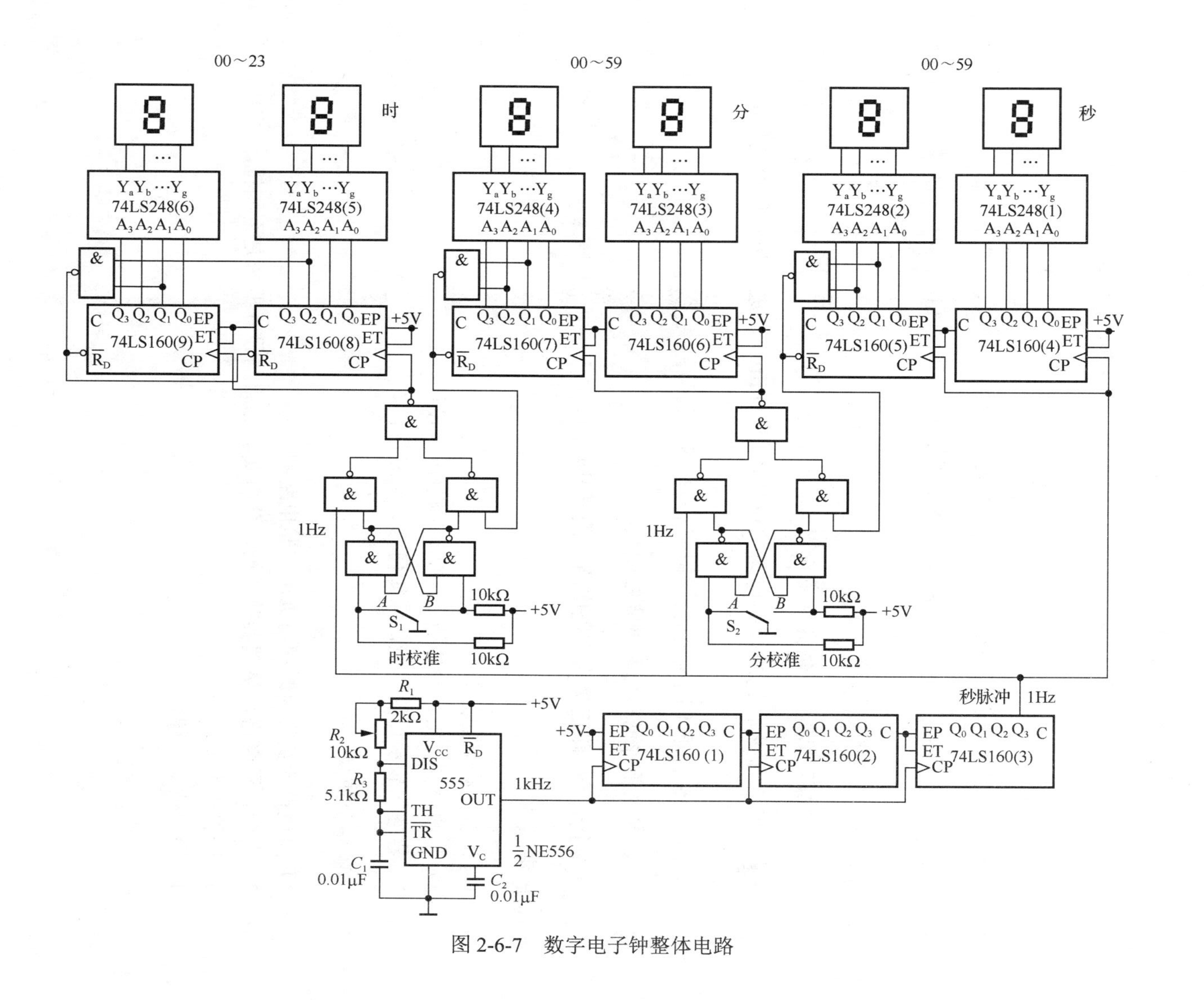

图 2-6-7　数字电子钟整体电路

六、实验内容

1. 振荡器与分频器的设计、仿真及实验测试

按设计任务要求，完成振荡器与分频器的设计，用 Multisim 进行仿真后再进行硬件实验测试。

观测振荡器输出频率及分频器的分频关系。

2. 秒、分、时计数器的设计、仿真及实验测试

按设计任务要求，完成秒、分、时计数器的设计，用 Multisim 进行仿真后再进行硬件实验测试。

验证各计数器的进制。

3. 校准电路的设计、仿真及实验测试

按设计任务要求，完成校准电路的设计，用 Multisim 进行仿真后再进行硬件实验测试。

验证开关 S 置于不同位置时，输出信号与输入信号的关系。

4. 数字电子钟电路的联调实验测试

将各个单元电路连接为完整电路，测试其功能。

七、思考题

1）说明分频器的分频原理。

2）若增加整点报时的功能，应如何修改电路设计？

3）若增加显示日的功能，应如何修改电路设计？

八、实验报告要求

1）简述设计及实验原理，画出实验电路图。

2）设计记录表格，整理实验数据，分析实验结果与设计要求是否相符。

3）回答思考题。

4）写出体会与建议。

第三部分 Multisim 仿真应用

数字电子技术单纯硬件实验需要的芯片数量大、品种多，复杂的实验电路查错、纠错比较困难，实验受到器材、场地、经费等条件的制约，设计方法缺乏灵活性，实现方法单一，功能简单，在一定程度上抑制了学生个性和创新思维的发展，无法充分激发学生的创新能力。

科学技术的发展日新月异，数字电子技术作为一门技术基础课程要善于汲取、勇于跟踪新知识、新技术。除了保证学科的基础知识外，还要让学生接触并运用反映现代技术的计算机仿真虚拟实验，将硬件实验方式向多元化实验方式转移，提高学生利用计算机分析、设计电路的能力。

第1章 Multisim 10 简介及其基本操作

1.1 Multisim 10 概述

Multisim 是美国国家仪器(National Instruments，NI)公司下属的 Electronics Workbench Group 推出的以 Windows 为基础的专门用于电路仿真和设计的软件。软件以图形界面为主，采用菜单、工具栏和热键相结合的方式，具有一般 Windows 应用软件的界面风格，用户可以根据自己的习惯和熟悉程度自如使用。

启动 NI Multisim 10 后，将出现如图 3-1-1 所示的工作窗口。

图 3-1-1 Multisim 10 的工作窗口

工作窗口主要由菜单栏、标准工具栏、视图工具栏、系统工具栏、仿真开关、元器件工具栏、仪器仪表工具栏、电路设计工作区和状态栏等构成。通过对各部分的操作可以实现电路图的输入、编辑，并根据需要对电路进行相应的观测和分析。

Multisim 10 具有如下特点。

（1）直观的图形界面

Multisim 10 的界面如同一个电子实验工作平台，构成电路所需的元器件和所需的仪器仪表都可以直接用鼠标拖放到工作区中。

当光标移动到工作区元器件、仪器仪表的引脚时，就会自动产生一个带十字的黑点进入连线状态，单击鼠标左键确认后移动鼠标即可实现连线构建仿真电路。

软件仪器的控制面板和操作方式与实物相似，测量数据、波形和曲线与在真实仪器上看到的一样。

（2）丰富的元器件库

Multisim 10 为用户提供了数千种现实元器件和虚拟元器件，分门别类地存放在各个元器件库中，同时还可以新建或扩充已有的元器件库，还可通过官方网站获得元器件模型的扩充和更新服务。

（3）丰富的测试仪器仪表

Multisim 10 的仪器库存放有数字万用表、函数信号发生器、示波器、波特图仪、字信号发生器、逻辑分析仪、逻辑转换仪、瓦特表、失真度分析仪、网络分析仪、频谱分析仪等多种仪器仪表可供使用，仪器仪表以图标方式存在，且所有仪器均可多台同时调用，使用中数量没有限制。

（4）具有较强的分析功能

Multisim 10 的电路分析功能主要有直流工作点分析、交流分析、瞬态分析、傅里叶分析、噪声分析、失真分析、温度扫描分析、零-极点分析、传递函数分析、灵敏度分析、最坏情况分析、蒙特卡罗分析、直流扫描分析、批处理分析等，基本上能满足电路设计和分析的要求。

（5）具有较强的仿真能力

Multisim 10 可以设计、测试和分析各种电子电路，包括模拟电子电路、数字电子电路、射频电路及微控制器和接口电路等；可以对被仿真电路中的元器件设置各种故障，如开路、短路和不同程度的漏电等，从而观察不同故障情况下的电路工作状况。在进行仿真的同时，还可以存储测试点的所有数据，列出被仿真电路的所有元器件清单，以及存储测试仪器的工作状态、显示波形和具体数据等。

（6）具有较强的兼容能力

Multisim 10 可以方便地将仿真结果以原有文档格式导入 LabVIEW 或者 Signal Express 中，不需要转换文件格式。

1.2 Multisim 10 的菜单命令

Multisim 10 的菜单栏如图 3-1-2 所示。菜单栏包含 12 个菜单，选择其中任一项，即可打开一个下拉菜单。

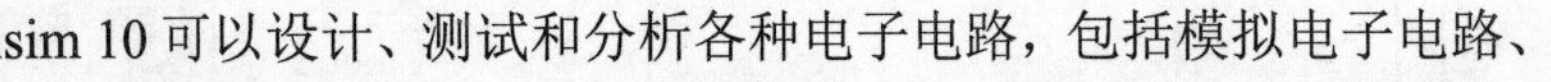

File Edit View Place MCU Simulate Transfer Tools Reports Options Window Help

图 3-1-2 Multisim 10 的菜单栏

1. File（文件）菜单

File 菜单提供了对文件和项目的基本操作及打印等命令，如图 3-1-3 所示。

图 3-1-3　File 菜单

File 菜单中的命令及功能如下。

New：建立新的电路图文件。

Open：打开已存在的电路图文件。

Open Samples：打开电路图例子文件。

Close：关闭当前工作区内的文件。

Close All：关闭当前打开的所有文件。

Save：保存当前电路图文件。

Save As：将当前电路图另存为其他文件名。

Save all：保存全部电路图文件。

New Project：建立新项目文件。

Open Project：打开项目文件。

Save Project：保存当前项目文件。

Close Project：关闭项目文件。

Version Control：版本管理。

Print：打印。

Print Preview：打印预览。

Print Options：打印选项设置。

Recent Designs：最近打开的电路图文件。

Recent Projects：最近打开的项目文件。

Exit：退出并关闭 Multisim。

2. Edit（编辑）菜单

Edit 菜单提供了类似于图形编辑软件的基本编辑功能，用于对电路图进行编辑，如图 3-1-4 所示。

Edit 菜单中的命令及功能如下。

Undo：撤销最近一次操作。

Redo：恢复撤销最近一次操作。

Cut：剪切所选内容。

Copy：复制所选内容。

Paste：粘贴所选内容。

Delete：删除所选内容。

Select All：全选当前窗口全部电路图。

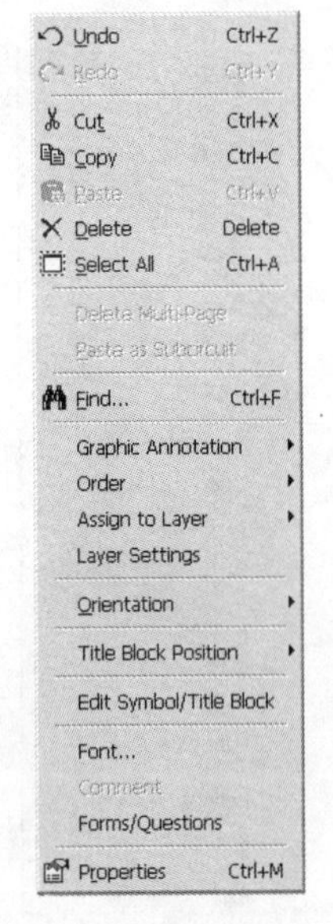

图 3-1-4 Edit 菜单

Delete Multi-Page：删除多页面电路中某一页内容。

Paste as Subcircuit：将剪切板中的电路图作为子电路粘贴到指定位置。

Find：查找电路图中的元器件。

Graphic Annotation：图形注释选项。

Order：改变电路图中所选元器件和注释的叠放次序。

Assign to Layer：指定所选层为注释层。

Layer Settings：图层设置。

Orientation：旋转方向选择。

Title Block Position：设置电路图标题栏的位置。

Edit Symbol/Title Block：编辑电路元器件符号或标题栏。

Font：字体设置。

Comment：编辑仿真电路的注释。

Forms/Questions：编辑与电路有关的问题。

Properties：打开属性对话框。

3. View（窗口显示）菜单

View 菜单提供了 19 个用于控制仿真界面上显示内容的操作命令，如图 3-1-5 所示。View 菜单中的命令及功能如下。

Full Screen：全屏显示电路窗口。

Parent Sheet：显示子电路或分层电路的父节点。

Zoom In：放大电路图。

Zoom Out：缩小电路图。

Zoom Area：放大所选区域。

Zoom Fit to Page：显示完整电路图。

Zoom to magnification：按比例放大。

Zoom Selection：以所选电路部分为中心进行放大。

Show Grid：显示栅格。

Show Border：显示电路边界。

Show Page Bounds：显示页边界。

Ruler Bars：显示标尺栏。

Statusbar：显示状态栏。

Design Toolbox：显示设计工具箱。

Spreadsheet View：显示数据表格栏。

Circuit Description Box：显示或者关闭电路窗口中的描述框。

Toolbars：显示或者关闭工具栏。

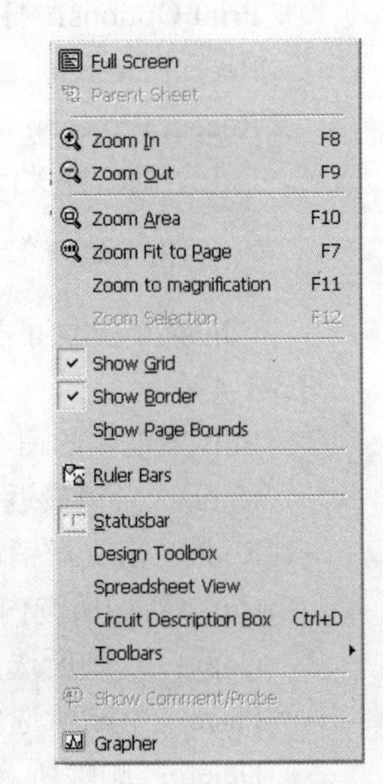

图 3-1-5 View 菜单

Show Comment/Probe：显示或者关闭注释/标注。

Grapher：显示或者关闭仿真结果的图表。

4. Place（放置）菜单

Place 菜单提供了在电路工作窗口内放置元器件、连接点、总线和文字等 17 个命令，如图 3-1-6 所示。

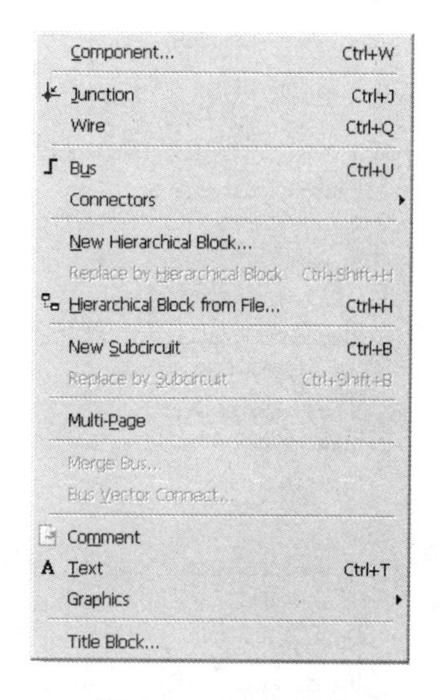

图 3-1-6 Place 菜单

Place 菜单中的命令及功能如下。

Component：放置元器件。

Junction：放置节点。

Wire：放置导线。

Bus：放置总线。

Connectors：放置输入/输出端口连接器。

New Hierarchical Block：放置新层次电路模块。

Replace by Hierarchical Block：替换层次模块。

Hierarchical Block from File：来自文件的层次模块。

New Subcircuit：创建子电路。

Replace by Subcircuit：用子电路替换所选电路。

Multi-Page：产生多层次电路。

Merge Bus：合并总线。

Bus Vector Connect：总线矢量连接。

Comment：注释。

Text：放置文字。

Graphics：放置图形。

Title Block：放置一个标题栏。

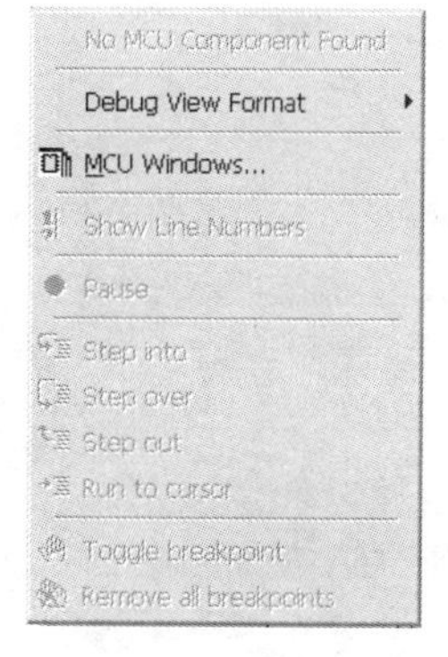

图 3-1-7 MCU 菜单

5. MCU（微控制器）菜单

MCU 菜单提供了在电路工作窗口内 MCU 的调试操作命令，如图 3-1-7 所示。

MCU 菜单中的命令及功能如下。

No MCU Component Found：没有创建 MCU 器件。

Debug View Format：调试格式。

MCU Windows：MCU 窗口。

Show Line Numbers：显示线路数目。

Pause：暂停。

Step into：进入。

Step over：跨过。

Step out：离开。

Run to cursor：运行到指针位置。

Toggle breakpoint：设置断点。

Remove all breakpoints：移出所有的断点。

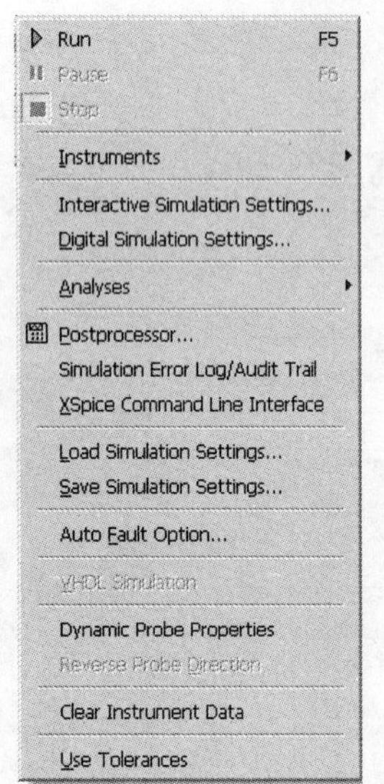

图 3-1-8　Simulate 菜单

6. Simulate（仿真）菜单

Simulate 菜单提供了 18 个电路仿真设置与操作命令，如图 3-1-8 所示。

Simulate 菜单中的命令及功能如下。

Run：开始仿真。

Pause：暂停仿真。

Stop：停止仿真。

Instruments：选择仪器仪表。

Interactive Simulation Settings：交互式仿真设置。

Digital Simulation Settings：数字仿真设置。

Analyses：选择仿真分析法。

Postprocessor：对电路分析进行后处理。

Simulation Error Log/Audit Trailor：仿真误差记录/查询索引。

XSpice Command Line Interface：显示 XSpice 命令界面。

Load Simulation Settings：导入仿真设置。

Save Simulation Settings：保存仿真设置。

Auto Fault Option：自动设置故障选项。

VHDL Simlation：运行 VHDL 仿真。

Dynamic Probe Properties：探针属性设置。

Reverse Probe Direction：探针极性反向。

Clear Instrument Data：仪器测量结果清零。

Use Tolerances：允许误差。

7. Transfer（文件输出）菜单

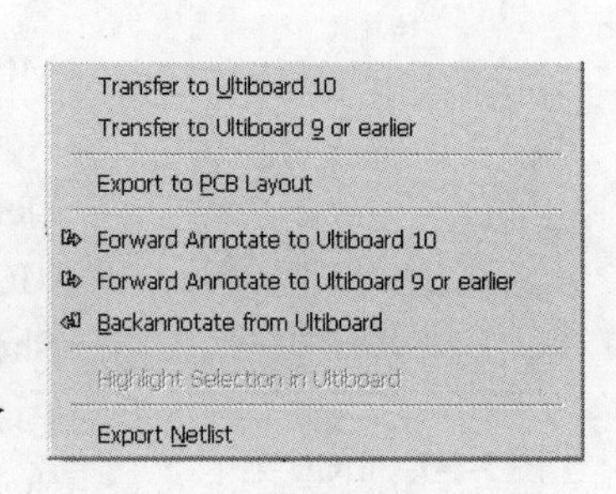

图 3-1-9　Transfer 菜单

Transfer 菜单提供了八个传输命令，如图 3-1-9 所示。

Transfer 菜单中的命令及功能如下。

Transfer to Ultiboard 10：将电路图传送给 Ultiboard 10。

Transfer to Ultiboard 9 or earlier：将电路图传送给 Ultiboard 9 或者其他早期版本。

Export to PCB Layout：输出 PCB 设计图。

Forward Annotate to Ultiboard 10：创建 Ultiboard 10 注释文件。

Forward Annotate to Ultiboard 9 or earlier：创建 Ultiboard 9 或者其他早期版本注释文件。

Backannotate from Ultiboard：修改 Ultiboard 注释文件。

Highlight Selection in Ultiboard：加亮所选择的 Ultiboard。

Export Netlist：输出网表。

8. Tools（工具）菜单

Tools 菜单提供了 17 个元器件和电路编辑或管理命令，如图 3-1-10 所示。

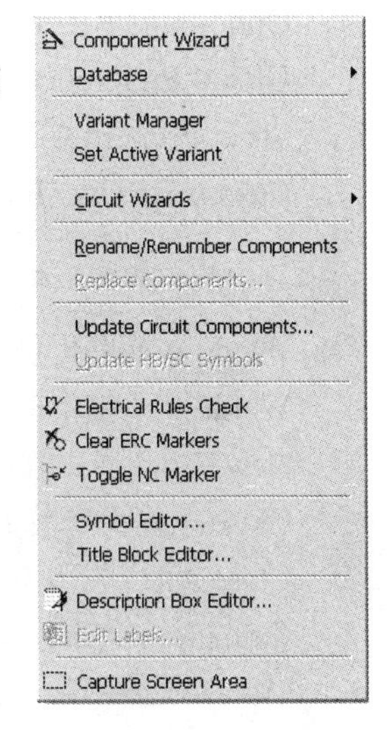

图 3-1-10　Tools 菜单

Tools 菜单中的命令及功能如下。

Component Wizard：元器件编辑器。

Database：对元器件库进行管理、保持、转换和合并。

Variant Manager：变更管理。

Set Active Variant：设置动态变更。

Circuit Wizards：电路编辑。

Rename/Renumber Components：元器件重新命名/编号。

Replace Components：替换元器件。

Update Circuit Components：更新电路元器件。

Update HB/SC Symbols：更新 HB/SC 符号。

Electrical Rules Check：电气规则检验。

Clear ERC Markers：清除 ERC 标志。

Toggle NC Marker：设置 NC 标志。

Symbol Editor：符号编辑器。

Title Block Editor：标题栏编辑器。

Description Box Editor：电路描述编辑器。

Edit Labels：编辑标签。

Capture Screen Area：屏幕区域截图。

9. Reports（报告）菜单

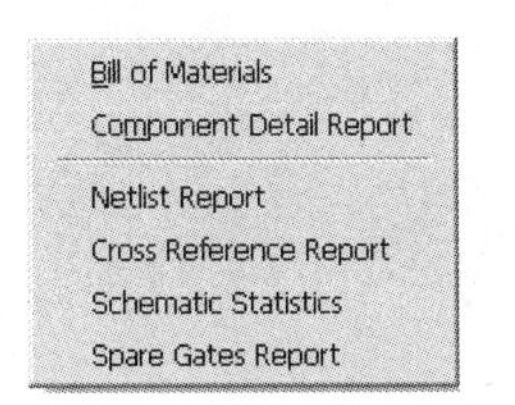

图 3-1-11　Reports 菜单

Reports 菜单提供了材料清单等六个报告命令，如图 3-1-11 所示。

Reports 菜单中的命令及功能如下。

Bill of Materials：产生当前电路图文件的元器件清单。

Component Detail Report：元器件详细报告。

Netlist Report：网络表报告。

Cross Reference Report：参照表报告。

Schematic Statistics：产生电路图的统计信息报告。

Spare Gates Report：产生电路中未使用门的报告。

10. Options（选项）菜单

Options 菜单提供了三个电路界面和电路某些功能的设定命令，如图 3-1-12 所示。

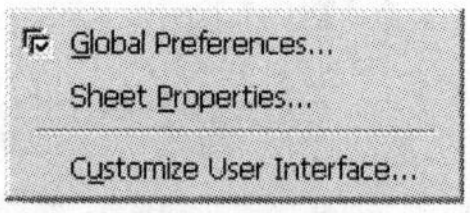

图 3-1-12　Options 菜单

Options 菜单中的命令及功能如下。

Global Preferences：全部参数设置。

Sheet Properties：电路图或子电路图属性参数设置。

Customize User Interface：用户界面设置。

11. Window（窗口）菜单

Window 菜单提供了七个窗口操作命令，如图 3-1-13 所示。

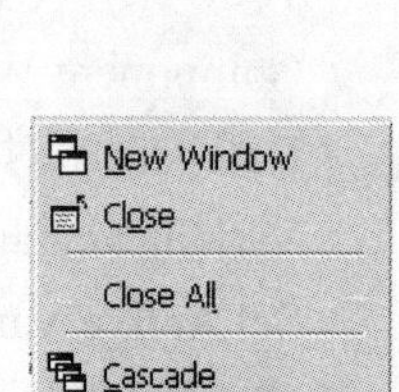

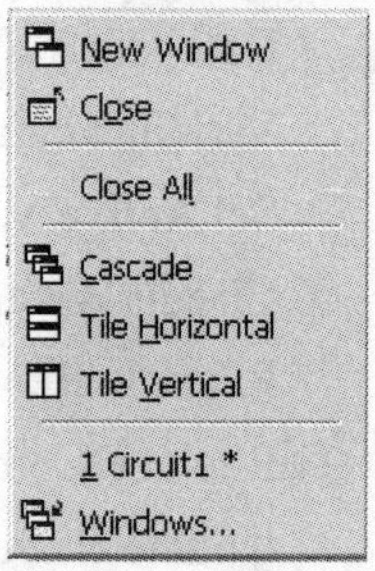

图 3-1-13　Window 菜单

Window 菜单中的命令及功能如下。

New Window：建立新窗口。

Close：关闭当前窗口。

Close All：关闭所有窗口。

Cascade：电路窗口层叠。

Tile Horizontal：电路窗口水平平铺。

Tile Vertical：电路窗口垂直平铺。

Windows：窗口选择。

12. Help（帮助）菜单

Help 菜单为用户提供在线技术帮助和使用指导，如图 3-1-14 所示。

Help 菜单中的命令及功能如下。

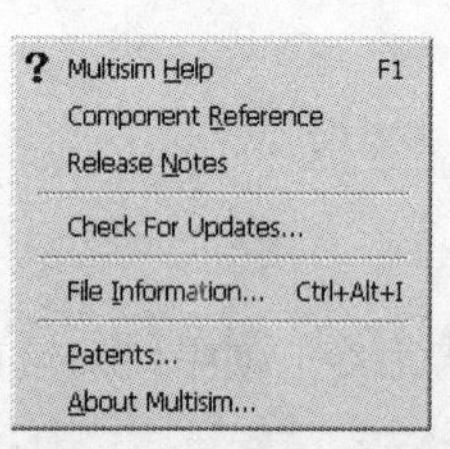

图 3-1-14　Help 菜单

Multisim Help：主题目录。

Component Reference：元器件索引。

Release Notes：版本注释。

Check For Updates：检查软件更新。

File Information：当前电路图的文件信息。

Patents：专利信息。

About Multisim：有关 Multisim 10 的说明。

1.3 Multisim 10 的工具栏

Multisim 10 提供了多种工具栏，并以层次化的模式加以管理。顶层的主要工具栏有 Standard Toolbar（标准工具栏）、Main Toolbar（系统工具栏）、View Toolbar（视图工具栏），两边的工具栏有 Components Toolbar（元器件工具栏）、Instruments Toolbar（仪器工具栏）。

选择 View→Toolbars 菜单命令可打开或关闭相应的工具栏。

Components Toolbar（元器件工具栏）、Instruments Toolbar（仪器工具栏）在后边做介绍，下面介绍 Standard Toolbar（标准工具栏）、Main Toolbar（系统工具栏）、View Toolbar（视图工具栏）的功能。

1. Standard Toolbar（标准工具栏）

Multisim 10 的 Standard Toolbar（标准工具栏）如图 3-1-15 所示，主要提供一些常用的文件操作和编辑操作功能。

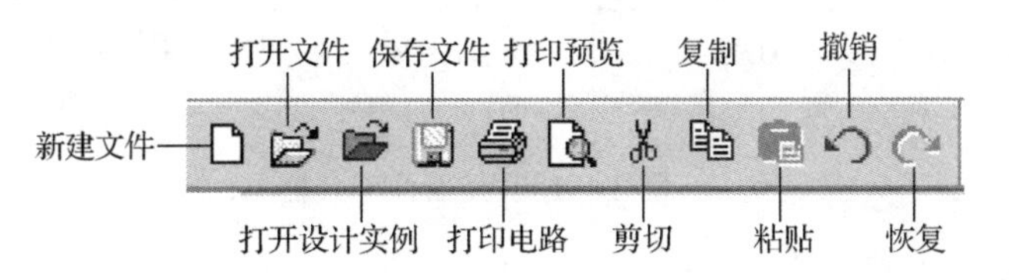

图 3-1-15 标准工具栏

2. Main Toolbar（系统工具栏）

Multisim 10 的 Main Toolbar（系统工具栏）如图 3-1-16 所示，它集中了 Multisim 10 的核心操作，从而使电路设计更加方便。

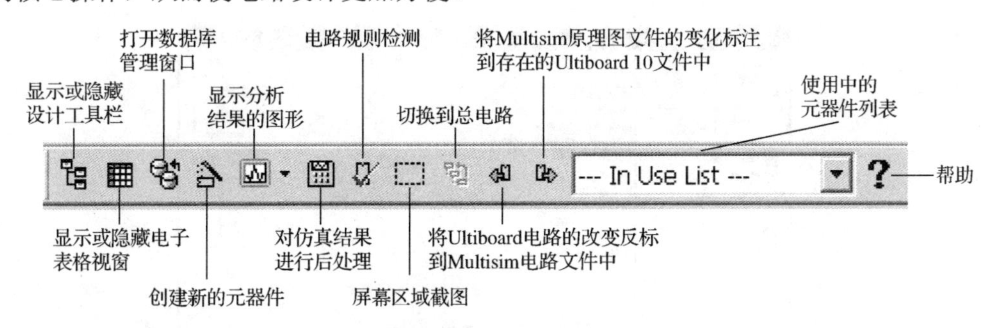

图 3-1-16 系统工具栏

3. View Toolbar（视图工具栏）

Multisim 10 的视图工具栏如图 3-1-17 所示。

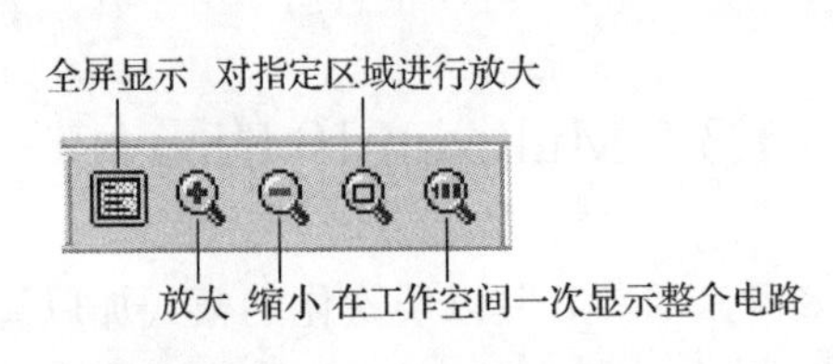

图 3-1-17 视图工具栏

1.4 Multisim 10 的元器件库

Multisim 10 设置了元器件工具栏，如图 3-1-18 所示，包括 16 种元器件分类库，每个元器件库放置同一类型的元器件。元器件工具栏还包括放置层次电路和总线的命令，构建电路图时由此取用元器件。

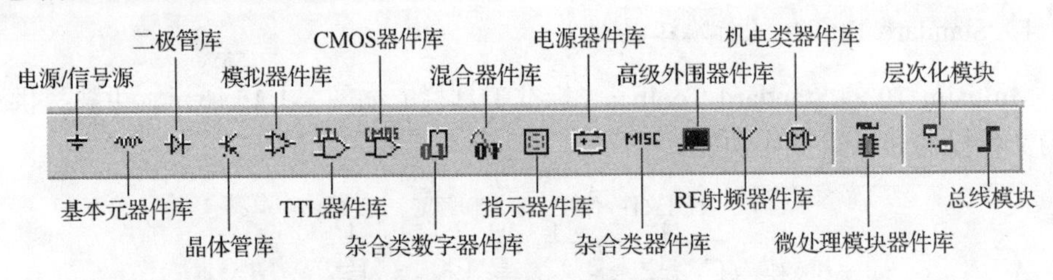

图 3-1-18 元器件工具栏

1. 电源/信号源库

Multisim 10 中的电源/信号源库如图 3-1-19 所示，包含电源及接地端（POWER_SOURCES）、信号电压源（SIGNAL_VOLTAGE_SOU...）、信号电流源（SIGNAL_CURRENT_SO...）、受控电压源（CONTROLLED_VOLTAG...）、受控电流源（CONTROLLED_CURREN...）及控制函数器件（CONTROL_FUNCTION_B...）等。

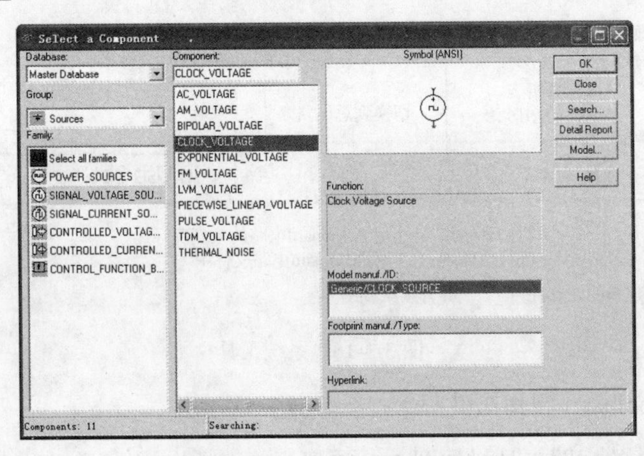

图 3-1-19 电源/信号源库

说明：Multisim 10 中的电源类器件全部为虚拟器件，不能使用 Multisim 的元器件编辑工具对其模型及符号等进行修改或重建，只能通过自身的属性对话框对其相关参数进行设置。

2. 基本元器件库

Multisim 10 中的基本元器件库如图 3-1-20 所示，包含基本虚拟元件（BASIC_VIRTUAL）、额定虚拟元件（RATED_VIRTUAL）、排阻（RPACK）、开关（SWITCH）、变压器（TRANSFORMER）、非线性变压器（NON_LINEAR_TRANSFORMER）、继电器（RELAY）、连接器（CONNECTORS）、可编辑的电路图符号（SCH_CAP_SYMS）、插座（SOCKETS）、电阻（RESISTOR）、电容（CAPACITOR）、电感（INOUCTOR）、电解电容（CAP_ELECTROLIT）、可变电容（VARIABLE_CAPACITOR）、可变电感（VARIABLE_INDUCTOR）、电位器（POTENT IOMETER）等。

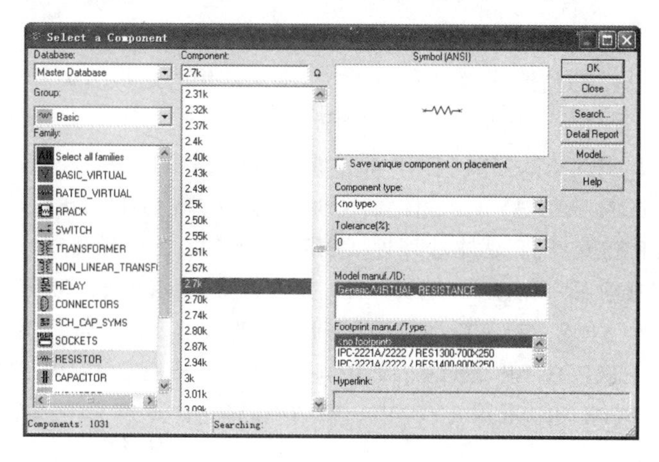

图 3-1-20 基本元器件库

说明：Multisim 10 中基本元器件库中虚拟元器件的参数是可以任意设置的；非虚拟元器件的参数是固定的，但是可以选择的。

3. 二极管库

Multisim 10 中的二极管库如图 3-1-21 所示，包含虚拟二极管（DIODES_VIRTUAL）、普通二极管（DIODE）、稳压二极管（ZENER）、发光二极管（LED）、单相整流桥（FWB）、肖特基二极管（SCHOTTKY_DIODE）、晶闸管（SCR）、双向触发二极管（DIAC）、三端双向晶闸管（TRIAC）、变容二极管（VARACTOR）、PIN 二极管（PIN_DIODE）等器件。

说明：Multisim 10 中二极管库中虚拟器件的参数是可以任意设置的；非虚拟器件的参数是固定的，但是可以选择的。

不允许对发光二极管进行编辑处理。

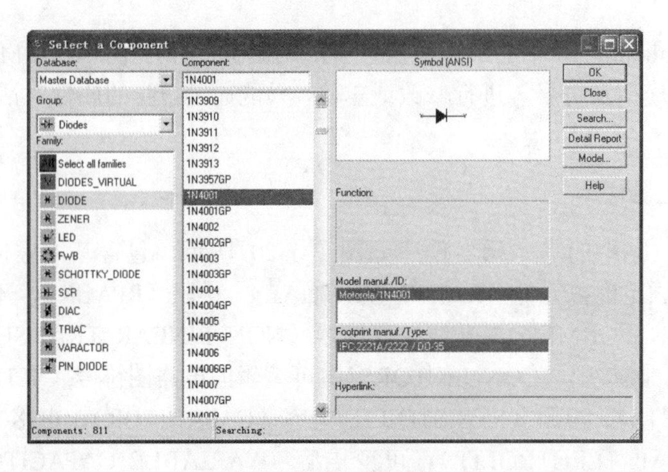

图 3-1-21　二极管库

4. 晶体管库

Multisim 10 中的晶体管库如图 3-1-22 所示，包含虚拟晶体管（TRANSISTORS_VIRT…）、NPN 晶体管（BJT_NPN）、PNP 晶体管（BJT_PNP）、达林顿 NPN 晶体管（DARLINGTON_NPN）、达林顿 PNP 晶体管（DARLINGTON_PNP）、达林顿晶体管阵列（DARLINGTON_ARRAY）、带偏置 NPN 型 BJT 管（BJT_NRES）、带偏置 PNP 型 BJT 管（BJT_PRES）、BJT 晶体管阵列（BJT_ARRAY）、绝缘栅型场效应管（IGBT）、N 沟道耗尽型 MOS 管（MOS_3TDN）、N 沟道增强型 MOS 管（MOS_3TEN）、P 沟道增强型 MOS 管（MOS_3TEP）、N 沟道 JFET（JFET_N）、P 沟道 JFET（JFET_P）、N 沟道功率 MOSFET（POWER_MOS_N）、P 沟道功率 MOSFET（POWER_MOS_P）、COMP 功率 MOSFET（POWER_MOS_COMP）、单结型晶体管（UJT）、热效应管（THERMAL_MOOELS）等器件。

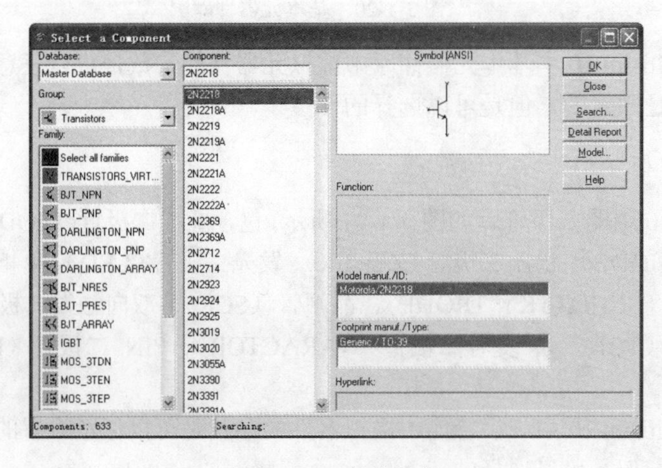

图 3-1-22　晶体管库

说明：Multisim 10 中晶体管库中虚拟器件的参数是可以任意设置的；非虚拟器件的参数是固定的，但是可以选择的。

5. 模拟器件库

Multisim 10 中的模拟器件库如图 3-1-23 所示，包含虚拟模拟集成电路（ANALOG_VIRTUAL）、运算放大器（OPAMP）、诺顿运算放大器（OPAMP_NORTON）、比较器（COMPARATOR）、宽频运算放大器（WIDEBAND_AMPS）、特殊功能运算放大器（SPECIAL_FUNCTION）等器件。

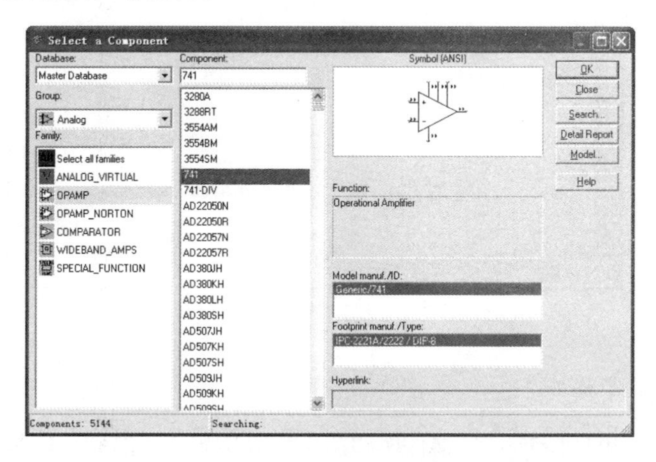

图 3-1-23　模拟器件库

说明：Multisim 10 中模拟集成电路库中虚拟器件的参数是可以任意设置的；非虚拟器件的参数是固定的，但是可以选择的。

6. TTL 器件库

Multisim 10 中的 TTL 器件库如图 3-1-24 所示。TTL 数字集成电路库包含 74××系列和 74LS××系列等 74 系列数字电路器件。

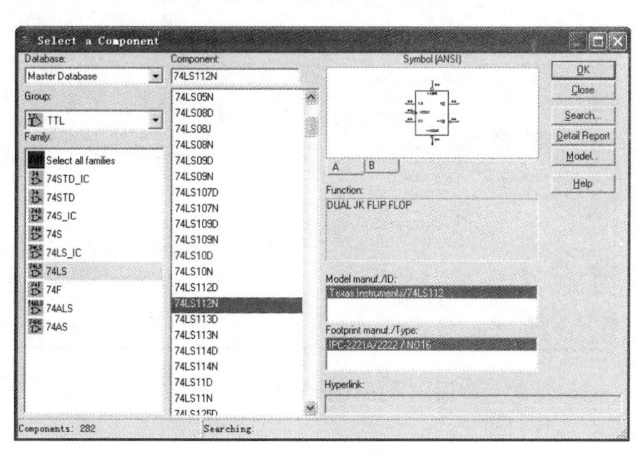

图 3-1-24　TTL 器件库

7. CMOS 器件库

Multisim 10 中的 CMOS 器件库如图 3-1-25 所示，包含 40××系列和 74HC××系列多种 CMOS 数字集成电路系列器件。

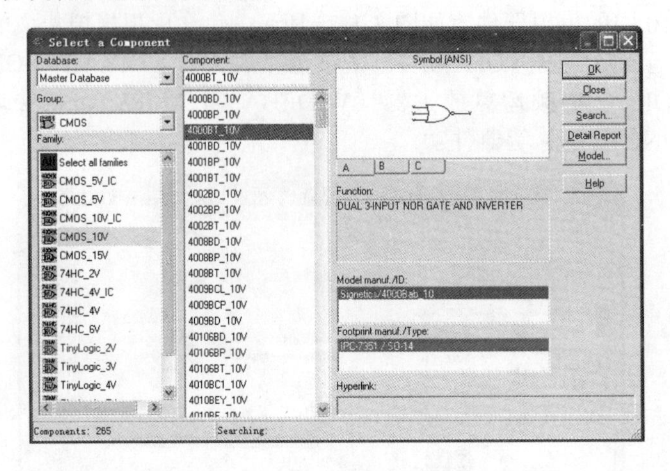

图 3-1-25　CMOS 器件库

8. 杂合类数字器件库

Multisim 10 中的杂合类数字器件库如图 3-1-26 所示，包含 TIL 系列元件、DSP 系列元件、FPGA 系列元件、PLD 系列元件、CPLD 系列元件、微控制器（MICROCONTROLLERS）、微处理器（MICROPROCESSORS）、VHDL 系列元件、记忆存储器（MEMORY）、线性驱动器（LIME_DRIVER）、线性接收器（LINE_RECEIVER）、线性收发器（LINE_TRANSCEIVER）等器件，多是虚拟器件。

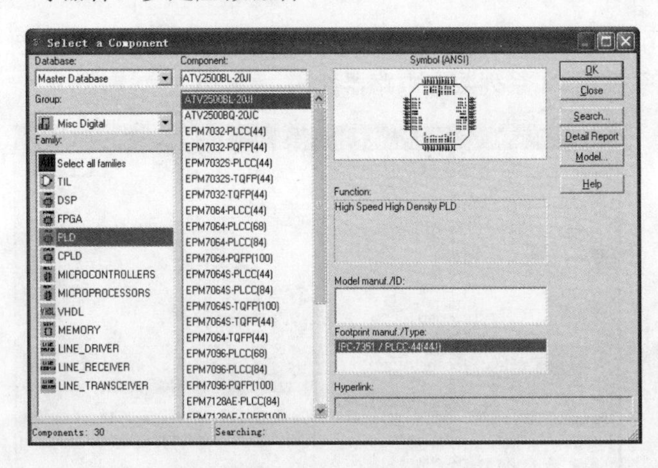

图 3-1-26　杂合类数字器件库

9. 混合器件库

Multisim 10 中的混合器件库如图 3-1-27 所示，包含虚拟混合器件（MIXED_VIRTUAL）、555 定时器（TIMER）、模数/数模转换器（ADC_DAC）、模拟开关集成芯片（ANALOG_SWITCH_IC）、模拟开关（ANALOG_SWITCH）、多谐振荡器（MULTIVIBRATORS）等器件。

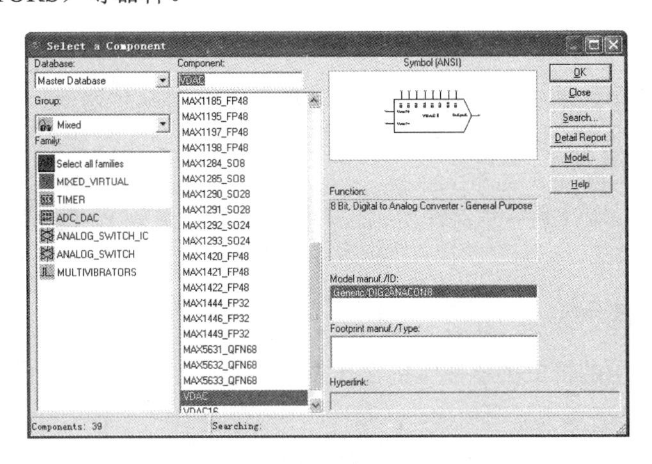

图 3-1-27 混合器件库

10. 指示器件库

Multisim 10 中的指示器件库如图 3-1-28 所示，包含电压表（VOLTMETER）、电流表（AMMETER）、指示灯（PROBE）、蜂鸣器（BUZZER）、灯泡（LAMP）、虚拟灯泡（VIRTUAL_LAMP）、数码管（HEX_DISPLAY）、柱形指示器（BARGRAPH）等器件。

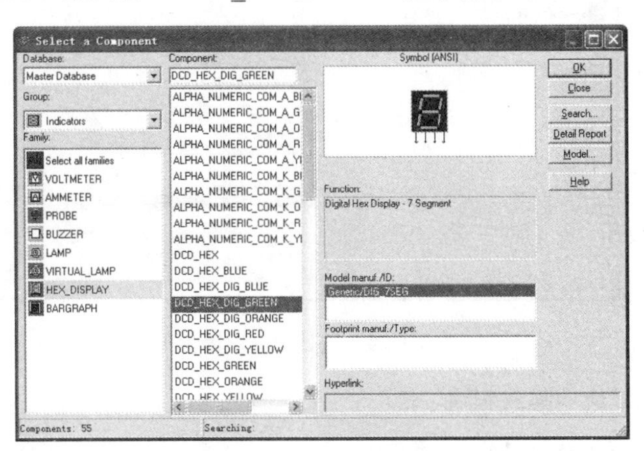

图 3-1-28 指示器件库

说明：Multisim 10 中指示器件库中为交互式器件，不允许用户从模型上进行修改，只能在其属性对话框中对某些参数进行设置。

11. 电源器件库

Multisim 10 中的电源器件库包含三端稳压器、PWM 控制器等多种电源器件。

12. 杂合类器件库

Multisim 10 中的杂合类器件库包含晶体、滤波器等多种器件。

13. 高级外围器件库

Multisim 10 中的高级外围器件库包含键盘、LCD 等多种器件。

14. RF 射频器件库

Multisim 10 中的 RF 射频器件库包含射频晶体管、射频 FET、微带线等多种射频元器件。

15. 机电类器件库

Multisim 10 中的机电类器件库包含开关、继电器等多种机电类器件。

16. 微处理模块器件库

Multisim 10 中的微处理模块器件库如图 3-1-29 所示，包含 805×系列单片机、PIC 系列单片机、随机存储器（RAM）、只读存储器（ROM）等器件。

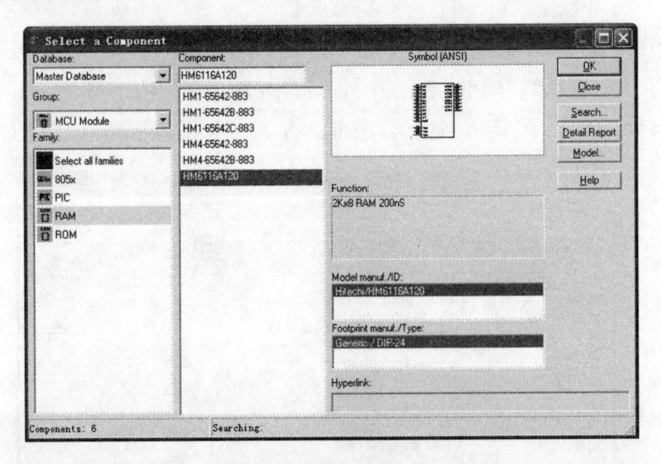

图 3-1-29　微处理模块器件库

17. 层次化模块和总线模块

层次化模块和总线模块只是两个快捷工具按钮，一个放置分层模块命令，另一个放置总线命令，严格讲并不能称之为库。

1.5 Multisim 10 的仪器仪表库

1.5.1 Multisim 10 的虚拟仪器仪表

Multisim 10 提供了 21 种电路分析、设计中常用的虚拟仪器仪表库（仪器工具栏），如图 3-1-30 所示。

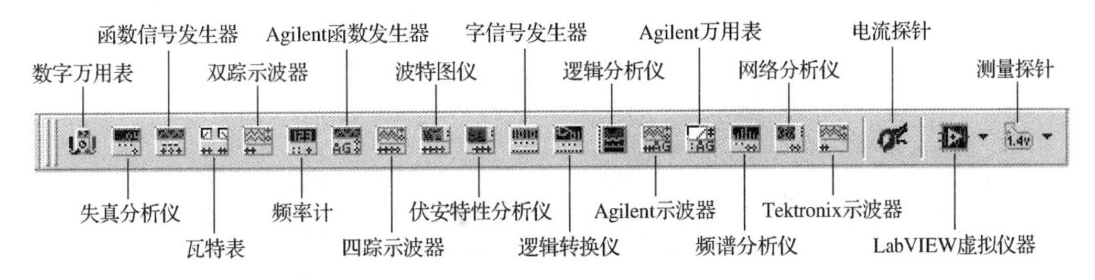

图 3-1-30 仪器仪表库

这些仪器仪表的参数设置、使用方法和外观设计与实验室中的真实仪器基本一致。

在 Multisim 10 工作窗口中单击仪器工具栏中的相应按钮或选择 Simulate→Instruments 命令即可取用所需的虚拟仪器。

1.5.2 数字逻辑电路中常用虚拟仪器的使用

在数字逻辑电路的仿真分析、设计中常用的虚拟仪器仪表主要有数字万用表、函数信号发生器、双踪示波器、四踪示波器、字信号发生器、逻辑分析仪、逻辑转换仪等。

1. 数字万用表

Multisim 10 中的数字万用表可以用来测量交直流电压、交直流电流、电阻及电路中两点之间的分贝损耗，并能自动调整量程。

数字万用表图标上有两个连接点："+" "-"。

双击数字万用表的图标可以打开数字万用表的面板，如图 3-1-31 所示。

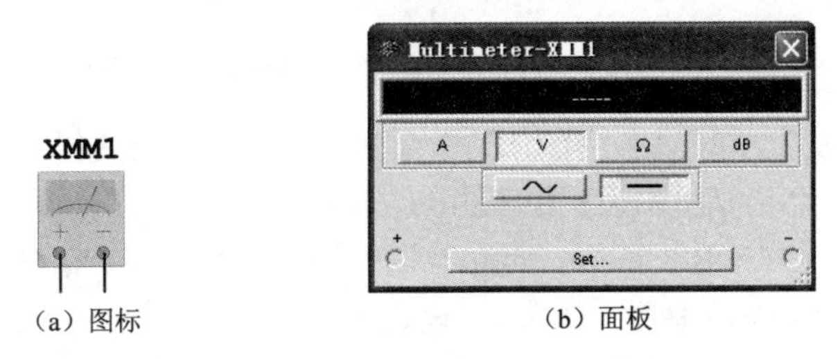

（a）图标　（b）面板

图 3-1-31 数字万用表的图标和面板

单击数字万用表面板上的 Set（设置）按钮，弹出参数设置对话框，可以设置数字万用表的电流表内阻（Ammeter resistance）、电压表内阻（Voltmeter resistance）、欧姆表电流（Ohmmeter current）及测量范围等参数，如图 3-1-32 所示。参数设置完成后单击 Accept 按钮保存，单击 Cancel 按钮取消本次设置。

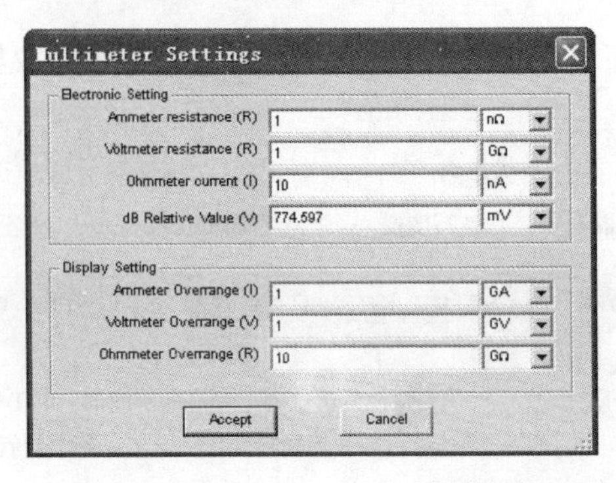

图 3-1-32　数字万用表参数设置对话框

2. 函数信号发生器

Multisim 10 中的函数信号发生器可产生正弦波、三角波、方波 3 种不同波形的电压信号。

函数信号发生器图标上有三个连接点："+"、"-"和 Common（公共端）。

双击函数信号发生器的图标可以打开函数信号发生器的面板，如图 3-1-33 所示。

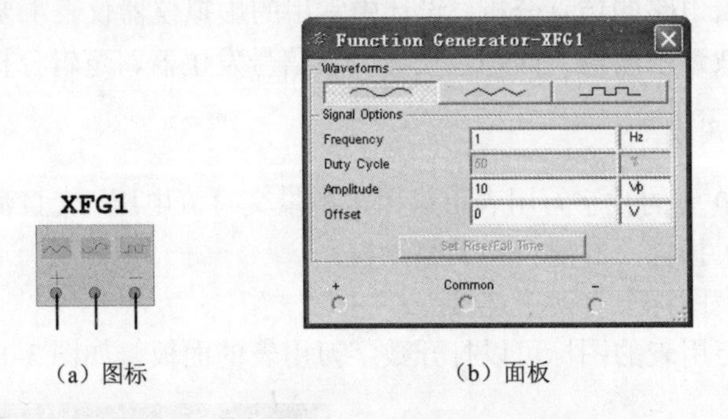

（a）图标　　（b）面板

图 3-1-33　函数信号发生器的图标和面板

函数信号发生器的输出波形、工作频率、占空比、幅度和直流偏置，可通过单击波形选择按钮和在各对话框中设置相应的参数来实现。频率（Frequency）设置范围为 1Hz～999THz，占空比（Pulse duration ratio）调整值可从 1%～99%，幅度（Amplitude）设置范围为 1μV～999kV，偏移（Offset）设置范围为-999～+999kV。

方波输出时，单击 Set Rise/Fall Time 按钮可在弹出的对话框中设置上升时间（或下降时间），参数设置完成后单击 Accept 按钮保存，单击 Cancel 按钮取消本次设置。

3. 双踪示波器

Multisim 10 中的双踪示波器是用来显示被测信号的波形及测量被测信号的大小、周期等参数的仪器。

双踪示波器图标上有六个连接点：A 通道输入端和接地、B 通道输入端和接地、Ext Trig 外触发端和接地。

双击双踪示波器的图标可以打开双踪示波器的面板，如图 3-1-34 所示，示波器面板各按键的作用、调整及参数的设置与实际的示波器类似。

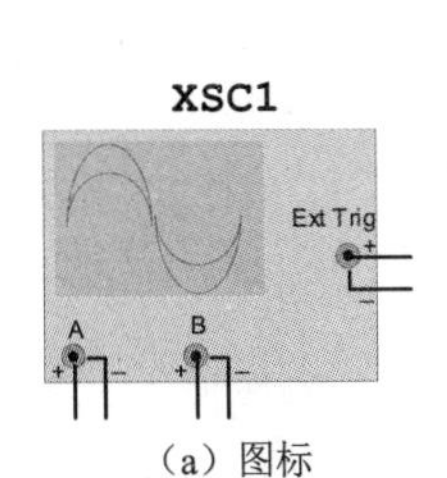

（a）图标

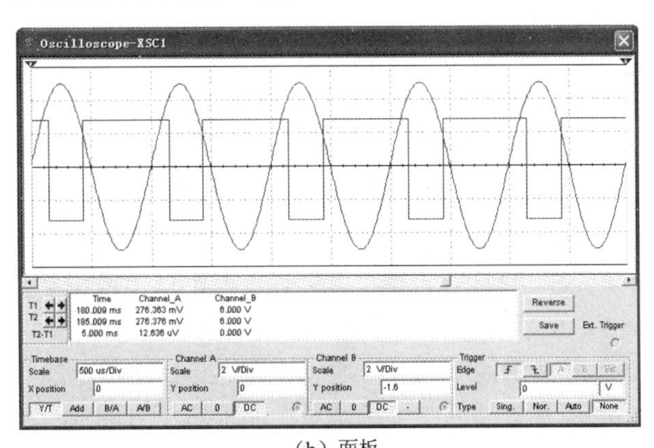

（b）面板

图 3-1-34 双踪示波器的图标和面板

示波器面板按照功能不同分为六个区：时基设置区（Timebase）、A 通道设置区（Channel A）、B 通道设置区（Channel B）、触发方式设置区（Trigger）、波形显示区及测试数据显示区。

1）Timebase 区：用来设置 X 轴方向时间基准。

Scale：选择 X 轴方向每一刻度所代表的时间，单击该栏文本框选择适当的数值。

X position：控制时间基线的起始位置，单击该栏文本框选择适当的数值，正值使起始位置右移；负值使起始位置左移；当 X 的位置设置为 0 时，起始位置从显示器的左边开始。

Y/T：显示方式为 X 轴显示时间，Y 轴显示电压值。

Add：显示方式为 X 轴显示时间，Y 轴显示 A 通道、B 通道的输入电压之和。

A/B、B/A：显示方式为 X 轴与 Y 轴都显示电压值。

2）Channel A 区：用来设置 Y 轴方向 A 通道输入信号的标度。

Scale：选择 Y 轴方向每一刻度所代表的电压值，单击该栏文本框选择适当的数值。

Y position：控制时间基线在 Y 轴方向的位置，单击该栏文本框选择适当的数值，正值表示时间基线在屏幕中线以上，负值表示时间基线在屏幕中线以下，0 值表示时间基线和屏幕中线重合。

AC：交流耦合输入方式，示波器仅显示输入信号的交流分量。

DC：直流耦合输入方式，输入信号的交直流分量全部显示。

0：输入信号对地短路，屏幕中点位置显示一条水平直线。

3）Channel B 区：用来设置 Y 轴方向 B 通道输入信号的标度。其设置与 Channel A 区相同。

4）Trigger 区：用来设置触发方式。

Auto：自动触发，一般选择这种触发方式。

Sing.：单脉冲触发。

Nor.：一般脉冲触发。

Ext：由外触发输入信号触发。

A：A 通道的输入信号作为触发信号。

B：B 通道的输入信号作为触发信号。

Level：选择触发电平大小。

Edge：触发沿选择，可选择上升沿或下降沿触发。

5）波形显示区：用来显示输入信号的波形。

信号波形的颜色：可通过设置 A、B 通道连线的颜色改变。

屏幕背景颜色：可通过单击面板右下方的 Reverse 按钮改变。

移动波形：在动态显示时单击仿真开关的暂停按钮或按 F6 键，通过 X position 实现波形左右移动；或利用指针拖动面板显示屏幕下沿的滚动条实现波形左右移动。

测量波形参数：通过鼠标左键拖动读数指针左右移动到合适位置。

6）数据显示区：用来显示读数指针测量的数据。

第 1 行数据区表示 1 号读数指针所测波形数据。T1 表示 1 号读数指针离开屏幕左端（时间零点）所对应的时间；Channel A 表示 1 号读数指针测得 A 通道信号幅值；Channel B 表示 1 号读数指针测得 B 通道信号幅值。

第 2 行数据区表示 2 号读数指针所测波形数据。T2 表示 2 号读数指针离开屏幕左端（时间零点）所对应的时间；Channel A 表示 2 号读数指针测得 A 通道信号幅值；Channel B 表示 2 号读数指针测得 B 通道信号幅值。

第 3 行数据区，T2−T1 表示 2 号读数指针所在位置与 1 号读数指针所在位置的时间差值，可用来测量信号的周期、脉冲信号的宽度、上升时间及下降时间等参数。

存储数据：单击面板右侧的 Save 按钮可按 ASCII 码格式存储波形读数。

4. 四踪示波器

四踪示波器的图标和面板如图 3-1-35 所示。

四踪示波器与双踪示波器的使用方法和参数调整方式完全一样，只是多了一个通道控制旋钮。当通道控制旋钮拨到某个通道时才能对该通道的 Y 轴参数进行设置。

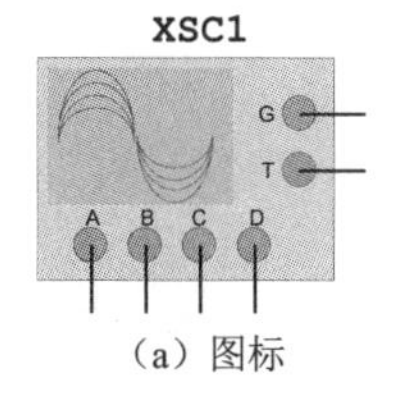

（a）图标

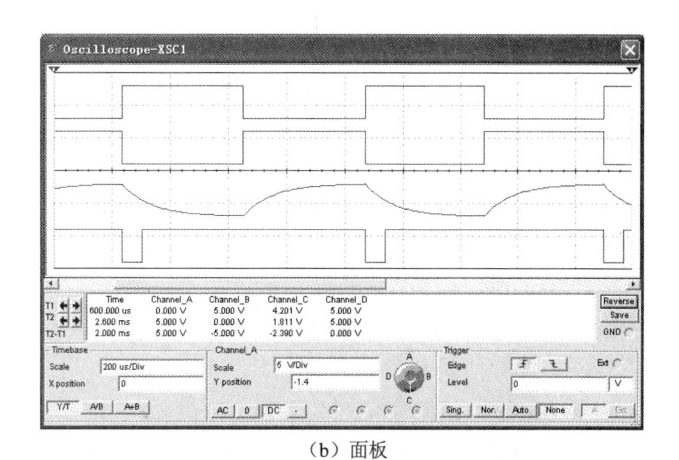

（b）面板

图 3-1-35　四踪示波器的图标和面板

5. 字信号发生器

字信号发生器是能产生 32 路（位）同步逻辑信号的一个多路逻辑信号源，用于对数字逻辑电路进行测试。

字信号发生器图标上左右两侧共有 32 个连接点，是数字信号输出端，可用全部或部分输出端接入数字电路的输入端；图标的下部还有 R 和 T 两个端子，R 为数字信号准备好标志端、T 为外触发信号输入端。

双击字信号发生器的图标可以打开字信号发生器的面板，如图 3-1-36 所示。

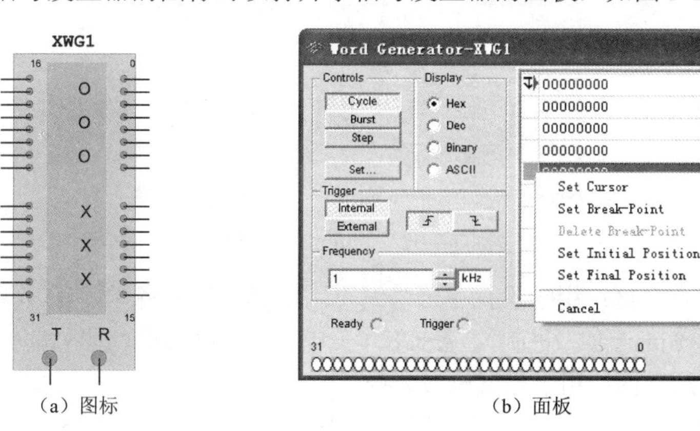

（a）图标　　　　　　　　　　（b）面板

图 3-1-36　字信号发生器的图标和面板

字信号发生器面板按照功能不同分为五个选项区：Controls（控制方式）选项区、Display（显示方式）选项区、Trigger（触发方式）选项区、Frequency（输出频率）选项区、字信号编辑区。

1）Controls 选项区：用于设置字信号的输出方式。

Step：单步输出方式，单击一次 Step 按钮，字信号输出一条。

Burst：单帧输出方式，单击 Burst 按钮，从起始位置开始至终止位置连续逐条地输出字信号。

Cycle：循环输出方式，单击 Cycle 按钮，循环不断地进行 Burst 方式的输出。

Set：设置字信号产生的内容及方式，单击 Set 按钮，弹出如图 3-1-37 所示的对话框，其中各参数含义如下。

No Change：保持原有的设置。

Load：调用以前设置字信号的文件。

Save：保存所设置字信号的规律。

Clear buffer：清除字信号编辑区的内容。

Up Counter：字信号编辑区的内容以加 1 的形式编码。

Down Counter：字信号编辑区的内容以减 1 的形式编码。

Shift Right：字信号编辑区的字信号按右移方式编码。

Shift Left：字信号编辑区的字信号按左移方式编码。

Display Type 选项区：用来设置字信号编辑区的字信号的显示格式，Hex 为十六进制，Dec 为十进制。

Buffer Size：字信号编辑区的缓冲区的长度。

Initial Pattem：采用某种编码的初始值。

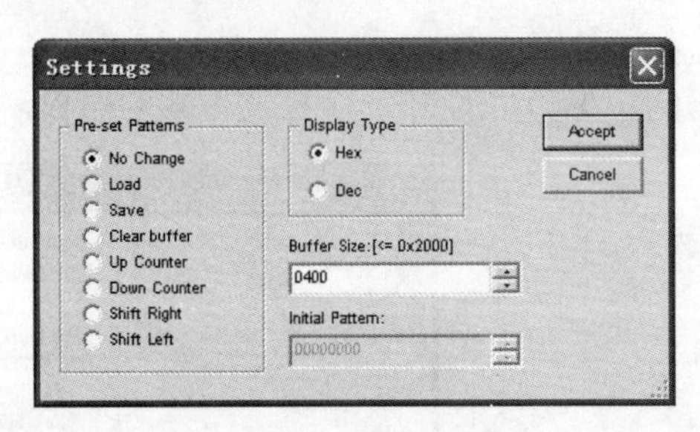

图 3-1-37　Settings 对话框

2）Display 选项区：用于设置字信号编辑区中字信号的格式，有 Hex（十六进制）、Dec（十进制）、Binary（二进制）、ASCII（美国信息交换标准代码）。

3）Trigger 选项区：用于设置触发方式。

Internal：内部触发方式，字信号的输出直接由输出方式按钮（SteP、Burst、Cycle）启动。

External：外部触发方式，需接入外触发脉冲，并定义“上升沿触发”或“下降沿触发”，然后单击输出方式按钮，待触发脉冲到来时才启动输出。

4）Frequency 选项区：用于设置输出字信号的频率。

5）字信号编辑区：在字信号编辑区单击某一字信号即可实现对其写入或改写，自上至下可连续地输入字信号，最多可写入存放 1024 条字信号；右击某一字信号即可实现对其定位。

Set Cursor：设置字信号位置指示箭头。

Set Break-Point：设置断点。

Delete Break-Point：取消设置的断点。

Set Initial Position：设置输出信号的起始位置。

Set Final Position：设置输出信号的终止位置。

6. 逻辑分析仪

逻辑分析仪用于对数字逻辑信号进行波形分析，可以同步记录和显示 16 路数字信号，其功能类似于示波器。

逻辑分析仪图标左侧有 16 个连接点，使用时可用全部或部分连接到数字电路的测试点；图标的下部还有 C、Q、T 三个端子，C 是外时钟输入端，Q 是时钟控制输入端，T 是触发控制输入端。双击逻辑分析仪的图标可以打开逻辑分析仪的面板，如图 3-1-38 所示。

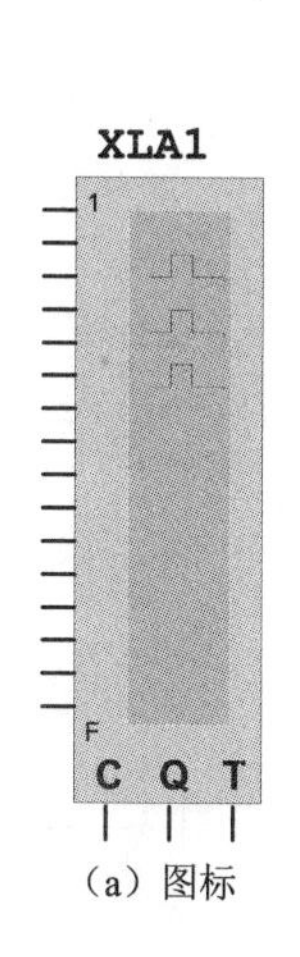

（a）图标

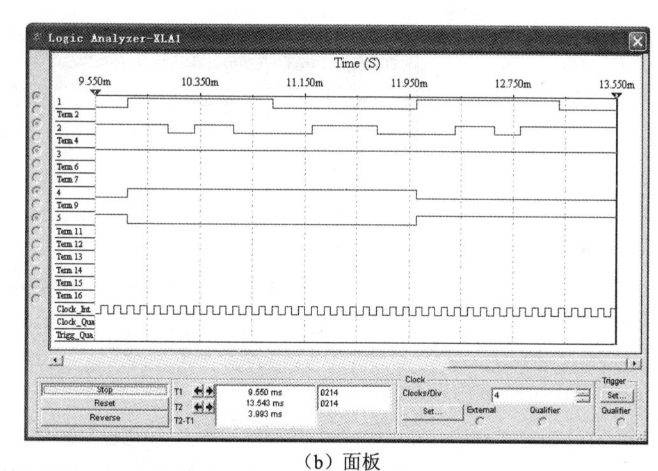

（b）面板

图 3-1-38　逻辑分析仪的图标和面板

逻辑分析仪的面板分为上、下两部分，上半部分是显示窗口；下半部分是控制窗口，有 Stop（停止）按钮、Reset（复位）按钮、Reverse（黑白逆转）按钮、Clock（时钟）选项区、Trigger（触发）选项区。

（1）显示窗口

面板左边的 16 个小圆圈对应 16 个输入端，各路输入逻辑信号的当前值在小圆圈内显示，从上到下依次为最低位至最高位。

16 路输入逻辑信号的波形以方波形式显示在逻辑信号波形显示区，通过设置输入导线的颜色可修改相应波形的显示颜色。波形显示的时间轴刻度可通过面板下边的

Clocks/Div 数值框设置，读取波形的数据可以通过拖放读数指针完成，在面板下部的两个列表框内显示指针所处位置的时间读数和逻辑读数（4 位十六进制数）。

（2）Stop（停止）按钮

单击 Stop 按钮，停止逻辑信号波形的显示。

（3）Reset（复位）按钮

单击 Reset 按钮，逻辑分析仪复位并清除显示的波形。

（4）Reverse（黑白逆转）按钮

单击 Reverse 按钮，显示窗口显示波形的背景颜色黑白逆转。

（5）Clock（时钟）选项区

通过 Clock/Div 数值框可以设置波形显示区每个水平刻度所显示的时钟脉冲个数。

单击 Clock 选项区的 Set 按钮，弹出如图 3-1-39 所示的对话框。其中，Clock Source 用于设置触发模式，有内触发和外触发两种模式；Clock Rate 用于设置时钟频率，仅对内触发模式有效；Sampling Setting 用于设置采样方式，有 Pre-trigger Samples（触发前采样）和 Post-trigger Samples（触发后采样）两种方式；Threshold Volt.(V)用于设置门限电平。

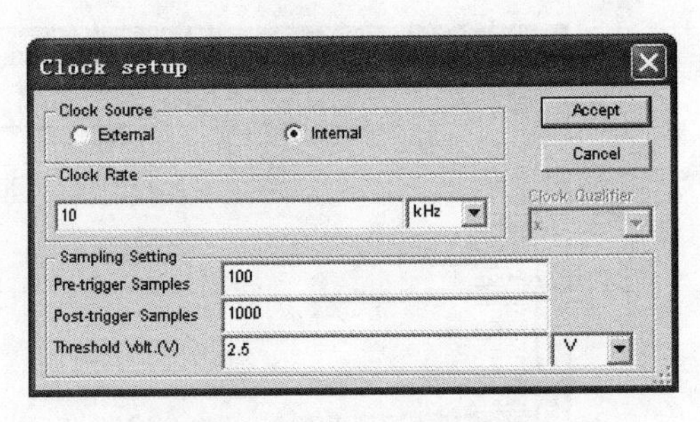

图 3-1-39　Clock setup 对话框

（6）Trigger（触发）选项区

单击 Trigger 选项区中的 Set 按钮，弹出 Trigger Settings 对话框，如图 3-1-40 所示。

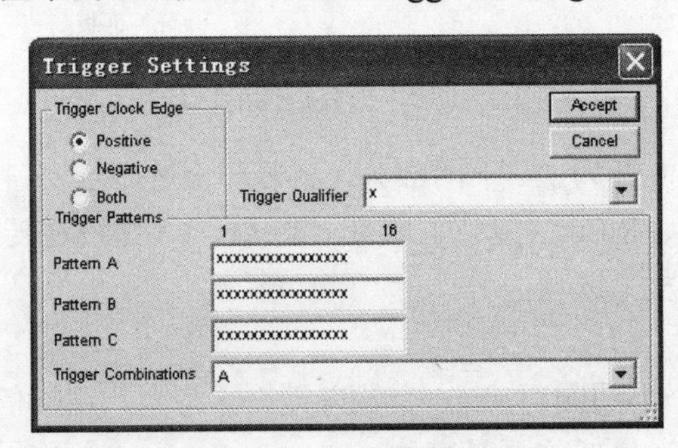

图 3-1-40　Trigger Settings 对话框

Trigger Clock Edge（触发边沿）：用于设置触发边沿，有 Positive（上升沿触发）、

Negative（下降沿触发）及 Both（双向触发）3 种方式。

Trigger Patterns（触发模式）：由 A、B、C 定义触发模式，在 Trigger Combinations 下拉列表框中提供了 21 种可选的触发条件。

（7）读数指针测量数据

在逻辑分析仪面板下部的两个列表框内显示读数指针所处位置的时间读数和逻辑读数（4 位十六进制数）。

T1 表示 1 号读数指针离开屏幕左端（时间零点）所对应的时间及逻辑读数；T2 表示 2 号读数指针离开屏幕左端（时间零点）所对应的时间及逻辑读数；T2−T1 表示 2 号读数指针所在位置与 1 号读数指针所在位置的时间差值。

7. 逻辑转换仪

逻辑转换仪只是一种虚拟仪器，并没有实际仪器与之对应，其功能是实现真值表、逻辑表达式和逻辑电路三者之间的相互转换。

逻辑转换仪图标上有九个连接点：左边八个为输入端子，右边一个为输出端子。通常只有在将逻辑电路转换为真值表时，才将图标上的连接点与逻辑电路的输入端、输出端连接。

双击逻辑转换仪的图标可以打开逻辑转换仪的面板，如图 3-1-41 所示。

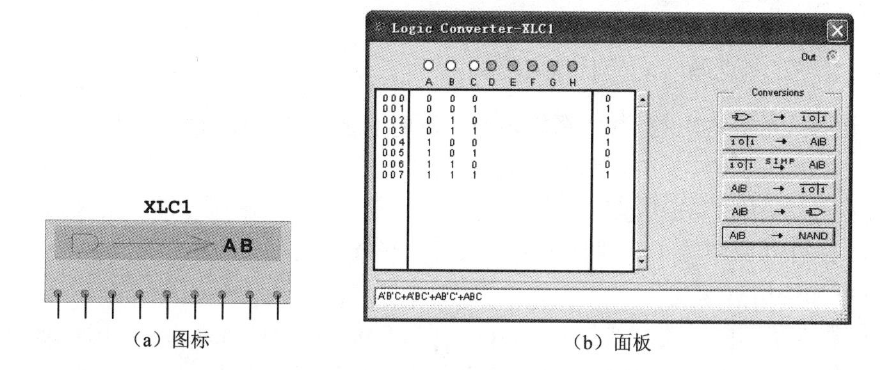

（a）图标　　（b）面板

图 3-1-41　逻辑转换仪的图标和面板

逻辑转换仪面板最上方的 A、B、C、D、E、F、G、H 和 Out 这 9 个按钮分别对应图标中的 9 个接线端。

（1）真值表的建立

建立真值表有两种方法：一种方法是根据输入端数，单击逻辑转换仪面板顶部代表输入端的小圆圈，选定输入信号（由 A 至 H），真值表区自动出现输入信号的所有组合，而输出列的初始值全部为零，再根据逻辑关系单击输出值修改为 1 或×；另一种方法是由电路图通过逻辑转换仪进行转换。

（2）逻辑电路转换为真值表

首先在电路窗口中建立仿真电路，再将仿真电路的输入端与逻辑转换仪的输入端、仿真电路的输出端与逻辑转换仪的输出端连接起来，最后单击“电路→真值表”按钮，即可以将逻辑电路转换成真值表。

逻辑转换仪可以导出多路（最多 8 路）输入一路输出的逻辑电路真值表。

（3）真值表转换为逻辑表达式

对已在真值表区建立的真值表，单击“真值表→逻辑表达式”按钮，在面板的底部逻辑表达式文本框中出现相应的逻辑表达式。

如果要简化该表达式或直接由真值表得到简化的逻辑表达式，单击“真值表→简化逻辑表达式”按钮后，在逻辑表达式文本框中出现相应的该真值表的简化逻辑表达式。

在逻辑表达式中，逻辑变量的非号用“ ' ”表示。

（4）逻辑表达式转换为真值表、逻辑电路及逻辑与非门电路

直接在逻辑表达式文本框中输入逻辑表达式后，单击“逻辑表达式→真值表”按钮得到相应的真值表；单击“逻辑表达式→电路”按钮得到相应的逻辑电路；单击“逻辑表达式→与非门电路”按钮得到由与非门构成的逻辑电路。

1.6　构建仿真电路的基本操作

1. 数字逻辑电路仿真的特殊问题

应用 Multisim 10 进行数字逻辑电路仿真时，需注意下述特殊问题。

1）Multisim 10 的 TTL 和 CMOS 元器件库中存放着大量与实际器件相对应且按型号放置的数字器件，在构建仿真电路时使用这些实际模型器件可得到精确的仿真结果；在 Misc Digital 库中的 TIL 器件箱中存放着一些按功能命名的虚拟理想化器件，使用这些器件可加快仿真速度。

2）数字仿真的设置。选择 Multisim 10 的 Simulate→Digital Simulation Settings 菜单命令，弹出 Digital Simulation Settings 对话框，如图 3-1-42 所示，对话框中有 Ideal 和 Real 两个单选按钮。

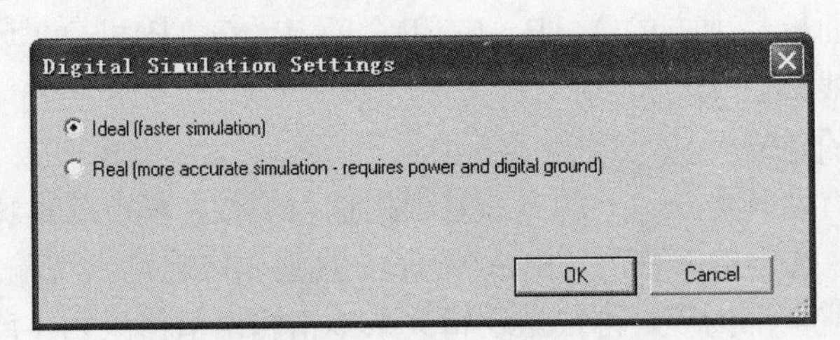

图 3-1-42　Digital Simulation Settings 对话框

选中 Ideal 单选按钮，一般能快速得到仿真结果，VCC、VDD、直流电压源、接地

端及数字接地端可任意调用，彼此对仿真结果没有影响。

选中 Real 单选按钮，需要为数字逻辑电路添加电源和数字接地端，否则运行仿真时往往会出现错误。这是因为 Multisim 10 中的实际器件模型和实际器件对应，在使用时需为器件本身提供电源。VCC、VDD、直流电压源、接地端及数字接地端不能互换。

3）器件的工作对应。TTL 和 TIL 中的器件，常用 VCC 做电源，其数值一般为 5V；CMOS 器件的 VDD 电源由各个器件箱所需电压确定。

2. 数字逻辑电路输入数字信号的产生方式

Multisim 10 中数字逻辑仿真电路输入数字信号，有下述几种产生方式。

1）周期性变化、几个信号有一定时序关系的数字信号，可通过对字信号发生器进行设置产生。

2）时序关系较简单的输入数字信号，可使用函数信号发生器或脉冲信号源产生。

3）非周期性变化的输入数字信号，可通过双掷开关、电压源及接地端通过简单电路产生。

3. 数字逻辑电路输出状态的显示方式

Multisim 10 中数字逻辑仿真电路输出数字信号的显示有下述几种方式。

1）周期性变化、多个输出信号有一定时序关系可选用逻辑分析仪显示，还可测试某些参数。

2）周期性变化、几个输出信号有一定时序关系可选用双踪示波器或四踪示波器显示，还可测试某些参数。

3）不关注输出信号的波形形状、变化边沿，可选用指示灯、LED 显示。

4）数码管一般用于十进制输出状态的显示。

4. 构建仿真电路的基本操作

（1）元器件的选取及处理

选用元器件时，首先要知道该元器件是属于哪个元器件库，然后在元器件库中单击包含该元器件的图标，在弹出的该元器件库对话框中找到所属的元器件系列，在系列中找到具体的元器件，单击选中该元器件，然后单击 OK 按钮，用鼠标拖曳该元器件到电路工作区的适当地方即可。

例如，要放置一个 TTL 与非门 74LS00N，首先单击 74LS00N 所在的 TTL 库，弹出选择元器件对话框，如图 3-1-43 所示，选择 74LS 系列，在 Component 列表框中找到 74LS00N 并单击 OK 按钮。

在菜单栏或在电路工作区右击，在弹出的快捷菜单中选择 Place→Component 命令，或按 Ctrl+W 组合键均可调出选用元器件的对话框。

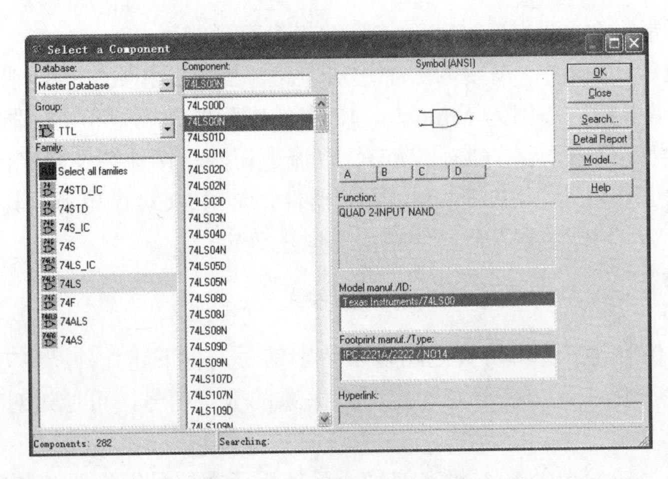

图 3-1-43　选择元器件对话框

将鼠标指针指向元器件，右击，在弹出的快捷菜单中选择适当的命令，可使元器件左右翻转、上下翻转、顺时针转 90°、逆时针转 90°。

双击元器件，弹出该元器件属性对话框，可查看元器件的特性，可设置或修改元器件参数，以及给元器件确定标号。图 3-1-44 所示为 74LS00N 的属性对话框。

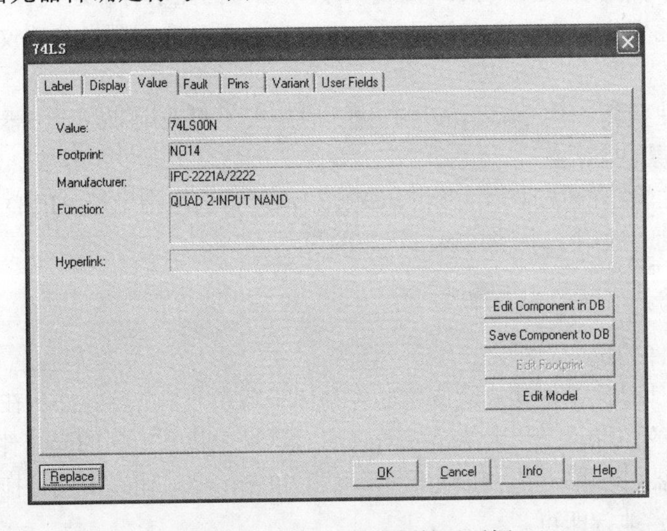

图 3-1-44　74LS00N 的属性对话框

在复杂的电路中，可以将元器件设置为不同的颜色。改变元器件颜色时，右击该元器件，在弹出的快捷菜单中选择 Change Color 命令，出现颜色选择框，然后选择合适的颜色即可。

对于选中的元器件，可以通过右击，在弹出的快捷菜单中选择相应的命令，或者使用 Edit→Cut（剪切）、Edit→Copy（复制）和 Edit→Paste（粘贴）、Edit→Delete（删除）

等菜单命令实现元器件的删除、复制等操作。

（2）仪器仪表的选取及处理

单击仪器仪表库中的虚拟仪器图标，将其拖放到电路工作区即可，类似元器件的拖放。

右击仪器仪表元器件，在弹出的快捷菜单中选择适当的命令，可使仪器仪表左右翻转、上下翻转、顺时针转 90°、逆时针转 90°，以及将仪器仪表图标设置为不同的颜色。

双击仪器仪表图标即可打开其面板，操作面板上的相应按钮及参数设置对话框可设置仪器仪表参数。

对于选中的仪器仪表图标，可以通过右击，在弹出的快捷菜单中选择相应的命令，或者使用 Edit→Cut、Edit→Copy 和 Edit→Paste、Edit→Delete 等菜单命令实现仪器仪表图标的删除、复制等操作。

（3）连接线路

在两个元器件、仪器图标之间进行连接时，先将鼠标指针指向一个元器件的端点，使其出现一个带十字的黑点，单击并拖曳出一根导线，拉住导线并指向另一个元器件的端点，使其出现带十字的黑点，再单击连接完成，如图 3-1-45 所示。

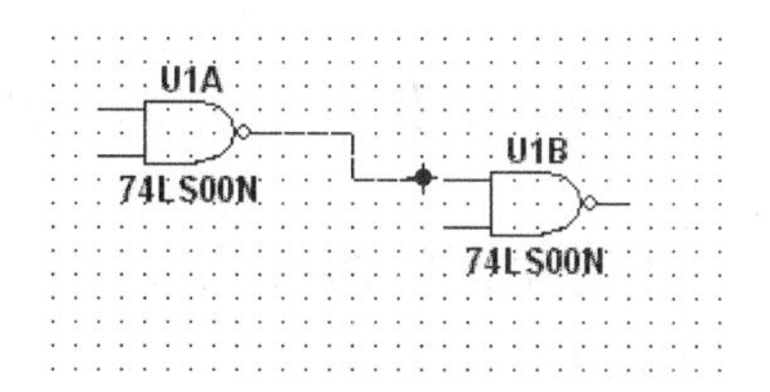

图 3-1-45 元器件之间的连接

调整连线位置时，单击线段，在出现双向箭头后，再进行拖放。

在复杂的电路中可以将导线设置为不同的颜色。改变导线的颜色时，右击该导线，在弹出的快捷菜单中选择 Change Color 命令，出现颜色选择框，选择合适的颜色即可。

导线中插入元器件时，将元器件直接拖曳放置在导线上，然后释放即可。

从电路删除元器件时，选中该元器件，选择 Edit→Delete 命令或者右击，在弹出的快捷菜单中选择 Delete 即可。

线交叉且连接时，可通过菜单栏的 Place Junction 命令或按 Ctrl+J 组合键设置一个节点于交叉处。

删除连线或节点时，单击连线或节点，确认后按 Delete 键删除；或右击连线或节点，在弹出的快捷菜单中选择 Delete 命令删除。

连接电路时，Multisim 10 自动为每个节点分配一个编号。是否显示节点编号可由 Options→Sheet Properties 对话框中的 Net Names 选项设置。

需要放置输入输出端点时，选择 Place→Connector→HB/SC Connector 命令，即出现一个跟随指针移动的输入输出端点，移动指针到合适的位置后单击即可放置。输入输出端点可视为一般元器件进行连接及处理操作，如改变名称、旋转、翻转、改变颜色及删除。

当元器件的连接线数较多时，可用总线进行连接。选择 Place→Bus 菜单命令，或按 Ctrl+U 组合键，还可单击元器件库中的总线图标，进入绘制总线状态，单击所要绘制总线的起点拉出一条总线，到达选定位置后双击，系统会自动给出总线的名称，如 Bus1。

（4）在电路工作区内输入文字

为加强对电路图的理解，有时需在电路图中的某些部分添加适当的文字进行注释，基本步骤如下：

1）选择 Place→Text 菜单命令或按 Ctrl+T 组合键，然后单击需要放置文字的位置，可以在该处放置一个文字块。注意：如果电路窗口背景为白色，则文字输入框的黑边框是不可见的。

2）在文字输入框中输入所需要的中、英文文字，文字输入框会随文字的多少自动缩放，输入完毕后，单击文字输入框以外的地方，文字输入框会自动消失。

3）如果需要改变文字的颜色或字体和大小，可以右击该文字块，在弹出的快捷菜单中选择 Pen Color 命令，然后在弹出的“颜色”对话框中选择文字颜色；选择 Font 命令可改动文字的字体和大小。

4）如果需要移动文字，用鼠标指针指向文字，按住鼠标左键，移动到目的地后放开左键即可。

5）如果需要删除文字，则先选中该文字块，选择 Edit→Delete 命令或者右击，在弹出的快捷菜单中选择 Delete 命令即可。

第 2 章　Multisim 电路仿真

2.1　集成门电路逻辑功能仿真

2.1.1　TTL 与非门逻辑功能的仿真

1. TTL 与非门的特性

与非门是实现逻辑与非运算的复合逻辑门。

74LS00 是集成 TTL 四 2 输入与非门，内部集成了四个独立的 2 输入端与非门。

单击 Multisim 10 元器件工具栏中的 TTL 器件库或按 Ctrl+W 组合键，在弹出的对话框中的 Group 下拉列表框中选择 TTL，在 Family 列表框中选择 74LS 系列，在 Component 列表框中找出 74LS00N 并选中，如图 3-2-1 所示。

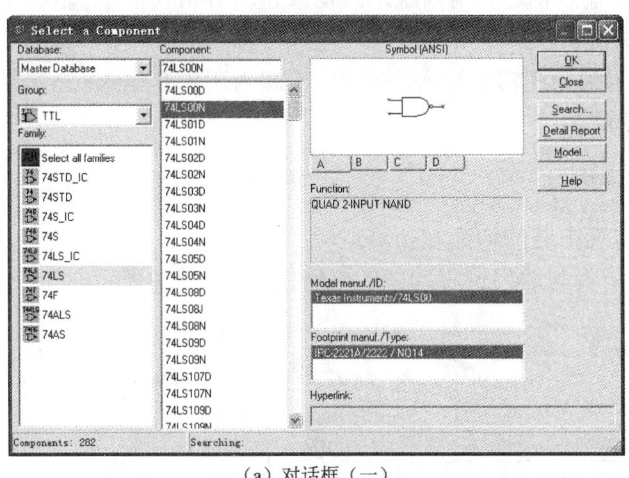

（a）对话框（一）

U1A

74LS00N

（b）图形符号（一）

图 3-2-1　74LS00N 选择对话框及图形符号

双击 74LS00N 的图形符号，在弹出的属性对话框中单击右下角的 Info 按钮可调出 74LS00N 的特性表，如图 3-2-2 所示。

与非门的输出逻辑表达式为

$$Y = \overline{AB} \tag{3-2-1}$$

若其中一个输入端为常量 0 或 1，则实现条件控制输出，表达式为

$$Y = \begin{cases} 1 \,\Big|_{B=0}，禁止 \\ \overline{A}\,\Big|_{B=1}，传输 \end{cases} \tag{3-2-2}$$

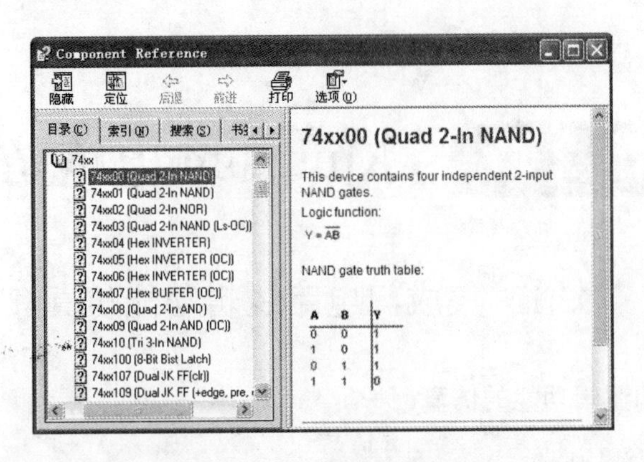

图 3-2-2　74LS00N 特性表信息

2. *仿真方案设计*

1）选择以单刀双掷开关方式产生与非门的 *A*、*B* 输入信号、采用指示灯或 LED 显示输入及输出状态 *Y* 的方式仿真与非门的逻辑功能。

2）选择以单刀双掷开关产生与非门的条件控制信号 *B*、脉冲信号源提供时钟脉冲信号 *A* 的方式产生与非门的输入信号，用四踪示波器或逻辑分析仪显示输入、输出信号波形，仿真条件控制输出情况。

3）双掷开关接+5V 电压源为逻辑 1 输入，接地电压源为逻辑 0 输入；指示灯或 LED 亮表示逻辑 1，不亮表示逻辑 0。

3. *仿真电路构建及仿真运行*

（1）与非门逻辑功能仿真电路的构建及仿真运行

在 Multisim 10 中构建仿真与非门逻辑功能的电路，如图 3-2-3 所示。

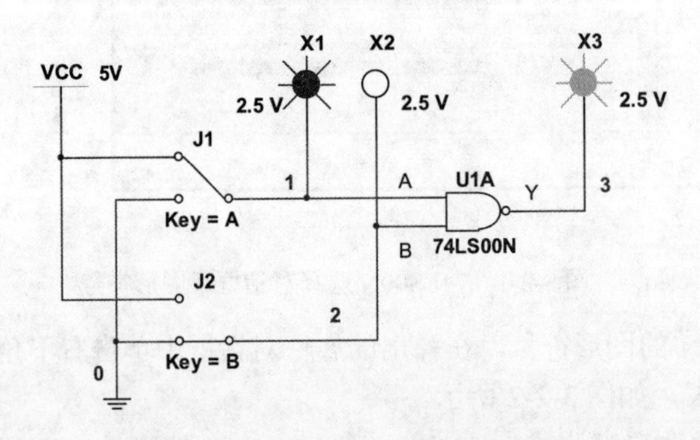

图 3-2-3　与非门逻辑功能仿真电路

通过键盘上的 *A*、*B* 键改变开关的状态，输入信号各种输入组合下的指示灯指示的输出状态为：*AB*=00 时 *Y*=1，*AB*=01 时 *Y*=1，*AB*=10 时 *Y*=1，*AB*=11 时 *Y*=0。

（2）与非门条件控制输出仿真电路的构建及仿真运行

在 Multisim 10 中构建仿真与非门逻辑功能的电路如图 3-2-4 所示。

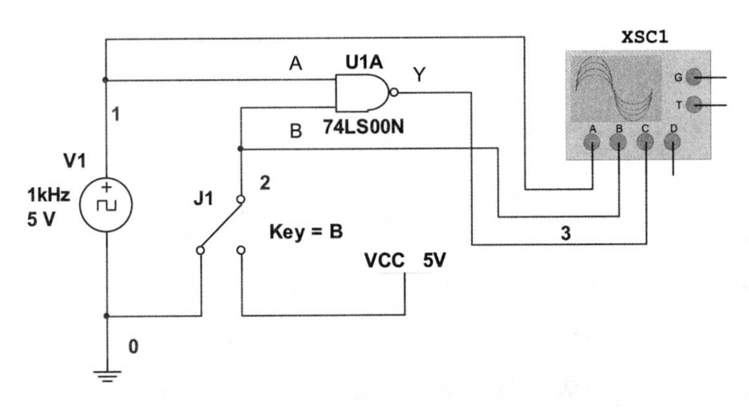

图 3-2-4　与非门条件控制输出仿真电路

四踪示波器显示的波形如图 3-2-5 所示，由上至下依次为与非门的 *A* 脉冲信号、*B* 条件控制信号、*Y* 输出信号的波形。

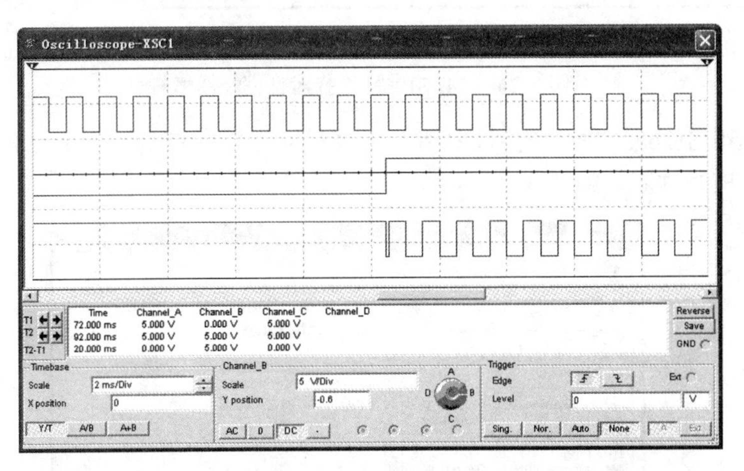

图 3-2-5　四踪示波器显示的与非门条件控制输出仿真波形

由图 3-2-5 可知，*B*=0 时，*Y*=1，与非门禁止工作，输入信号 *A* 不能传输到输出端；*B*=1 时，$Y=\overline{A}$，与非门工作，输入信号 *A* 取非后传输到输出端。

2.1.2　三态门逻辑功能的仿真

1. TTL 三态门传输门的特性

三态门是有输出高电平状态、输出低电平状态和输出高阻状态 3 种输出状态的逻辑门，亦称为 TS 门。主要应用于三态输出控制、总线分时传输控制。

74LS126 是工作方式控制变量为高电平时处于工作状态的集成三态门传输门，内部集成了四个独立的三态门传输门。

单击 Multisim 10 元器件工具栏中的 TTL 器件库或按 Ctrl+W 组合键，在弹出的对话框中的 Group 下拉列表框中选择 TTL，在 Family 列表框中选择 74LS 系列，在 Component 列表框中找出 74LS126N 并选中，如图 3-2-6 所示。

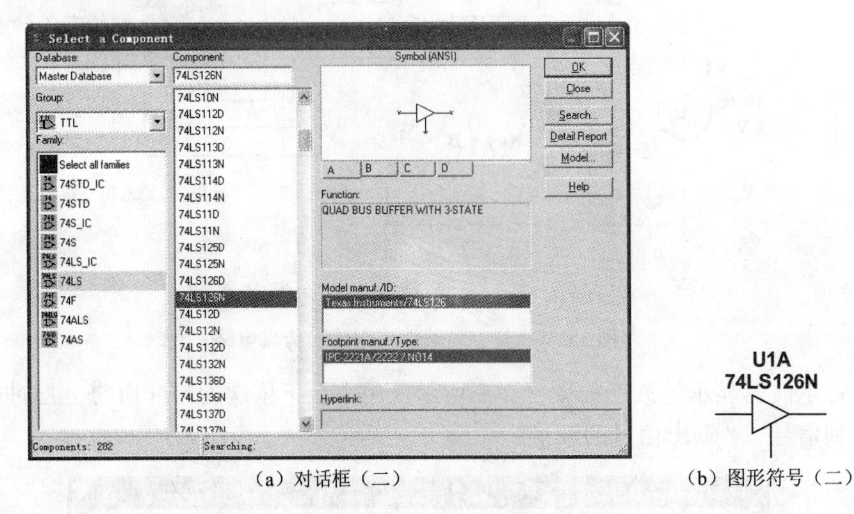

（a）对话框（二）　　（b）图形符号（二）

图 3-2-6　74LS126N 选择对话框及图形符号

双击 74LS126N 的图形符号，在弹出的属性对话框中单击右下角的 Info 按钮可调出 74LS126N 的特性表，如图 3-2-7 所示。

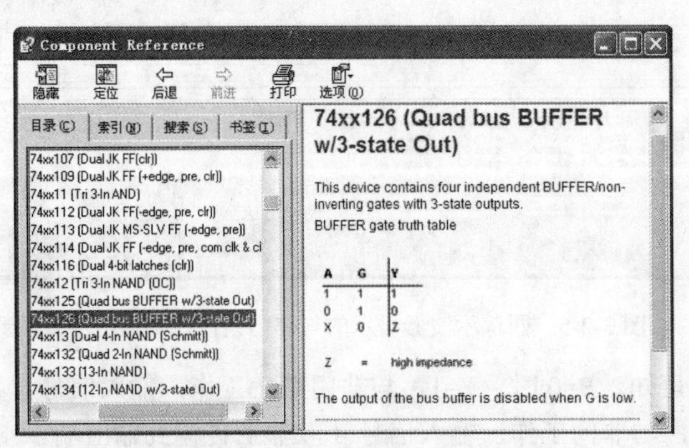

图 3-2-7　74LS126N 特性表信息

三态门传输门 74LS126N 的逻辑表达式为

$$Y=\begin{cases}A|_{G=1}\\ Z|_{G=0}\end{cases}$$

式中，G 为三态门的工作方式控制变量；A 为三态门的输入变量；Y 为三态门的输出函数。

2. 仿真方案设计

选择以波形图的形式描述三态门的输出高电平状态、输出低电平状态和输出高阻状态 3 种输出状态的逻辑功能。

用虚拟仪器中的字信号发生器做实验中的信号源，产生所需的控制信号及输入信号，用四踪示波器显示控制信号及输入信号、输出函数信号波形。

字信号发生器各个字组的内容即三态门输入波形设计如图 3-2-8 所示。其中，将 *A* 输入信号设计成在 *G*=0、1 期间有变化，以验证三态输出的特点。

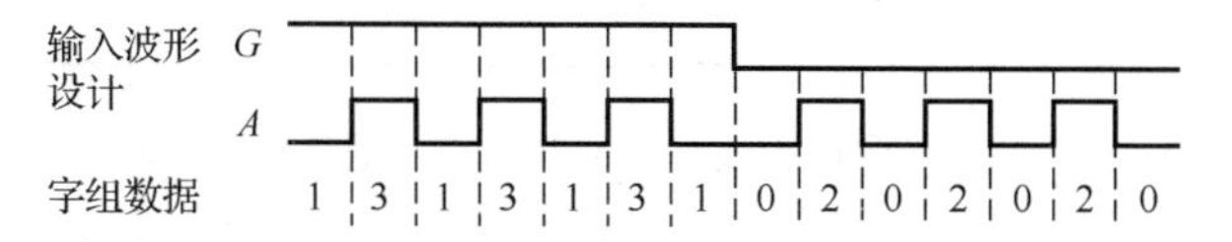

图 3-2-8　三态门逻辑功能仿真的输入波形设计及字组数据

3. 仿真电路构建及仿真运行

在 Multisim 10 中构建的三态门逻辑功能仿真电路如图 3-2-9 所示。

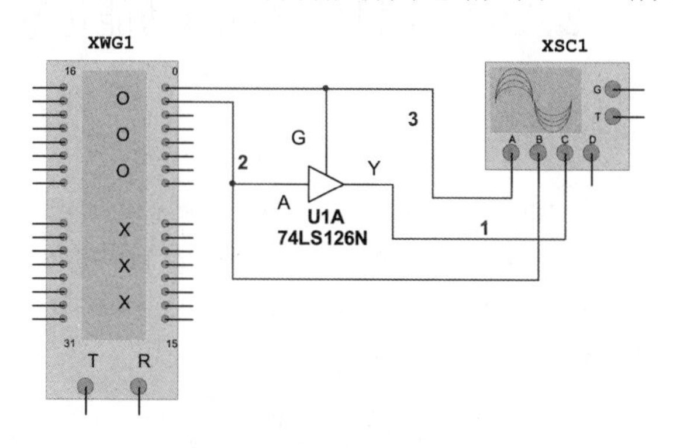

图 3-2-9　三态门逻辑功能仿真电路

双击字信号发生器的图标，打开其面板，在字信号编辑区以十六进制（Hex）依次输入 1、3、1、3、1、3、1、0、2、0、2、0、2、0 共 14 个字组数据，单击最后一个字组数据进行循环字组信号终止位置设置（Set Final Position），完成所有字组信号的设置；在 Frequency 选项区设置输出字信号的频率。

单击字信号发生器面板 Controls 选项区中的 Brust 按钮，电路仿真开始，字信号发生器从第一个字组开始逐个字组输出，直到终止位置字组信号。

双击四踪示波器的图标，打开其面板，显示波形如图 3-2-10 所示。四踪示波器显示的波形中，由上至下依次为工作方式控制信号 *G*、输入信号 *A*、输出函数 *Y* 的波形。

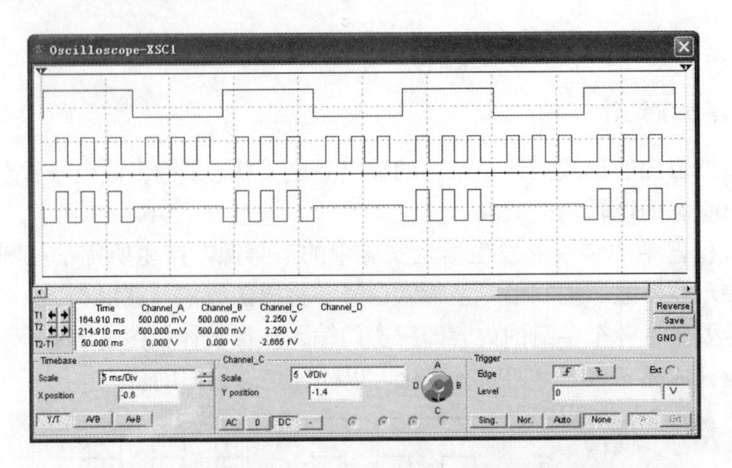

图 3-2-10　四踪示波器显示的三态门逻辑功能仿真波形

由图 3-2-10 可知，当 G=1 时，输出函数 Y 的波形与输入信号 A 的波形相同，表明 Y=A，三态门处于工作状态；当 G=0 时，输出函数 Y 的波形既不是高电平也不是低电平，而为高阻态，三态门处于禁止状态。

2.2　组合逻辑电路逻辑功能仿真

2.2.1　全加器逻辑功能的仿真

1. 全加器的逻辑功能

实现对被加数 A_i、加数 B_i 及来自低位的进位数 C_i 进行算术相加运算并产生本位和数 S_i、向高位的进位数 C_{i+1} 的电路称为 1 位全加器。

1 位全加器的逻辑表达式可表示为

$$\begin{cases} S_i = A_i \oplus B_i \oplus C_i \\ C_{i+1} = \overline{\overline{A_iB_i} \cdot \overline{A_iC_i} \cdot \overline{B_iC_i}} \end{cases}$$

2. 仿真方案设计

1）用异或门、与或非门、非门构成全加器并用集成全加器 74LS183 构建仿真电路，验证逻辑功能。

选择以单刀双掷开关方式产生全加器的输入信号，采用指示灯或 LED 显示输出状态。

2）选择以单刀双掷开关方式产生加法器的输入信号，采用指示灯或 LED 显示输出状态。

双掷开关接+5V 电压源为逻辑 1 输入，接地电压源为逻辑 0 输入；指示灯或 LED 亮表示逻辑 1，不亮表示逻辑 0。

3. 仿真电路构建及仿真运行

在 Multisim 10 中用异或门、与或非门、非门构成的全加器的逻辑功能仿真电路如图 3-2-11 所示。

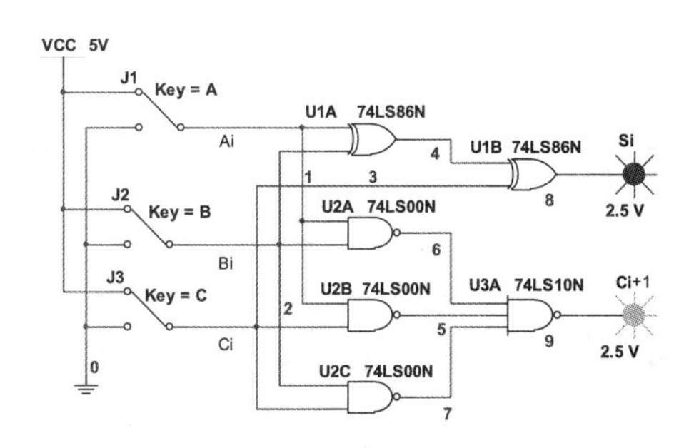

图 3-2-11　门构成的全加器逻辑功能仿真电路

单击仿真开关后，通过键盘上的 *A*、*B*、*C* 键改变开关的状态，在输入信号各种输入组合下，指示灯指示的输出状态符合全加器的功能。

2.2.2　二进制译码器逻辑功能的仿真

1. 二进制译码器的逻辑功能

译码器的输入信号为二进制代码，输出信号为对应输入二进制代码的十进制数。输出信号用高、低电平信号来表示十进制数。

74LS138 是低电平输出有效的集成 3 线-8 线二进制译码器。单击 Multisim 10 元器件工具栏中的 TTL 器件库或按 Ctrl+W 组合键，在弹出的对话框中的 Group 下拉列表框中选择 TTL，在 Family 列表框中选择 74LS 系列，在 Component 列表框中找出 74LS138N 并选中，如图 3-2-12 所示。

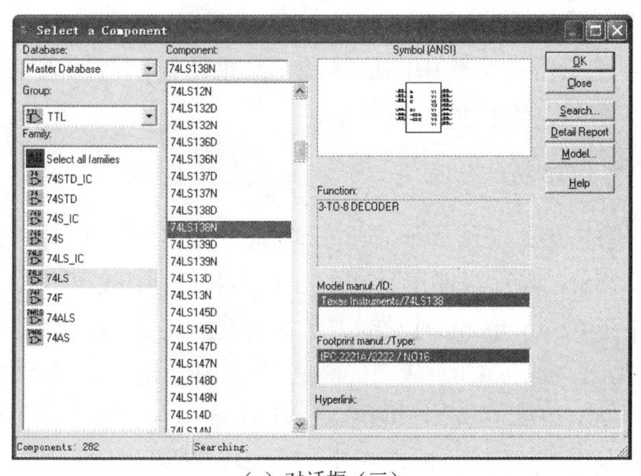

(a) 对话框（三）

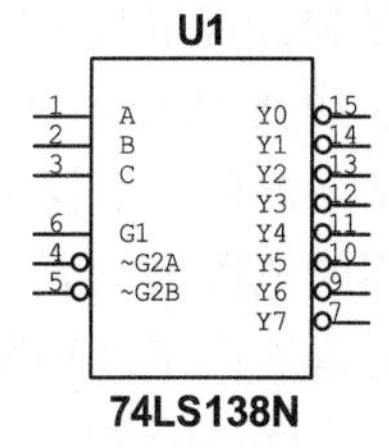

(b) 图形符号（三）

图 3-2-12　74LS138N 选择对话框及图形符号

双击 74LS138N 的图形符号，在弹出的属性对话框中单击右下角的 Info 按钮可调出 74LS138N 的特性表，如图 3-2-13 所示。

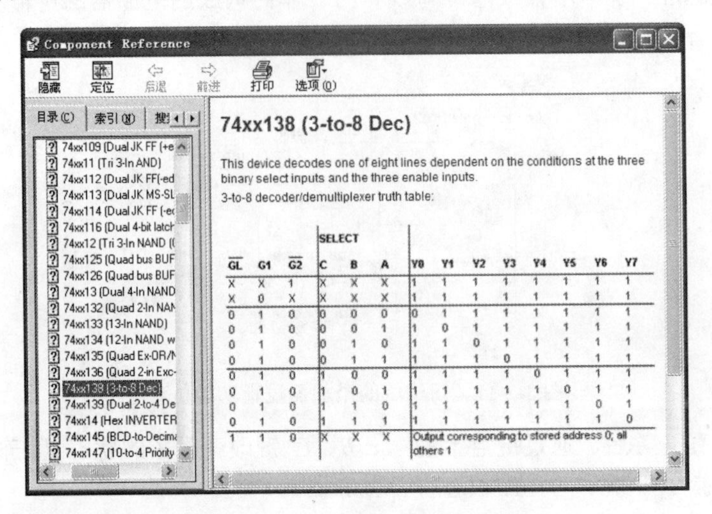

			SELECT										
$\overline{GL}$	G1	$\overline{G2}$	C	B	A	Y0	Y1	Y2	Y3	Y4	Y5	Y6	Y7
X	X	1	X	X	X	1	1	1	1	1	1	1	1
X	0	X	X	X	X	1	1	1	1	1	1	1	1
0	1	0	0	0	0	0	1	1	1	1	1	1	1
0	1	0	0	0	1	1	0	1	1	1	1	1	1
0	1	0	0	1	0	1	1	0	1	1	1	1	1
0	1	0	0	1	1	1	1	1	0	1	1	1	1
0	1	0	1	0	0	1	1	1	1	0	1	1	1
0	1	0	1	0	1	1	1	1	1	1	0	1	1
0	1	0	1	1	0	1	1	1	1	1	1	0	1
0	1	0	1	1	1	1	1	1	1	1	1	1	0
1	1	0	X	X	X	Output corresponding to stored address 0; all others 1							

图 3-2-13　74LS138N 特性表信息

74LS138N 译码器工作时输出逻辑表达式可表示成一般形式：

$$\overline{Y}_i = \overline{m}_i \qquad (i = 0 \sim 7)$$

式中，m_i 是地址输入变量 C、B、A 构成的最小项。

二进制译码器的特点是，每输入一组地址代码，多个输出端中仅一个输出端有信号输出。

2. 仿真方案设计

选择以波形图的形式描述 3 线-8 线译码器 74LS138N 不同输入信号作用下的译码输出状态变化行为，验证集成 3 线-8 线译码器 74LS138N 的逻辑功能。

用虚拟仪器中的字信号发生器做实验中的信号源，产生所需的各输入信号；用逻辑分析仪及指示灯显示各输入信号、输出信号的波形。

3. 集成 3 线-8 线译码器逻辑功能仿真电路的构建及仿真运行

在 Multisim 10 中构建集成 3 线-8 线译码器逻辑功能仿真电路，如图 3-2-14 所示。集成 3 线-8 线译码器 74LS138N 从元器件工具栏的 TTL 器件库中找出；指示灯从工具栏的指示器件库中找出，并在 Component 列表框中选择颜色；电压源及接地端从元器件工具栏的电源/信号源库中找出。或按 Ctrl+W 组合键调出选用元器件的对话框再找出相应的元器件；字信号发生器 XWG1、逻辑分析仪 XLA1 从虚拟仪器工具栏中找出。

双击字信号发生器的图标，打开其面板，在字信号编辑区以十六进制（Hex）依次输入 0、1、2、3、4、5、6、7 共八个字组数据，单击最后一个字组数据进行循环字组信号终止位置设置（Set Final Position），完成所有字组信号的设置；在 Frequency 选项区设置输出字信号的频率。

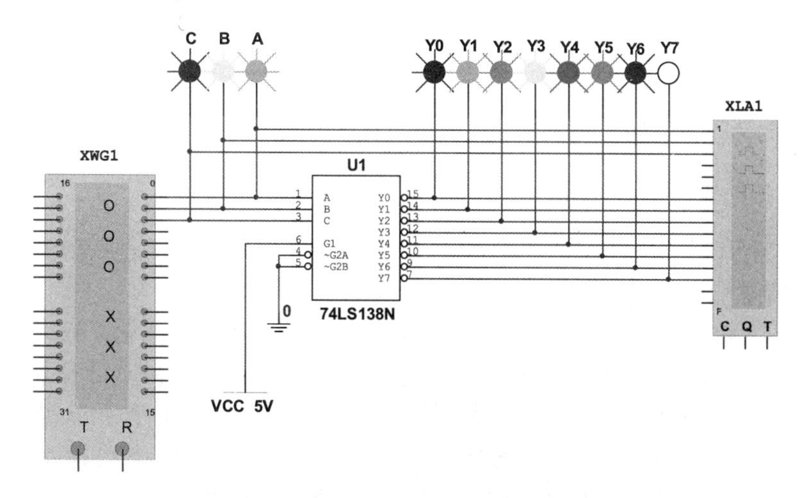

图 3-2-14　3 线-8 线译码器逻辑功能仿真电路

单击字信号发生器面板 Controls 选项区中的 Brust 按钮，电路仿真开始，字信号发生器从第一个字组开始逐个字组输出，直到终止位置字组信号。

双击逻辑分析仪 XLA1 的图标，打开其面板，显示波形如图 3-2-15 所示，在面板的 Clock 选项区通过 Clock/Div 数值框设置波形显示区每个水平刻度显示的时钟脉冲个数，需要与字信号发生器输出字信号的频率相互配合，使屏幕上显示一个周期的波形。

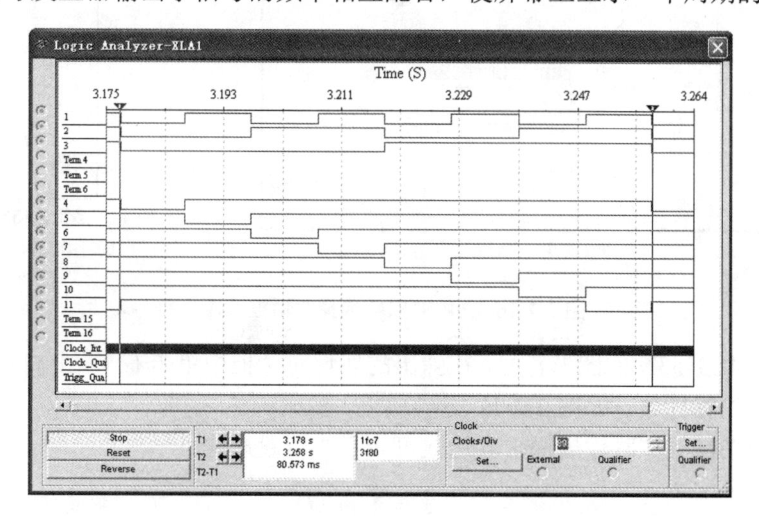

图 3-2-15　逻辑分析仪显示的 3 线-8 线译码器逻辑功能仿真波形

图 3-2-15 所示逻辑分析仪显示的波形中，“1”为地址输入信号 A 的波形，“2”为地址输入信号 B 的波形，“3”为地址输入信号 C 的波形，“4”～“11”为译码输出 $\overline{Y}_0 \sim \overline{Y}_7$

的波形。

图 3-2-15 显示的波形及指示灯显示的输出状态与图 2.2.3 所示 74LS138N 特性表的功能一致，即每输入一组地址代码译成一个十进制数，多个输出端中仅一个输出端有信号输出。

2.2.3 数据选择器逻辑功能的仿真

1. 数据选择器的逻辑功能

在选择控制信号（亦称地址输入信号）的作用下，从多个输入数据中选择一个作为输出信号的逻辑电路称为数据选择器。

74LS153 是集成双 4 选 1 数据选择器，内部有两个相同的 4 选 1 数据选择器，各有独立的选通控制端、数据输入端、输出端，有公用的地址输入端（选择控制端）。

单击 Multisim 10 元器件工具栏中的 TTL 器件库或按 Ctrl+W 组合键，在弹出的对话框中的 Group 下拉列表框中选择 TTL，在 Family 列表框中选择 74LS 系列，在 Component 列表框中找出 74LS153N 并选中，如图 3-2-16 所示。

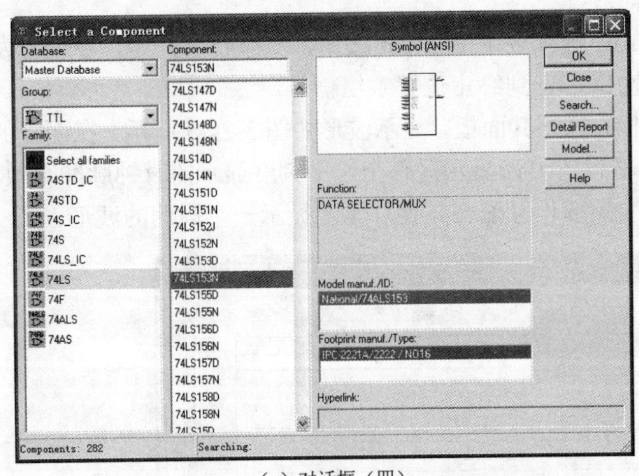

（a）对话框（四）

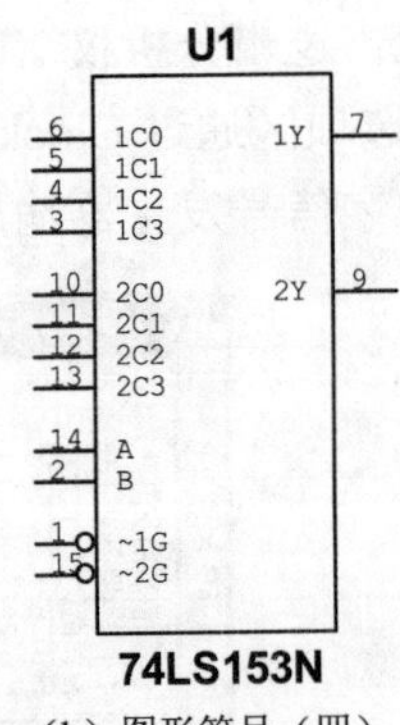

（b）图形符号（四）

图 3-2-16 74LS153N 选择对话框及图形符号

双击 74LS153N 的图形符号，在弹出的属性对话框中单击右下角的 Info 按钮可调出 74LS153N 的特性表，如图 3-2-17 所示。

74LS153N 工作时输出逻辑表达式可表示成一般形式：

$$Y = \sum_{i=0}^{3} m_i \cdot D_i$$

式中，m_i 是地址输入变量 B、A 构成的最小项。

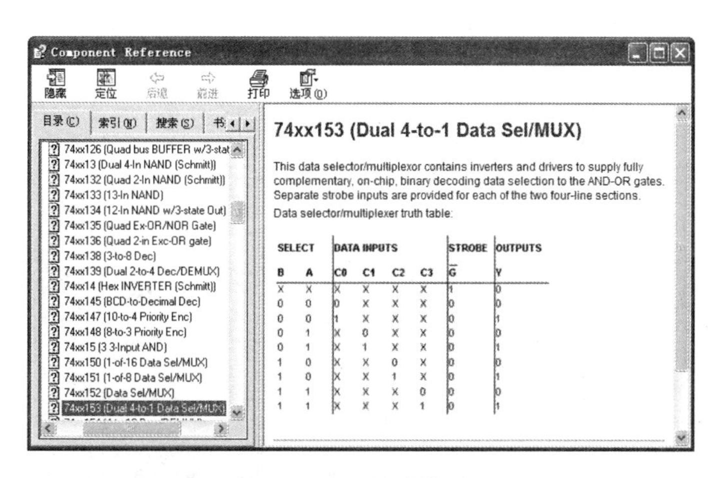

SELECT		DATA INPUTS				STROBE	OUTPUTS
B	A	C0	C1	C2	C3	$\overline{G}$	Y
X	X	X	X	X	X	1	0
0	0	0	X	X	X	0	0
0	0	1	X	X	X	0	1
0	1	X	0	X	X	0	0
0	1	X	1	X	X	0	1
1	0	X	X	0	X	0	0
1	0	X	X	1	X	0	1
1	1	X	X	X	0	0	0
1	1	X	X	X	1	0	1

图 3-2-17　74LS153N 特性表信息

2. *仿真方案设计*

选择以波形图的形式描述 4 选 1 数据选择器 74LS153 不同地址输入信号作用下的数据选择过程，验证集成 4 选 1 数据选择器 74LS153 的逻辑功能。

用虚拟仪器中的字信号发生器做实验中的信号源，产生所需的各个数据输入信号，用逻辑分析仪显示输入信号、输出函数信号波形。

字信号发生器各个字组的内容反映数据选择器不同数据输入端的输入情况，输入波形设计如图 3-2-18 所示。

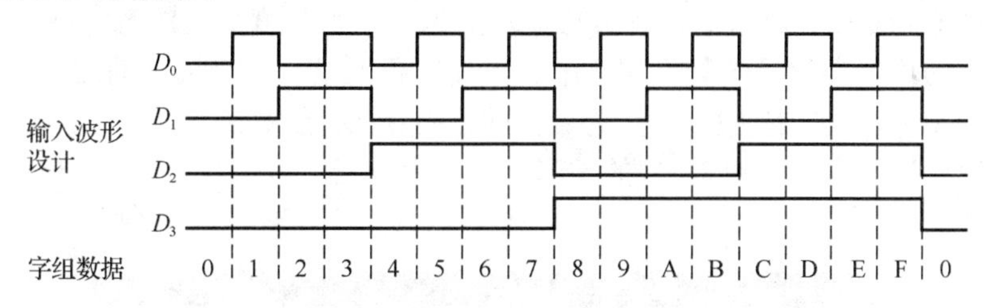

图 3-2-18　数据选择器输入波形设计及字组数据

3. *仿真电路构建及仿真运行*

在 Multisim 10 中构建集成 4 选 1 数据选择器逻辑功能仿真电路，如图 3-2-19 所示。集成 4 选 1 数据选择器 74LS153N 从元器件工具栏的 TTL 器件库中找出；电压源及接地端从元器件工具栏的电源/信号源库中找出；单刀双掷开关从元器件工具栏的基本元器件库找出，或按 Ctrl+W 组合键调出选用元器件的对话框再找出相应的元器件；字信号发生器 XWG1、逻辑分析仪 XLA1 从虚拟仪器工具栏中找出。

双击字信号发生器的图标，打开其面板，在字信号编辑区以十六进制（Hex）依次输入 0、1、2、3、4、5、6、7、8、9、A、B、C、D、E、F、0 共 17 个字组数据，单击最后一个字组数据进行循环字组信号终止位置设置（Set Final Position），完成所有字组信号的设置；在 Frequency 选项区设置输出字信号的频率。

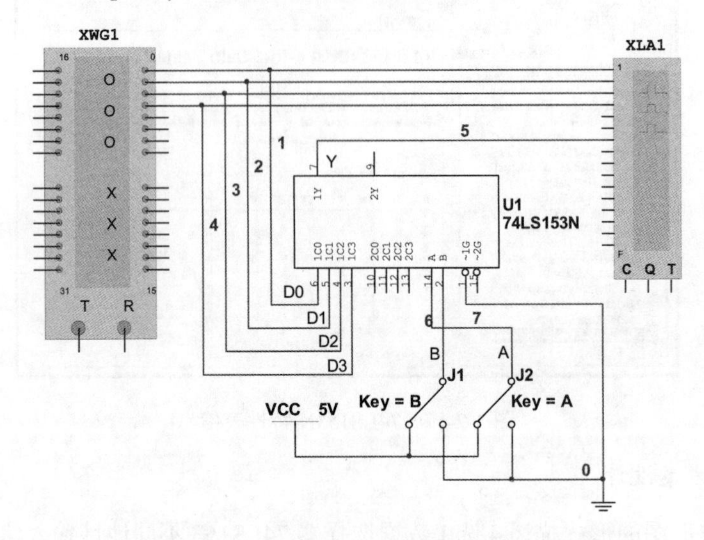

图 3-2-19　4 选 1 数据选择器逻辑功能仿真电路

单击字信号发生器面板 Controls 选项区中的 Brust 按钮，电路仿真开始，字信号发生器从第一个字组开始逐个字组输出，直到终止位置字组信号。

由开关控制数据选择器的选择控制端 BA 分别为 00、01、10 及 11，双击逻辑分析仪 XLA1 的图标，打开其面板，显示波形如图 3-2-20～图 3-2-23 所示。在面板的 Clock 选项区通过 Clock/Div 数值框设置波形显示区每个水平刻度显示的时钟脉冲个数，需与字信号发生器输出字信号的频率相互配合，使屏幕上显示一个周期的波形。

图 3-2-20～图 3-2-23 中，“1”为数据输入变量 D_0 的波形，“2”为数据输入变量 D_1 的波形，“3”为数据输入变量 D_2 的波形，“4”为数据输入变量 D_3 的波形，“5”为输出函数 Y 的波形。

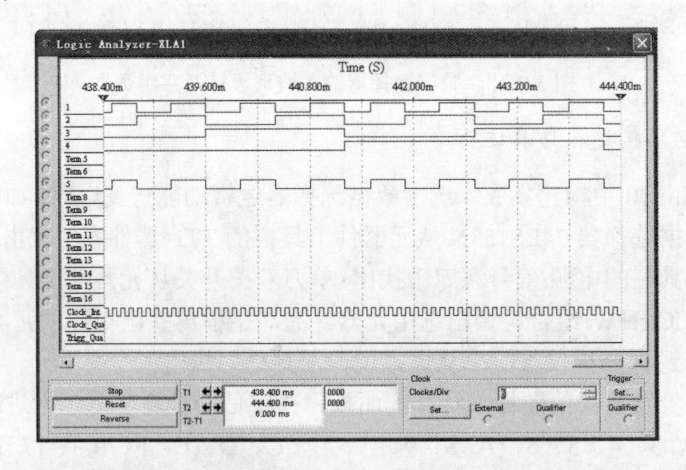

图 3-2-20　逻辑分析仪显示的 BA=00 时的仿真波形

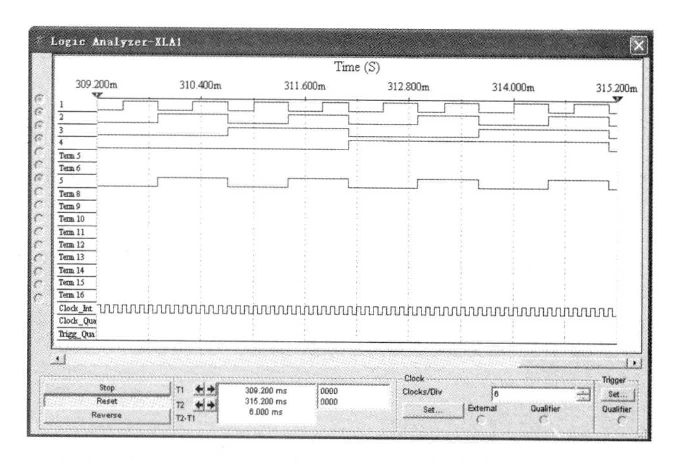

图 3-2-21　逻辑分析仪显示的 BA=01 时的仿真波形

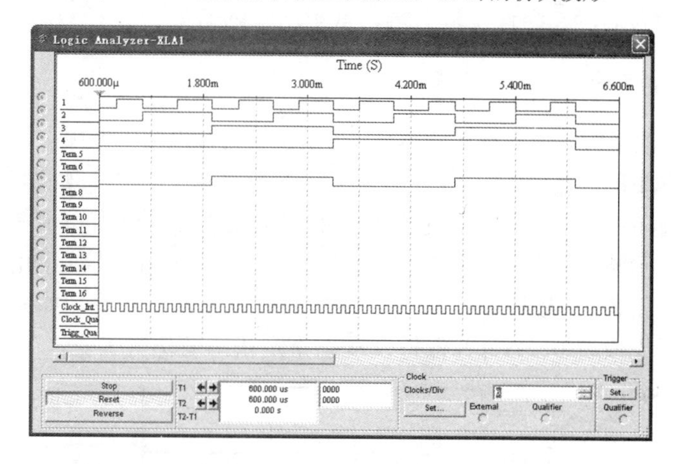

图 3-2-22　逻辑分析仪显示的 BA=10 时的仿真波形

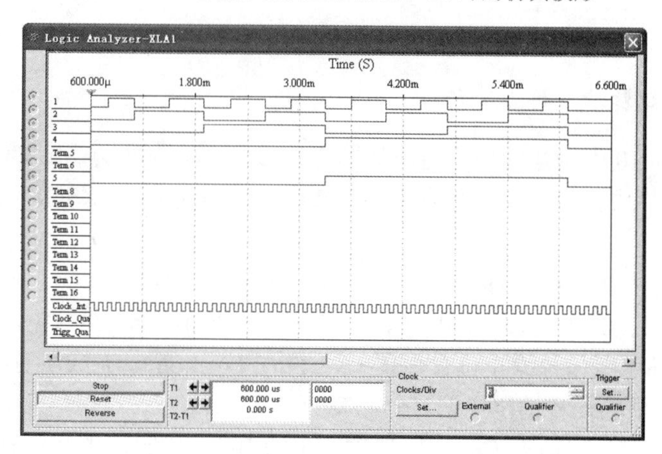

图 3-2-23　逻辑分析仪显示的 BA=11 时的仿真波形

BA=00 时，输出函数 Y 的波形和输入变量 D_0 的波形相同，实现选择 D_0 作为输出；BA=01 时，输出函数 Y 的波形和输入变量 D_1 的波形相同，实现选择 D_1 作为输出；BA=10 时，输出函数 Y 的波形和输入变量 D_2 的波形相同，实现选择 D_2 作为输出；BA=11 时，输出函数 Y 的波形和输入变量 D_3 的波形相同，实现选择 D_3 作为输出。

2.3 触发器电路逻辑功能仿真

2.3.1 与非门组成基本 RS 触发器逻辑功能的仿真

1. 与非门组成基本 RS 触发器的特性

与非门组成基本 RS 触发器是具有置 0、置 1 功能及不确定输出状态的触发器。$\overline{R}$ 为置 0 输入端，$\overline{S}$ 为置 1 输入端，低电平输入有效；Q 和 $\overline{Q}$ 为状态输出端。

2. 仿真方案设计

选择以时序波形图的形式描述基本 RS 触发器不同输入信号作用下的状态变化行为。

用虚拟仪器中的字信号发生器做仿真实验中的信号源，产生所需的各种输入信号，根据触发器的置 0、置 1、保持及次态不定的状态变化行为确定字信号发生器各个字组的内容；用四踪示波器显示 $\overline{R}$、$\overline{S}$ 输入信号及 Q、$\overline{Q}$ 状态输出信号的波形。

字信号发生器各个字组的内容即基本 RS 触发器输入波形设计如图 3-2-24 所示，输入信号使触发器完成置 0、置 1、保持及次态不定状态变化行为。

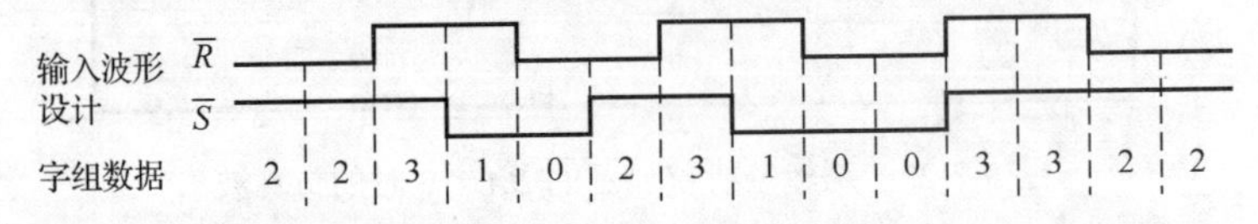

图 3-2-24 与非门构成的基本 RS 触发器逻辑关系仿真的输入波形设计及字组数据

3. 仿真电路构建及仿真运行

在 Multisim 10 中构建的仿真电路如图 3-2-25 所示。与非门 74LS00N 从元器件工具栏的 TTL 器件库中找出；字信号发生器 XWG1、四踪示波器 XSC1 从虚拟仪器工具栏中找出。

双击字信号发生器的图标，打开其面板，在字信号编辑区以十六进制（Hex）依次输入 2、2、3、1、0、2、3、1、0、0、3、3、2、2 共 14 个字组数据，单击最后一个字组数据进行循环字组信号终止位置设置（Set Final Position），完成所有字组信号的设置；在 Frequency 选项区设置输出字信号的频率。

单击字信号发生器面板 Controls 选项区中的 Brust 按钮，电路仿真开始，字信号发生器从第一个字组开始逐个字组输出，直到终止位置字组信号。

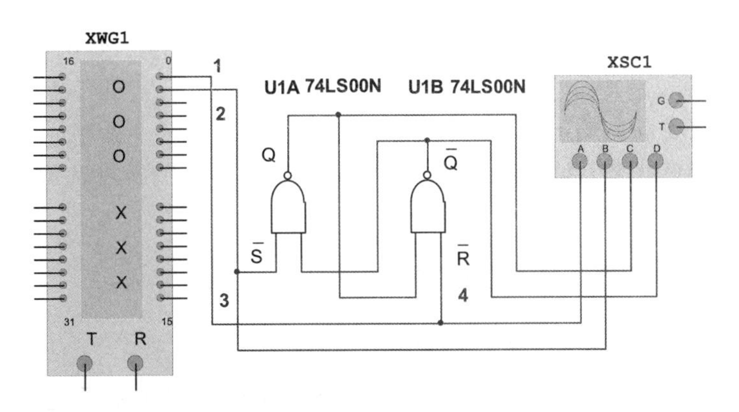

图 3-2-25　与非门组成的基本 RS 触发器逻辑功能仿真电路

双击四踪示波器的图标，打开其面板，显示波形如图 3-2-26 所示。在 Channel 选项区，通过通道选择旋钮调整各通道波形的位置及显示幅度，各通道均设置为 DC 耦合方式；在 Timebase 选项区设置显示波形的时间基准（Scale）、Y/T 显示方式。

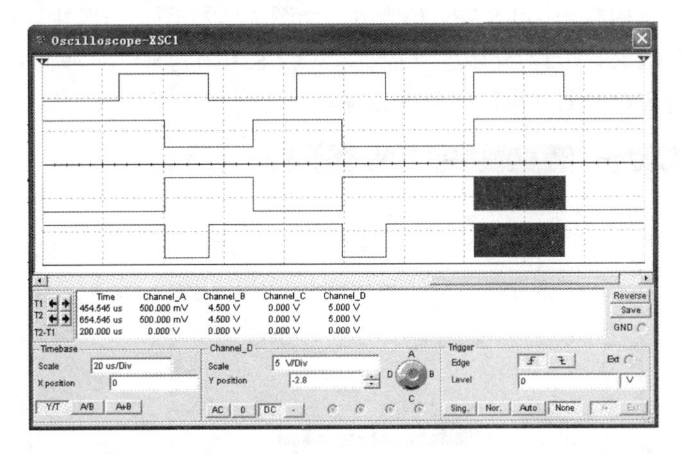

图 3-2-26　四踪示波器显示的与非门组成的基本 RS 触发器逻辑功能仿真波形

字信号发生器输出字信号的频率、四踪示波器显示波形的时间基准需相互配合，使屏幕上显示一个周期的波形。

4. 仿真结果分析

图 3-2-26 所示四踪示波器显示的波形中，由上至下依次为置 0 输入信号$\overline{R}$、置 1 输入信号$\overline{S}$、状态输出信号Q和$\overline{Q}$的波形。

从左至右观察图 3-2-26 可看出：第 1 组输入为$\overline{R}$=0、$\overline{S}$=1，状态输出为Q=0、$\overline{Q}$=1，实现置 0 功能；第 2 组输入为$\overline{R}$=1、$\overline{S}$=1，状态输出为Q=0、$\overline{Q}$=1，实现保持功能；第 3 组输入为$\overline{R}$=1、$\overline{S}$=0，状态输出为Q=1、$\overline{Q}$=0，实现置 1 功能；第 4 组输入为$\overline{R}$=0、$\overline{S}$=0，状态输出为Q=1、$\overline{Q}$=1，状态不互反；第 5 组输入为$\overline{R}$=0、$\overline{S}$=1，状态输出为Q=0、

$\overline{Q}$=1，实现置 0 功能；第 6 组输入为$\overline{R}$=1、$\overline{S}$=1，状态输出为Q=0、$\overline{Q}$=1，实现保持功能；第 7 组输入为$\overline{R}$=1、$\overline{S}$=0，状态输出为Q=1、$\overline{Q}$=0，实现置 1 功能；第 8 组输入为$\overline{R}$=0、$\overline{S}$=0，状态输出为Q=1、$\overline{Q}$=1，状态不互反；第 9 组输入为$\overline{S}$=1、$\overline{R}$=1，状态输出为不确定状态；第 10 组输入为$\overline{R}$=0、$\overline{S}$=1，状态输出为Q=0、$\overline{Q}$=1，实现置 0 功能。

2.3.2　维持阻塞 D 触发器逻辑功能的仿真

1. 维持阻塞 D 触发器的特性

维持阻塞 D 触发器是利用电路内部的反馈维持正常输出状态，阻塞出现相反输出状态的边沿触发器。

74LS74 是集成维持阻塞 D 触发器，内部集成了两个独立的维持阻塞 D 触发器。

单击 Multisim 10 元器件工具栏中的 TTL 器件库或按 Ctrl+W 组合键，在弹出的对话框中的 Group 下拉列表框中选择 TTL，在 Family 列表框中选择 74LS 系列，在 Component 列表框中找出 74LS74N 并选中，如图 3-2-27 所示。其中，～PR($\overline{S}_D$)为异步置 1 控制端，～CLR ($\overline{R}_D$)为异步置 0 控制端，CLK(CP)为时钟脉冲输入端，D 为信号输入端，Q 和～Q（$\overline{Q}$）为互反的状态输出端。

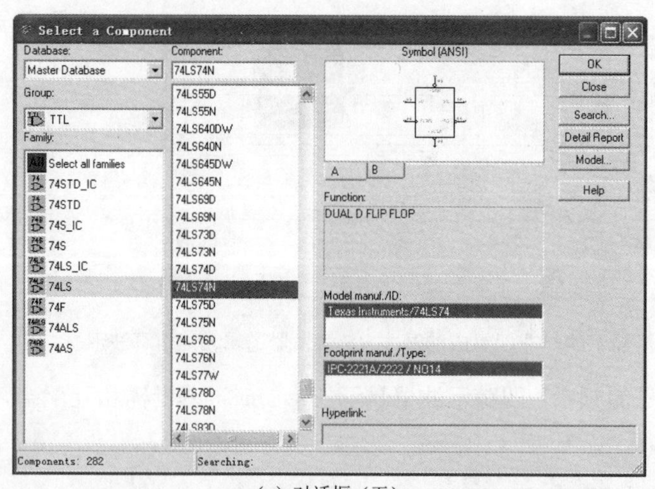

（a）对话框（五）

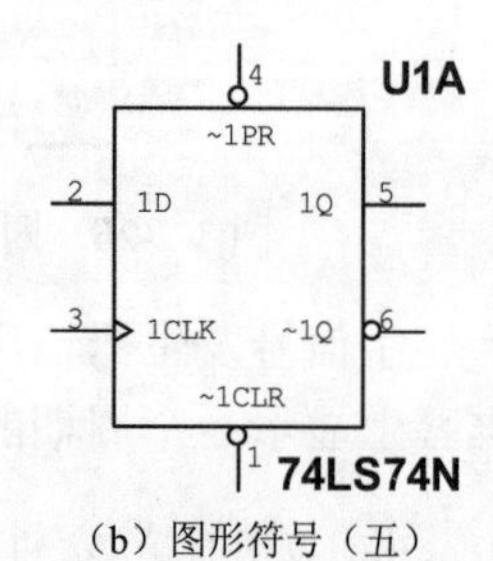

（b）图形符号（五）

图 3-2-27　74LS74N 选择对话框及图形符号

双击 74LS74N 的图形符号，在弹出的属性对话框中单击右下角的 Info 按钮可调出 74LS74N 的特性表，如图 3-2-28 所示。

表示 D 触发器逻辑功能的特性方程为

$$Q^{n+1} = D$$

触发器的状态变化特点是，在时钟脉冲 CLK(CP)的上升沿接收输入信号并改变状态，在 CLK(CP)的其他期间状态不变。触发方式为维持阻塞触发，亦称上升沿触发。

Component Reference

隐藏 定位 后退 前进 打印 选项(O)

目录(C) 索引(N) 搜索(S)

74xx55 (2-wide 4-In AND-OR-INV
74xx573 (Octal D-type Latch)
74xx574 (Octal D-type Flip-Flop)
74xx640 (Octal Bus Transceiver)
74xx645 (Octal Bus Transceiver)
74xx69 (Dual 4-bit Binary Counter
74xx72 (AND-gated JK MS-SLV F
74xx73 (Dual JK FF (clr))
74xx74 (Dual D-type FF (pre, clr))
74xx75 (4-bit Bistable Latches)
74xx76 (Dual JK FF (pre, clr))
74xx77 (4-bit Bistable Latches)
74xx78 (Dual JK FF (pre, com clk

74xx74 (Dual D-type FF (pre, clr))

This device is equipped with active-low preset and active-low clear inputs.

D-type positive-edge-triggered flip-flop truth table:

$\overline{PRE}$	$\overline{CLR}$	CLK	D	Q	$\overline{Q}$
0	1	X	X	1	0
1	0	X	X	0	1
0	0	X	X	1	1
1	1	·	1	1	0
1	1	·	0	0	1
1	1	0	X	Hold	

· = positive edge-triggered

图 3-2-28 74LS74N 特性表信息

2. 仿真方案设计

选择以时序波形图的形式描述维持阻塞 D 触发器在时钟脉冲 CLK(CP)的上升沿接收输入信号并改变状态，在 CLK(CP)的其他期间状态不变的状态变化行为。

用虚拟仪器中的字信号发生器做仿真实验中的信号源，产生所需的各种输入信号，根据触发器的状态变化特点及逻辑功能确定字信号发生器各个字组的内容；用逻辑分析仪同步显示时钟脉冲信号 CP、输入信号 D、异步置零信号 $\overline{R}_D$、状态输出信号 Q 及 $\overline{Q}$ 的波形，$\overline{R}_D$ 用于设置 $Q=0$ 的初始状态。

字信号发生器各个字组的内容即维持阻塞 D 触发器输入波形设计如图 3-2-29 所示，其中，D 输入信号设计成在 CP 上升沿时刻不变，在 CP=0 及 CP=1 期间有变化，以验证上升沿触发方式的状态变化特点。

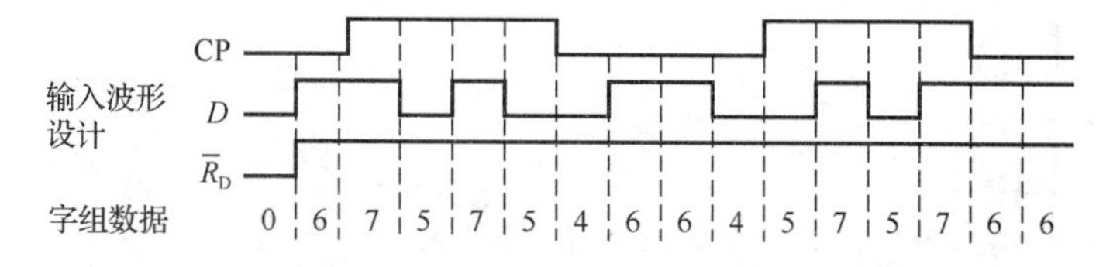

图 3-2-29 维持阻塞 D 触发器逻辑关系仿真的输入波形设计及字组数据

3. 仿真电路构建及仿真运行

在 Multisim 10 中构建的仿真电路如图 3-2-30 所示。维持阻塞 D 触发器 74LS74N 从元器件工具栏的 TTL 器件库中找出；字信号发生器 XWG1、逻辑分析仪 XLA1 从虚拟仪器工具栏中找出。

双击字信号发生器的图标，打开其面板，在字信号编辑区以十六进制（Hex）依次输入 0、6、7、5、7、5、4、6、6、4、5、7、5、7、6、6 共 16 个字组数据，单击最后一个字组数据进行循环字组信号终止位置设置（Set Final Position），完成所有字组信号的设置；在 Frequency 选项区设置输出字信号的频率。

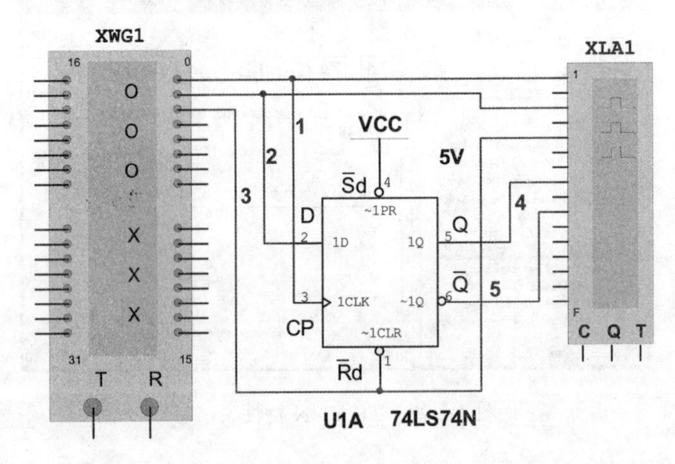

图 3-2-30　维持阻塞 D 触发器逻辑功能仿真电路

单击字信号发生器面板 Controls 选项区中的 Brust 按钮，电路仿真开始，字信号发生器从第一个字组开始逐个字组输出，直到终止位置字组信号。

双击逻辑分析仪 XLA1 的图标，打开其面板，显示波形如图 3-2-31 所示，在面板的 Clock 选项区通过 Clock/Div 数值框设置波形显示区每个水平刻度显示的时钟脉冲个数，需与字信号发生器输出字信号的频率相互配合，使屏幕上显示一个周期的波形。

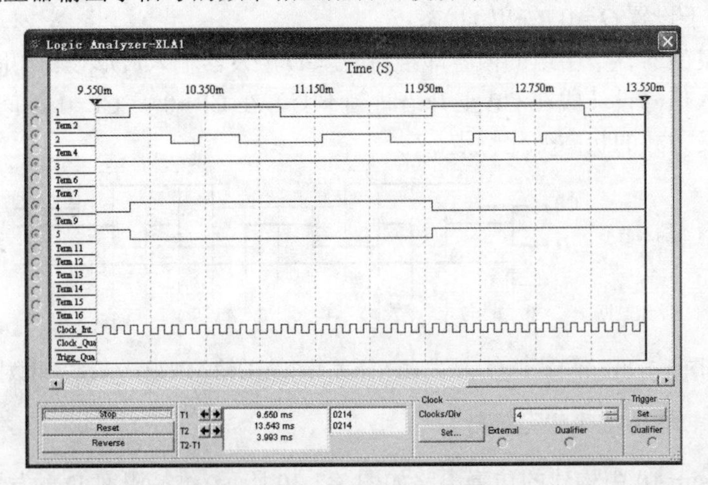

图 3-2-31　逻辑分析仪显示的维持阻塞 D 触发器逻辑功能仿真波形

4. 仿真结果分析

图 3-2-31 所示逻辑分析仪显示的波形中，“1”为时钟脉冲 CP 的波形，“2”为输入信号 D 的波形，“3”为异步置 0 输入信号 $\overline{R}_D$ 的波形，“4”为状态输出 Q 的波形，“5”

为状态输出 $\overline{Q}$ 的波形。

由图 3-2-31 可知，$\overline{R}_{\mathrm{D}}=0$ 时将触发器初始状态设置为 0；$\overline{R}_{\mathrm{D}}=1$ 期间，当时钟脉冲的上升沿到来后，D 触发器输出端 Q 的状态与输入端 D 相同，按特性方程的规律改变状态，$\overline{Q}$ 端与输入端 D 相反；而在 CP 其他期间无论输入端 D 信号如何变化，触发器的状态保持不变。

图 3-2-31 显示的波形与图 3-2-28 所示 74LS74N 特性表、特性方程表达式的功能一致。

2.3.3　负边沿 JK 触发器逻辑功能的仿真

1. 负边沿 JK 触发器的特性

TTL 负边沿 JK 触发器是利用门的延迟时间实现在 CP 的下降沿接收输入信号并改变状态的边沿触发器。

74LS112 是集成负边沿 JK 触发器，内部集成了两个独立的负边沿 JK 触发器。

单击 Multisim 10 元器件工具栏中的 TTL 器件库或按 Ctrl+W 组合键，在弹出的对话框中的 Group 下拉列表框中选择 TTL，在 Family 列表框中选择 74LS 系列，在 Component 列表框中找出 74LS112N 并选中，如图 3-2-32 所示。其中，～PR($\overline{S}_{\mathrm{D}}$)为异步置 1 控制端，～CLR($\overline{R}_{\mathrm{D}}$)为异步置 0 控制端，CLK(CP)为时钟脉冲输入端，J 和 K 为信号输入端，Q 和～Q（$\overline{Q}$）为互反的状态输出端。

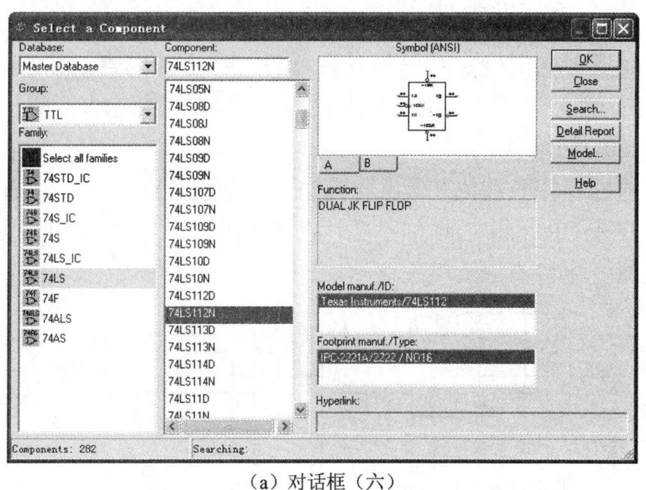

（a）对话框（六）

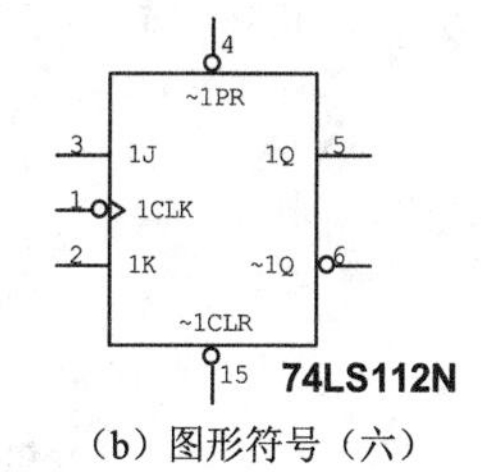

（b）图形符号（六）

图 3-2-32　74LS112N 选择对话框及图形符号

双击 74LS112N 的图形符号，在弹出的属性对话框中单击右下角的 Info 按钮可调出 74LS112N 的特性表，如图 3-2-33 所示。

表示 JK 触发器逻辑功能的特性方程为

$$Q^{n+1} = J\overline{Q}^n + \overline{K}Q^n$$

触发器的状态变化特点是，在时钟脉冲 CLK(CP)的下降沿接收输入信号并改变状态，在 CLK(CP)的其他期间状态不变。触发方式为负边沿触发，亦称下降沿触发。

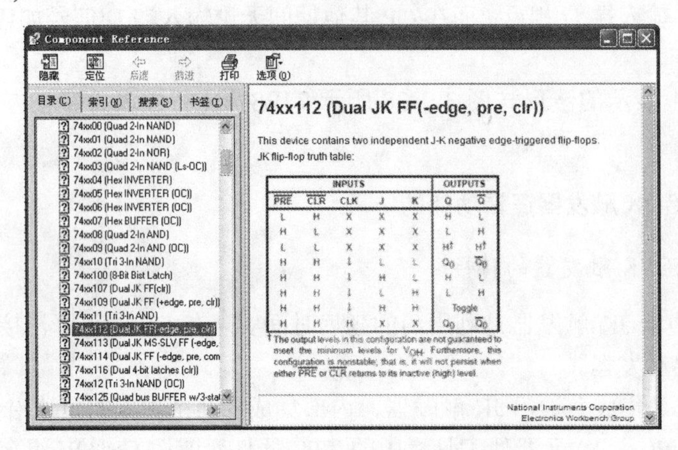

图 3-2-33　74LS112N 特性表信息

2. 仿真方案设计

选择以时序波形图的形式描述负边沿 JK 触发器在时钟脉冲 CLK(CP)的下降沿接收输入信号并改变状态，在 CLK(CP)的其他期间状态不变的状态变化行为。

用虚拟仪器中的字信号发生器做仿真实验中的信号源，产生所需的各种输入信号，根据触发器的状态变化特点及逻辑功能确定字信号发生器各个字组的内容；用逻辑分析仪同步显示时钟脉冲信号 CP、输入信号 J 和 K、异步置零信号 $\overline{R}_D$、状态输出信号 Q 及 $\overline{Q}$ 的波形，$\overline{R}_D$ 用于设置 $Q=0$ 的初始状态。

字信号发生器各个字组的内容即负边沿 JK 触发器输入波形设计如图 3-2-34 所示，其中，J 和 K 输入信号设计成在 CP 下降沿时刻不变，在 CP=0 及 CP=1 期间有变化，以验证下降沿触发方式的状态变化特点。

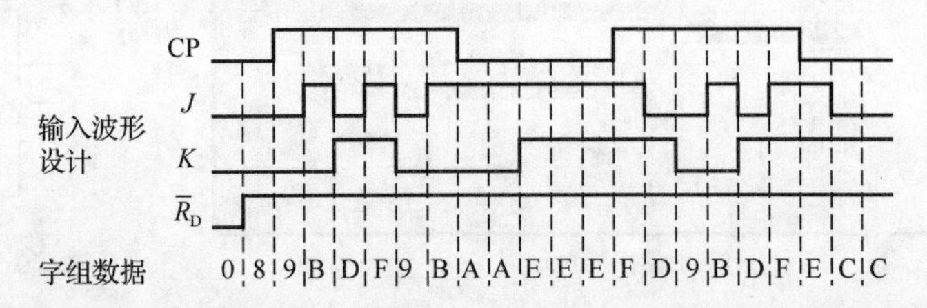

图 3-2-34　负边沿 JK 触发器逻辑关系仿真的输入波形设计及字组数据

3. 仿真电路构建及仿真运行

在 Multisim 10 中构建的仿真电路如图 3-2-35 所示。负边沿 JK 触发器 74LS112N 从元器件工具栏的 TTL 器件库中找出；字信号发生器 XWG1、逻辑分析仪 XLA1 从虚拟仪器工具栏中找出。

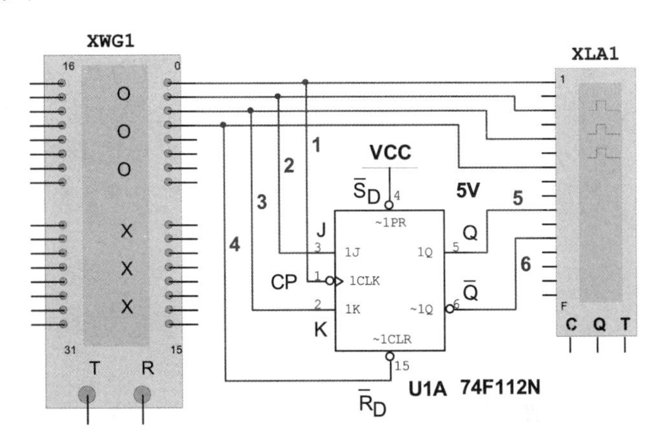

图 3-2-35　负边沿 JK 触发器逻辑功能仿真电路

双击字信号发生器的图标，打开其面板，在字信号编辑区以十六进制（Hex）依次输入 0、8、9、B、D、F、9、B、A、A、E、E、E、F、D、9、B、D、F、E、C、C 共 22 个字组数据，单击最后一个字组数据进行循环字组信号终止位置设置（Set Final Position），完成所有字组信号的设置；在 Frequency 选项区设置输出字信号的频率。

单击字信号发生器面板 Controls 选项区中的 Brust 按钮，电路仿真开始，字信号发生器从第一个字组开始逐个字组输出，直到终止位置字组信号。

双击逻辑分析仪 XLA1 的图标，打开其面板，显示波形如图 3-2-36 所示，在面板的 Clock 选项区通过 Clock/Div 数值框设置波形显示区每个水平刻度显示的时钟脉冲个数，需要与字信号发生器输出字信号的频率相互配合，使屏幕上显示一个周期的波形。

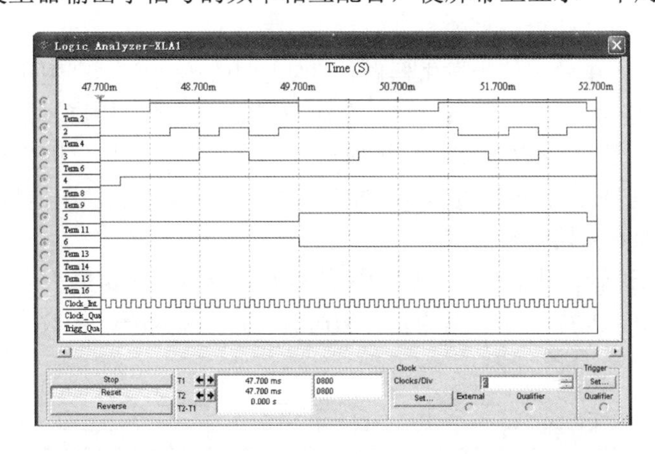

图 3-2-36　逻辑分析仪显示的负边沿 JK 触发器逻辑功能仿真波形

4. 仿真结果分析

图 3-2-36 所示逻辑分析仪显示的波形中，“1”为时钟脉冲 CP 的波形，“2”为输入

J 的波形，“3”为输入 K 的波形，“4”为异步置 0 输入信号 $\overline{R}_D$ 的波形，“5”为状态输出 Q 的波形，“6”为状态输出 $\overline{Q}$ 的波形。

由图 3-2-36 可知，$\overline{R}_D=0$ 时，将触发器初始状态设置为 0。$\overline{R}_D=1$ 期间，在 CP 下降沿处，若 $Q^n=0$，则 $Q^{n+1}=J$；若 $Q^n=1$，则 $Q^{n+1}=\overline{K}$，与特性方程的规律相符，而在 CP 其他期间无论输入 J、K 信号如何变化，触发器的状态保持不变。Q、$\overline{Q}$ 端状态互反。

图 3-2-36 显示的波形与图 3-2-33 所示 74LS112N 特性表、特性方程表达式的功能一致。

2.4　时序逻辑电路逻辑功能仿真

2.4.1　同步计数器逻辑功能的仿真

1. 同步计数器的特性

同步计数器设置统一的时钟，即计数时钟脉冲 CP 接至所有触发器的时钟端，使应改变状态的触发器同时改变状态。

2. 仿真方案设计

1）仿真分析由两个上升沿 D 触发器附加门电路构成自然数序加法规律计数的同步 2 位二进制计数器。

2）仿真分析由三个下降沿 JK 触发器附加门电路构成自然数序加法规律计数的同步七进制计数器。

3）选择以时序图的形式描述计数器在计数时钟脉冲 CP 上升沿或下降沿改变状态的状态变化行为及进位输出信号的有效时刻。

选用虚拟仪器中的字信号发生器做仿真实验中的信号源，产生所需的计数时钟脉冲 CP 及异步置零信号 $\overline{R}_D$，以便于控制一个计数周期的计数时钟脉冲的产生，便于控制计数时钟脉冲 CP 及异步置零信号 $\overline{R}_D$ 的时序关系；用逻辑分析仪同步显示计数时钟脉冲 CP、异步置零信号 $\overline{R}_D$、各触发器 Q 端状态输出信号及进位输出信号 Y，$\overline{R}_D$ 用于设置从 0 开始计数的 0 初始状态。

同步 2 位二进制计数器仿真电路的字信号发生器各个字组的内容即计数器的输入信号波形设计如图 3-2-37 所示。其中，计数时钟脉冲 CP 为一个计数周期四个波形，异步置零信号 $\overline{R}_D$ 仅在起始时刻为 0。

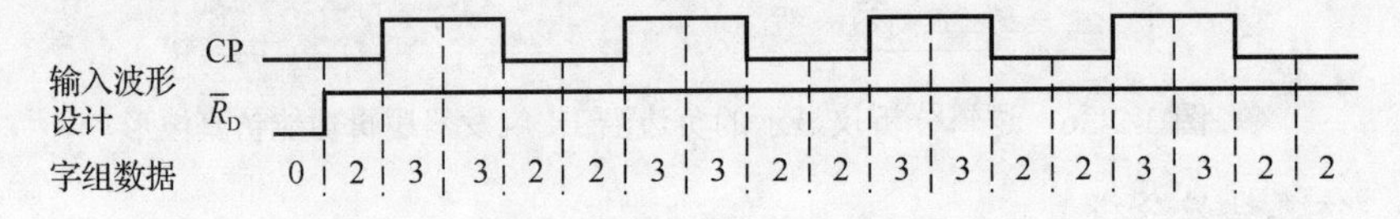

图 3-2-37　同步 2 位二进制计数器逻辑功能仿真的输入波形设计及字组数据

同步七进制计数器仿真电路的字信号发生器各个字组的内容即计数器的输入信号波形设计如图 3-2-38 所示。其中，计数时钟脉冲 CP 为一个计数周期七个波形，异步置零信号 $\overline{R}_D$ 仅在起始时刻为 0。

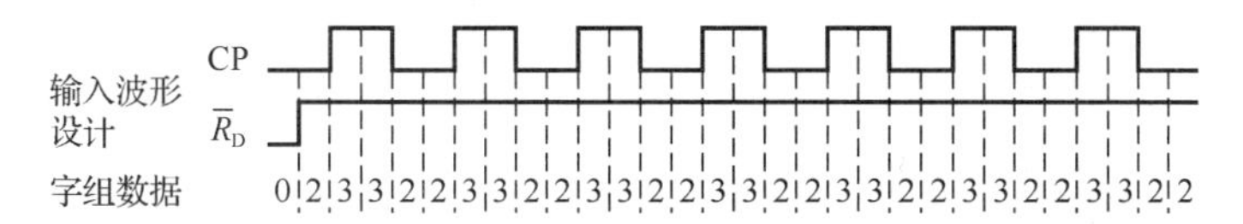

图 3-2-38　同步七进制计数器逻辑功能仿真的输入波形设计及字组数据

3．仿真电路构建及仿真运行

（1）同步 2 位二进制计数器的构建及仿真运行

在 Multisim 10 中构建同步 2 位二进制加法计数器的仿真电路，如图 3-2-39 所示。上升沿 D 触发器 74LS74N、与门 74LS08N、异或门 74LS86N 从元器件工具栏中的 TTL 器件库中找出；电压源从元器件工具栏的电源/信号源库中找出；或按 Ctrl+W 组合键调出选用元器件的对话框再找出相应的元器件；字信号发生器 XWG1、逻辑分析仪 XLA1 从虚拟仪器工具栏中找出。

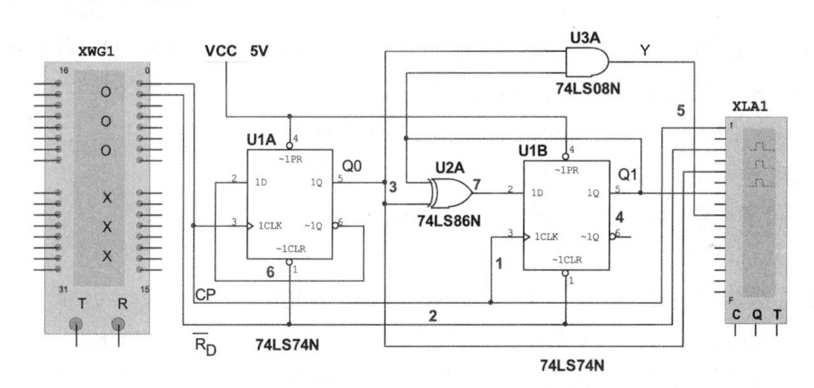

图 3-2-39　同步 2 位二进制加法计数器仿真电路

双击字信号发生器的图标，打开其面板，在字信号编辑区以十六进制（Hex）依次输入 0、2、3、3、2、2、3、3、2、2、3、3、2、2、3、3、2、2 共 18 个字组数据，单击最后一个字组数据进行循环字组信号终止位置设置（Set Final Position），完成所有字组信号的设置；在 Frequency 选项区设置输出字信号的频率。

单击字信号发生器面板 Controls 选项区中的 Brust 按钮，电路仿真开始，字信号发生器从第一个字组开始逐个字组输出，直到终止位置字组信号。

双击逻辑分析仪 XLA1 的图标，打开其面板，显示波形如图 3-2-40 所示，在面板的 Clock 选项区通过 Clock/Div 数值框设置波形显示区每个水平刻度显示的时钟脉冲个数，需要与字信号发生器输出字信号的频率相互配合，使屏幕上显示一个计数周期的波形。

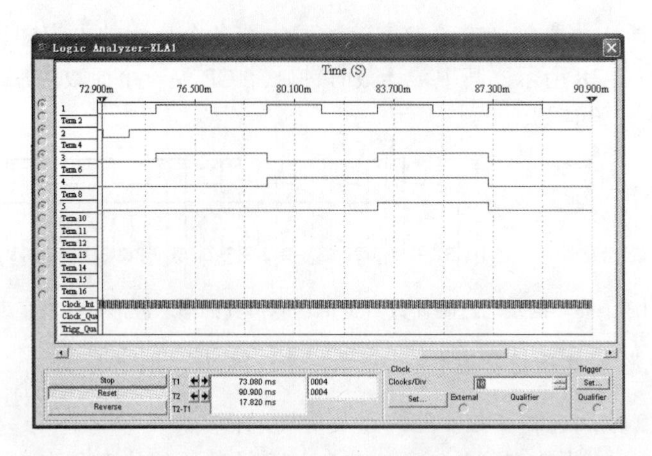

图 3-2-40　逻辑分析仪显示的同步 2 位二进制加法计数器仿真时序波形

图 3-2-40 所示逻辑分析仪显示的波形中，“1”为计数时钟脉冲 CP 的波形，“2”为异步置 0 信号 $\overline{R}_D$ 的波形，“3”为状态输出 Q_0 的波形，“4”为状态输出 Q_1 的波形，“5”为进位输出 Y 的波形。

由图 3-2-40 可知，$\overline{R}_D$=0 时将各触发器初始状态均设置为 0，计数器从 00 状态开始计数；$\overline{R}_D$=1 期间，在计数时钟脉冲 CP 作用下完成 00→01→10→11 等四个状态的循环变化，并产生进位输出信号，为同步 2 位二进制加法计数器，状态改变发生在计数时钟脉冲信号 CP 的上升沿，进位输出信号在第四个计数时钟脉冲 CP 的上升沿有效，即计数器从状态返回 00 状态时有效。

（2）同步七进制计数器的构建及仿真运行

在 Multisim 10 中构建同步七进制加法计数器的仿真电路，如图 3-2-41 所示。负边沿 JK 触发器 74LS112N、与门 74LS08N、与非门 74LS00N 从元器件工具栏的 TTL 器件库中找出；电压源从元器件工具栏的电源/信号源库中找出；或按 Ctrl+W 组合键调出选用元器件的对话框再找出相应的元器件；字信号发生器 XWG1、逻辑分析仪 XLA1 从虚拟仪器工具栏中找出。

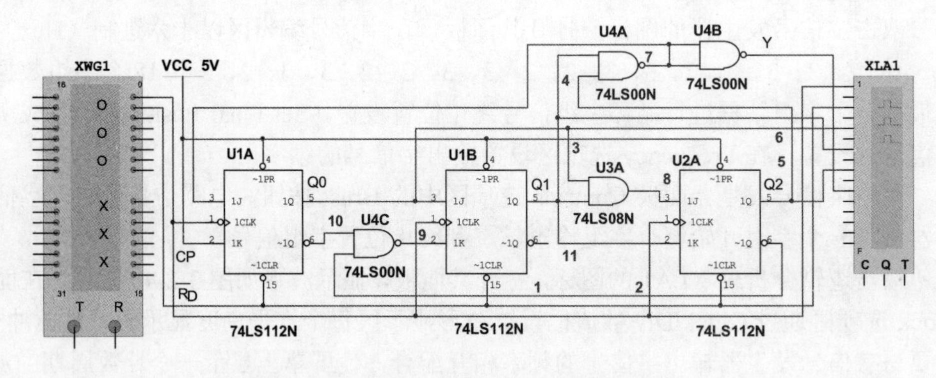

图 3-2-41　同步七进制加法计数器仿真电路

双击字信号发生器的图标，打开其面板，在字信号编辑区以十六进制（Hex）依次输入 0、2、3、3、2、2、3、3、2、2、3、3、2、2、3、3、2、2、3、3、2、2、3、3、2、2、3、3、2、2 共 30 个字组数据，单击最后一个字组数据进行循环字组信号终止设置（Set Final Position），完成所有字组信号的设置；在 Frequency 选项区设置输出字信号的频率。

单击字信号发生器面板 Controls 选项区中的 Brust 按钮，电路仿真开始，字信号发生器从第一个字组开始逐个字组输出，直到终止位置字组信号。

双击逻辑分析仪 XLA1 的图标，打开其面板，显示波形如图 3-2-42 所示，在面板的 Clock 选项区通过 Clock/Div 数值框设置波形显示区每个水平刻度显示的时钟脉冲个数，需要与字信号发生器输出字信号的频率相互配合，使屏幕上显示一个计数周期的波形。

图 3-2-42 所示逻辑分析仪显示的波形中，“1”为计数时钟脉冲 CP 的波形，“2”为异步置 0 信号 $\overline{R}_D$ 的波形，“3”为状态输出 Q_0 的波形，“4”为状态输出 Q_1 的波形，“5”为状态输出 Q_2 的波形，“6”为进位输出 Y 的波形。

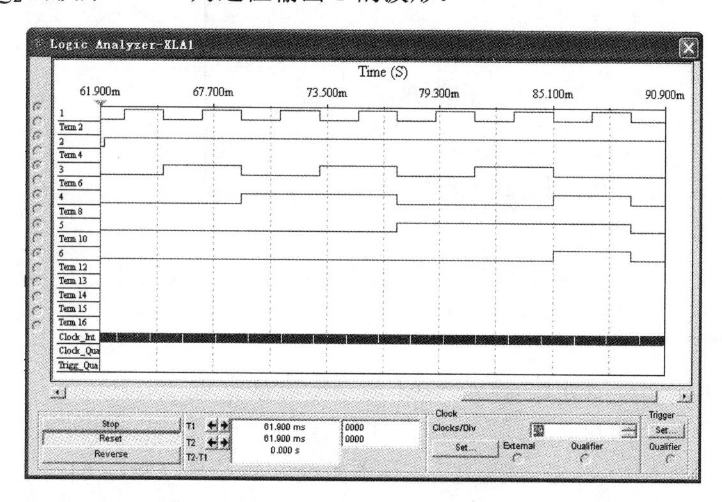

图 3-2-42　逻辑分析仪显示的同步七进制加法计数器仿真时序波形

图 3-2-42 可知，$\overline{R}_D$=0 时将各触发器初始状态均设置为 0，计数器从 000 状态开始计数；$\overline{R}_D$=1 期间，在计数时钟脉冲 CP 作用下完成 000→001→010→011→100→101→110 等七个状态的循环变化，并产生进位输出信号，为同步七进制加法计数器，状态改变发生在计数时钟脉冲信号 CP 的下降沿，进位输出信号在第七个计数时钟脉冲 CP 的下降沿有效，即计数器从状态返回 000 状态时有效。

2.4.2　集成计数器及应用电路逻辑功能的仿真

1．同步集成计数器的特性

集成同步可预置数 4 位二进制同步加法计数器 74LS161 是典型的常用的中规模集成

计数器，具有异步清零功能、同步并行预置数功能、加法计数功能、保持功能。

单击 Multisim 10 元器件工具栏中的 TTL 器件库或按 Ctrl+W 组合键，在弹出的对话框中的 Group 下拉列表框中选择 TTL，在 Family 列表框中选择 74LS 系列，在 Component 列表框中找出 74LS161N 并选中，如图 3-2-43 所示。其中，CLK(CP)为时钟脉冲输入端，ENP(EP)及 ENT(ET)为计数控制端，～LOAD($\overline{LD}$)为预置数控制端，～CLR($\overline{CR}$)异步置零控制端，A、B、C、D 为预置数输入端，Q_A、Q_B、Q_C、Q_D 为状态输出端，RCO(C)为进位输出端。

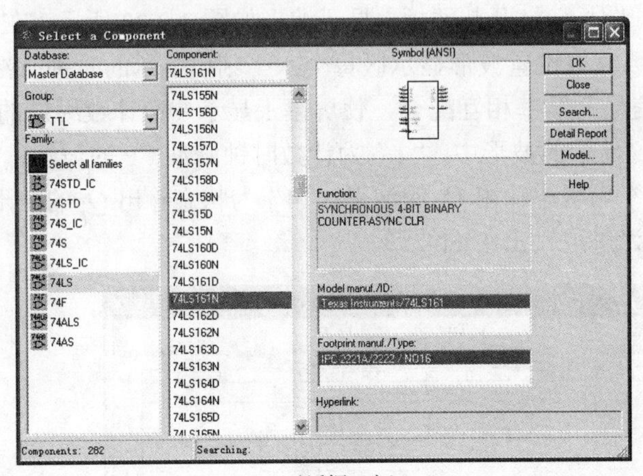

（a）对话框（七）

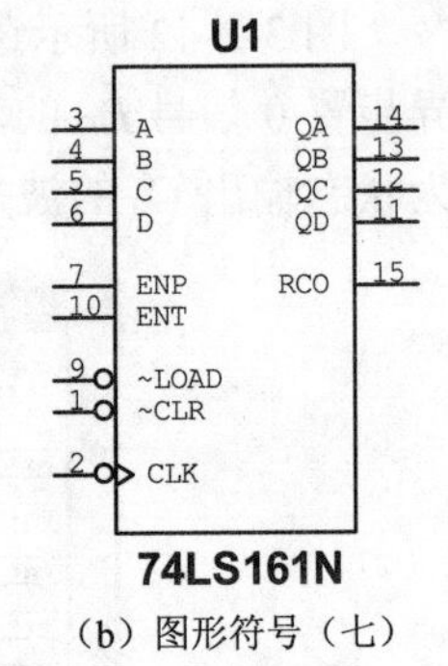

（b）图形符号（七）

图 3-2-43　74LS161N 选择对话框及图形符号

2. *仿真方案设计*

（1）仿真分析集成计数器 74LS161 的逻辑功能

选择以单刀双掷开关方式产生集成计数器 74LS161 的时钟脉冲输入信号 CLK(CP)、计数控制信号 ENP(EP)及 ENT(ET)、预置数控制信号～LOAD($\overline{LD}$)、异步置零控制信号～CLR($\overline{CR}$)及预置数输入信号 A、B、C、D；采用指示灯或 LED 显示状态输出信号 Q_A、Q_B、Q_C、Q_D，进位输出信号 RCO(C)的状态，指示灯或 LED 亮表示逻辑 1，不亮表示逻辑 0。

（2）仿真分析集成计数器 74LS161 同步复位法构成十进制计数器的逻辑功能

74LS161 同步复位法构成十进制计数器的状态图如图 3-2-44 所示。

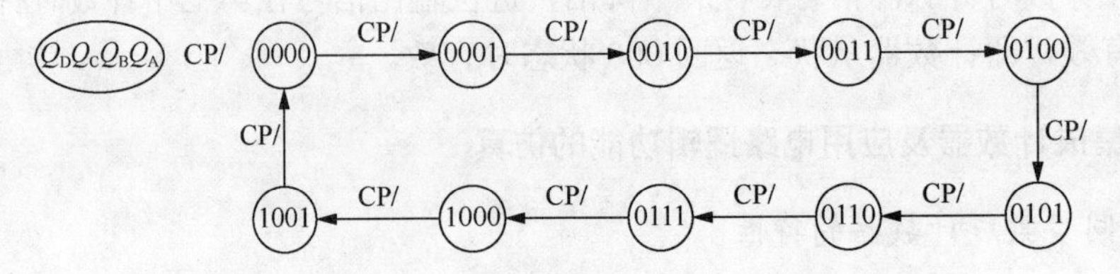

图 3-2-44　74LS161 同步复位法构成十进制计数器的状态图

使用集成计数器 74LS161 的计数和预置数功能，用计数功能完成 0000～1001 的状态转换，在最后状态 1001 产生 $\overline{\mathrm{LD}}$ =0 的预置数信号，用预置数功能完成返回 0000 状态。

74LS161 控制端、输入端的逻辑表达式为

$$\begin{cases}\mathrm{EP}=\mathrm{ET}=1\\ \overline{\mathrm{LD}}=\overline{Q_{\mathrm{D}}Q_{\mathrm{A}}}\\ DCBA=0000\\ \overline{\mathrm{CR}}=1\end{cases}$$

选择以时序图的形式描述计数器在计数时钟脉冲 CP 上升沿改变状态的状态变化行为及 $\overline{\mathrm{LD}}$ 信号的有效时刻。

选用虚拟仪器中的字信号发生器做仿真实验中的信号源，产生所需的计数时钟脉冲 CP，以便于控制一个计数周期的计数时钟脉冲的产生；用逻辑分析仪同步显示计数时钟脉冲 CP、预置数控制信号 $\overline{\mathrm{LD}}$ 、各触发器 Q 端状态输出信号。

字信号发生器各个字组的内容即计数器的输入信号设计为 0、1、0、1、0、1、0、1、0、1、0、1、0、1、0、1、0、1、0、1、0，形成 10 个脉冲信号。

3. 仿真电路构建及仿真运行

（1）集成计数器 74LS161 逻辑功能仿真电路的构建及仿真运行

在 Multisim 10 中构建集成计数器 74LS161 逻辑功能仿真电路，如图 3-2-45 所示。

集成计数器 74LS161N、非门 74LS04N 从元器件工具栏的 TTL 器件库中找出；单刀双掷开关从元器件工具栏的基本元器件库中找出；指示灯从工具栏的指示器件库中找出，并在 Component 列表框中选择颜色；电压源及接地端从元器件工具栏的电源/信号源库中找出；或按 Ctrl+W 组合键调出选用元器件的对话框再找出相应的元器件。

分别双击单刀双掷开关的图形符号，在弹出的对话框中的 key for Switch 右侧下拉菜单中分别选取 *A*、*B*、*C*、*D*、*P*、*T*、*L*、*R* 字符作为各开关的控制键，单击 OK 按钮退出；分别双击各指示灯的图形符号，在弹出的对话框中单击 Label 按钮，然后在 RefDes 文本框中分别改写为 QD、QC、QB、QA、RCO，表示显示计数状态输出信号及进位输出信号，单击 OK 按钮退出。

Multisim 10 版本中，集成 4 位二进制同步加法计数器 74LS161 的时钟脉冲触发方式有错误，为 CP 为下降沿触发，图 3-2-45 中的 U2A 非门 74LS04N 的作用是修正为和实际器件一致的上升沿触发方式。

单击仿真开关后，通过键盘上的 *A*、*B*、*C*、*D*、*P*、*T*、*L*、*R* 及 Space 键改变开关的状态，计数时，完成从 0000～1111 等 16 个状态的循环变化，自然数序递增变化；预置数时，$Q_{\mathrm{D}}^{n+1}Q_{\mathrm{C}}^{n+1}Q_{\mathrm{B}}^{n+1}Q_{\mathrm{A}}^{n+1}$ 等于预置数输入端 $DCBA$ 输入的数；EP=0、ET=×保持时，RCO=0；EP=×、ET=0 保持时，RCO 不变。

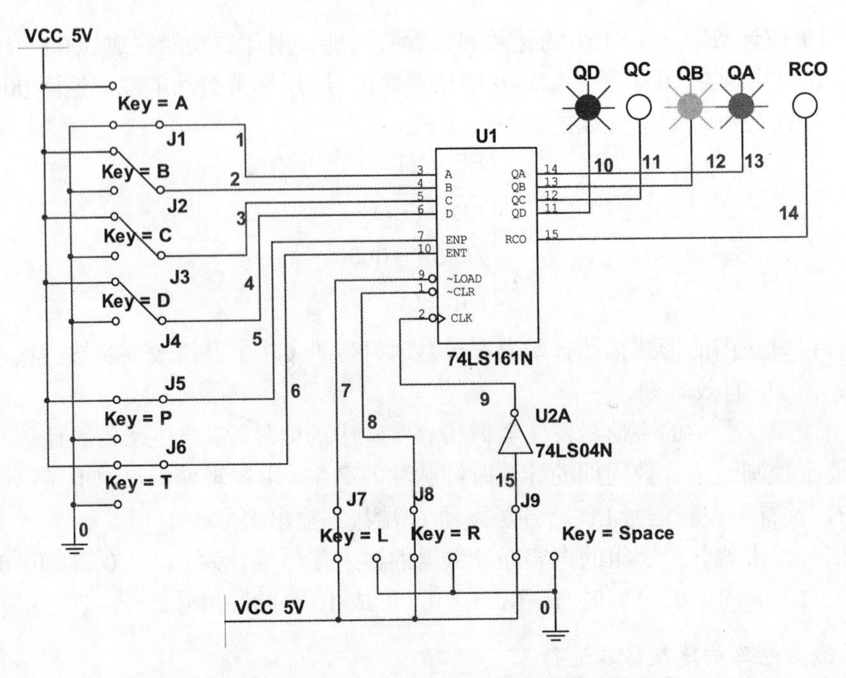

图 3-2-45　集成计数器 74LS161 逻辑功能仿真电路

（2）74LS161 同步复位法构成十进制计数器的仿真电路构建及仿真运行

在 Multisim 10 中，用集成计数器 74LS161 同步复位法构成十进制计数器的仿真电路如图 3-2-46 所示。

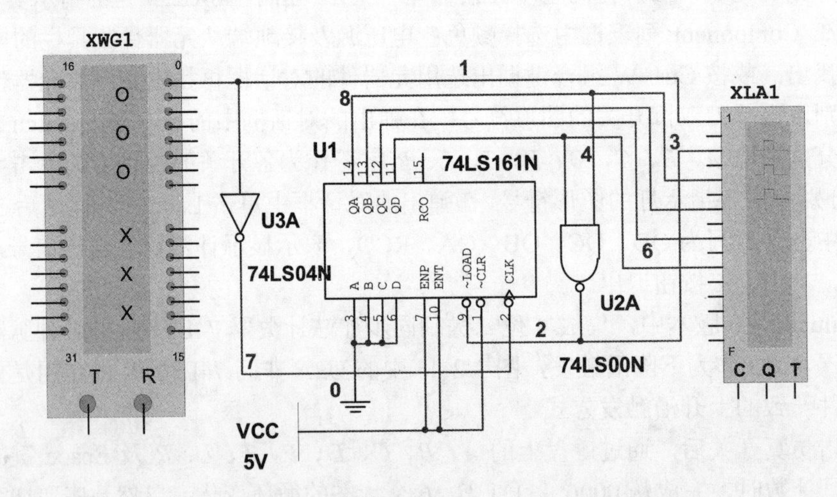

图 3-2-46　74LS161 同步复位法构成十进制计数器仿真电路

集成计数器 74LS161N、与非门 74LS00N、非门 74LS04N 从元器件工具栏的 TTL 器件库中找出；电压源及接地端从元器件工具栏的电源/信号源库中找出；或按 Ctrl+W

组合键调出选用元器件的对话框再找出相应的元器件。字信号发生器 XWG1、逻辑分析仪 XLA1 从虚拟仪器工具栏中找出。

U2A 非门 74LS04N 的作用是将 74LS161 的时钟脉冲触发方式修正为和实际器件一致的上升沿触发。

双击字信号发生器的图标，打开其面板，在字信号编辑区以十六进制（Hex）依次输入 0、1、0、1、0、1、0、1、0、1、0、1、0、1、0、1、0、1、0、1、0 共 21 个字组数据，单击最后一个字组数据进行循环字组信号终止位置设置（Set Final Position），完成所有字组信号的设置；在 Frequency 选项区设置输出字信号的频率。

单击字信号发生器面板 Controls 选项区中的 Brust 按钮，电路仿真开始，字信号发生器从第一个字组开始逐个字组输出，直到终止位置字组信号。

双击逻辑分析仪 XLA1 的图标，打开其面板，显示波形如图 3-2-47 所示，在面板的 Clock 选项区通过 Clock/Div 数值框设置波形显示区每个水平刻度显示的时钟脉冲个数，需要与字信号发生器输出字信号的频率相互配合，使屏幕上显示一个周期的波形。

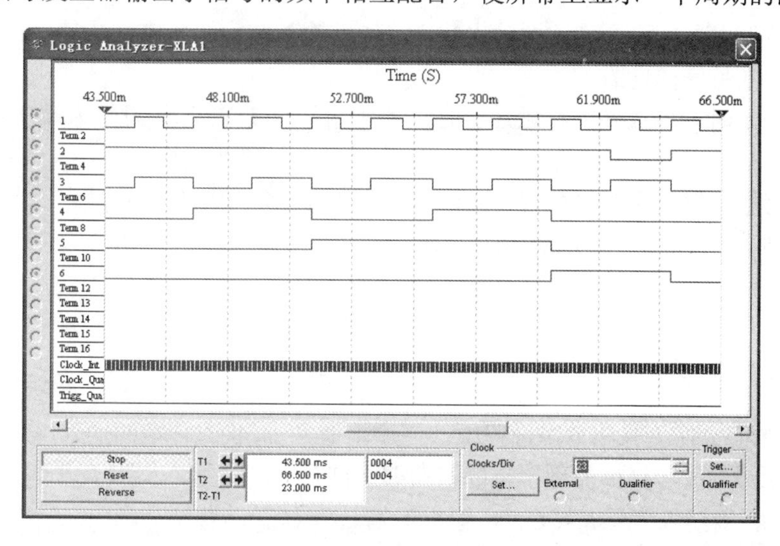

图 3-2-47 逻辑分析仪显示的 74LS161 同步复位法构成十进制计数器仿真时序波形

图 3-2-47 所示逻辑分析仪显示的波形中，“1”为时钟脉冲 CP 的波形，“2”为预置数控制信号 $\overline{\text{LD}}$ 的波形，“3”为状态输出 Q_A 的波形，“4”为状态输出 Q_B 的波形，“5”为状态输出 Q_C 的波形，“6”为状态输出 Q_D 的波形。

从左至右观察图 3-2-47 可看出：起始计数状态为 $Q_DQ_CQ_BQ_A$= 0000，第 1 个时钟脉冲信号 CP 上升沿到来后计数器的状态为 $Q_DQ_CQ_BQ_A$=0001，$\overline{\text{LD}}$=1；第 2 个时钟脉冲信号 CP 上升沿到来后计数器的状态为 $Q_DQ_CQ_BQ_A$= 0010，$\overline{\text{LD}}$=1；第 3 个时钟脉冲信号 CP 上升沿到来后计数器的状态为 $Q_DQ_CQ_BQ_A$= 0011，$\overline{\text{LD}}$=1；第 4 个时钟脉冲信号 CP 上升沿到来后计数器的状态为 $Q_DQ_CQ_BQ_A$=0100，$\overline{\text{LD}}$=1；第 5 个时钟脉冲信号 CP 上升

沿到来后计数器的状态为 $Q_DQ_CQ_BQ_A$ = 0101，$\overline{LD}$=1；第 6 个时钟脉冲信号 CP 上升沿到来后计数器的状态为 $Q_DQ_CQ_BQ_A$=0110，$\overline{LD}$=1；第 7 个时钟脉冲信号 CP 上升沿到来后计数器的状态为 $Q_DQ_CQ_BQ_A$= 0111，$\overline{LD}$=1；第 8 个时钟脉冲信号 CP 上升沿到来后计数器的状态为 $Q_DQ_CQ_BQ_A$= 1000，$\overline{LD}$= 1；第 9 个时钟脉冲信号 CP 上升沿到来后计数器的状态为 $Q_DQ_CQ_BQ_A$=1001，$\overline{LD}$=0；第 10 个时钟脉冲信号 CP 上升沿到来后计数器的状态为 $Q_DQ_CQ_BQ_A$=0000。经过 10 个时钟脉冲信号作用后，完成一个计数周期的循环，仿真实验结果和图 3-2-44 所示状态图的变化规律一致。

2.5 脉冲产生与整形电路仿真

2.5.1 555 定时器构成的施密特触发器的仿真

1. 555 定时器构成的施密特触发器的功能及仿真方案

施密特触发器有两个稳定的输出状态，依靠输入信号的幅值维持某一稳态，属于具有变阈效应的特殊门电路。

由 555 定时器构成施密特触发器时，阈值输入端 THR 和触发输入端 TRI 连接一起作为触发信号 u_I 的输入端，触发信号 u_I 决定 555 定时器的输出状态。

施密特触发器的主要参数有正向阈值电压 U_{T+}、负向阈值电压 U_{T-}，当 555 定时器的电压控制端 CON 不外接电压源时，有

$$\begin{cases} U_{T+} = \dfrac{2}{3}V_{CC} \\ U_{T-} = \dfrac{1}{3}V_{CC} \end{cases}$$

输入信号 u_I 在上升和下降过程中，使输出信号 u_O 状态转换的输入电平不同，即输入信号有变阈效应，这称为施密特触发器的滞回特性。当输入信号 $u_I \geqslant U_{T+}$ 时，输出信号 $u_O=U_{OL}$；当输入信号 $u_I \leqslant U_{T-}$，输出信号 $u_O=U_{OH}$；当 $U_{T-} < u_I < U_{T+}$ 时，输出信号 u_O 不变。

选择以波形图的形式描述施密特触发器在输入信号作用下的工作过程及滞回特性。选择以正弦波信号源产生施密特触发器的输入信号，采用双踪示波器显示输入信号 u_I、输出信号 u_O 的波形。

2. 555 定时器构成的施密特触发器的仿真电路构建及仿真运行

在 Multisim 10 中构建由 555 定时器构成的施密特触发器的仿真电路，如图 3-2-48 所示。定时器 LM555CM 从元器件工具栏的混合元器件库中找出；正弦波信号源、电压源及接地端从元器件工具栏的电源/信号源库中找出；电容从元器件工具栏的基本元器件库中找出；或按 Ctrl+W 组合键调出选用元器件的对话框再找出相应的元器件；双踪示

波器 XSC1 从虚拟仪器工具栏中找出。

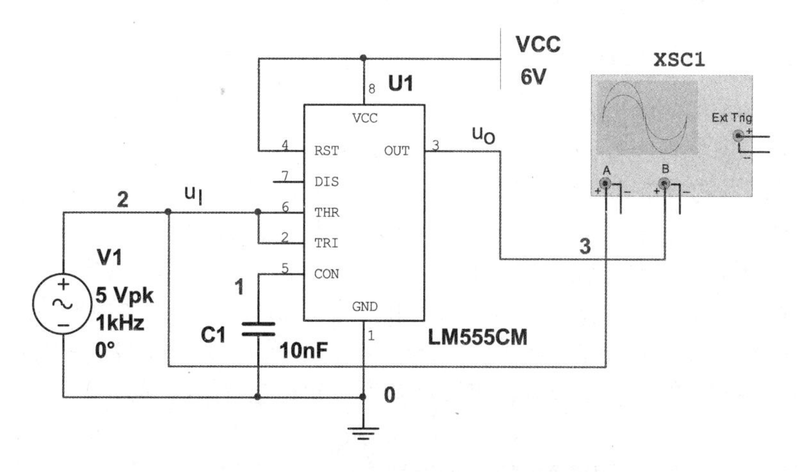

图 3-2-48 555 定时器构成的施密特触发器仿真电路

设定正弦信号源的参数，使其变化幅度大于 U_{T+}、小于 U_{T-}。

单击仿真开关，双击双踪示波器图标，打开其面板，如图 3-2-49 所示，在 Channel 选项区通过通道选择旋钮调整各通道波形的位置及显示幅度，各通道均设置为 DC 耦合方式；在 Timebase 选项区设置 Scale 的数值，使显示的波形个数合适，设置 Y/T 显示方式。

图 3-2-49 所示波形表明，电路将输入的正弦波形转换成矩形波形，输出信号改变状态时的输入信号电平不同，即具有滞回特性，并可确定

$$U_{T+}=2\text{V/Div}\times 2\ \text{Div}=4\text{V}$$

$$U_{T-}=2\text{V/Div}\times 1\ \text{Div}=2\text{V}$$

和理论值一致。

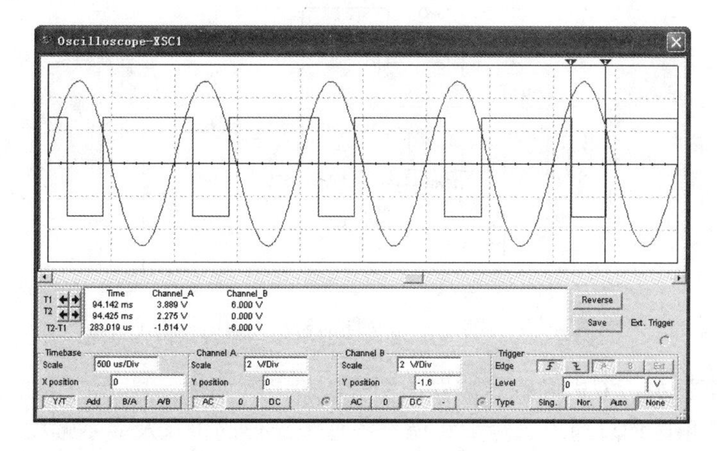

图 3-2-49 双踪示波器显示的 555 定时器构成的施密特触发器仿真波形

2.5.2 555 定时器构成的单稳态触发器的仿真

1. 555 定时器构成的单稳态触发器的功能及仿真方案

单稳态触发器的输出有一个稳态和一个不能长久保持的暂稳态，在外界触发信号作用下，能从稳态翻转到暂稳态，维持一段时间后自动返回稳态。

555 定时器构成单稳态触发器时，输入触发信号 u_I 为 555 定时器触发输入端 TRI 的电压，低电平触发，即 $u_I \leqslant V_{CC}/3$ 有效，且 u_I 的触发时间须很短。定时电容器 C 两端的电压 u_C 为 555 定时器阈值输入端 THR 的电压。u_I 和 u_C 共同决定 555 定时器的输出状态。

电路进入暂稳态的触发条件为，输入触发信号 $u_I \leqslant V_{CC}/3$；暂稳态结束条件为，暂稳态期间定时电容器 C 充电，u_C 增大至 $u_C=2V_{CC}/3$，输入触发信号 $u_I > V_{CC}/3$。

单稳态触发器的主要参数有输出脉冲宽度（暂稳态持续时间），为

$$t_W=1.1RC$$

选择以波形图的形式描述单稳态触发器在输入信号作用下的工作过程及触发特性。选择以脉冲信号源产生单稳态触发器的输入信号，采用四踪示波器显示输入信号 u_I、定时电容器 C 两端电压 u_C、输出信号 u_O 的波形。

2. 555 定时器构成的单稳态触发器的仿真电路构建及仿真运行

在 Multisim 10 中构建 555 定时器构成单稳态触发器的仿真电路，如图 3-2-50 所示。定时器 LM555CM 从元器件工具栏的混合元器件库中找出；脉冲信号源、电压源及接地端从元器件工具栏的电源/信号源库中找出；电阻器、电容器从元器件工具栏的基本元器件库中找出；或按 Ctrl+W 组合键调出选用元器件的对话框再找出相应的元器件；四踪示波器 XSC1 从虚拟仪器工具栏中找出。

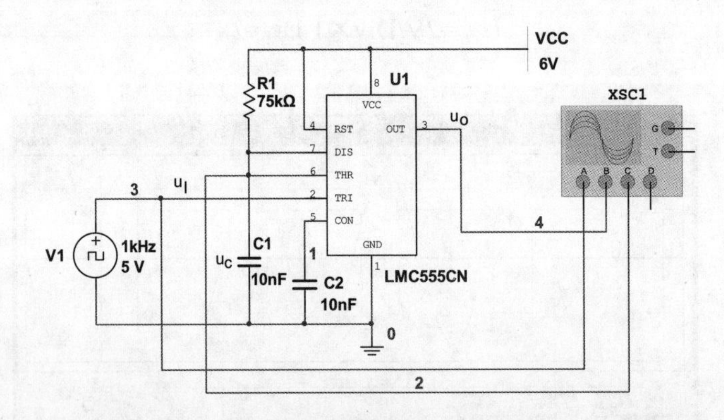

图 3-2-50　555 定时器构成的单稳态触发器仿真电路

单击仿真开关，双击四踪示波器的图标，打开其面板，显示波形如图 3-2-51 所示，在 Channel 选项区通过通道选择旋钮调整各通道波形的位置及显示幅度，各通道均设置为 DC 耦合方式；在 Timebase 选项区设置 Scale 的数值，使显示的波形个数合适，设置 Y/T 显示方式。

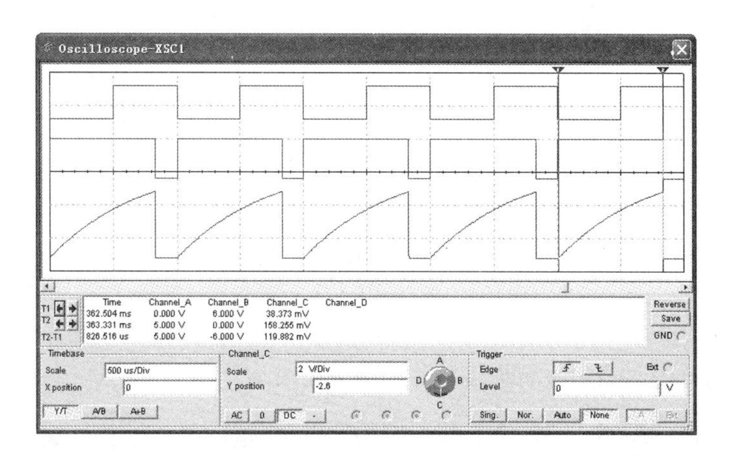

图 3-2-51 四踪示波器显示的 555 定时器构成的单稳态触发器仿真波形

图 3-2-51 中，由上至下分别为输入信号 u_I、输出信号 u_O 及定时电容两端电压 u_C 的波形。由波形可知，输入信号 u_I 负向触发使电路进入暂稳态，定时电容充电到 $2V_{CC}/3$，暂稳态结束，并可确定暂稳态持续时间 t_W=826.33μs，和理论值一致。

图 3-2-52 所示为触发特性仿真波形。其中，输入触发信号的周期 T 和暂稳态持续时间 t_W 的关系为

$$(n-1)T < t_W < nT$$

式中，n 为输入触发信号的个数。

结合 555 定时器的功能表可知，若在暂稳态期间，$u_I \leqslant V_{CC}/3$ 低电平、$u_I > V_{CC}/3$ 高电平周期性变化，555 定时器 DISC 端截止状态不变，电容器 C 在暂稳态期间仍被充电，电路仍可正常工作。

图 3-2-52 表明，555 定时器构成的单稳态触发器，不可重复触发，输出信号 u_O 对输入信号 u_I 有 n 分频作用，n 取值不同，可实现 1 分频、2 分频、3 分频……

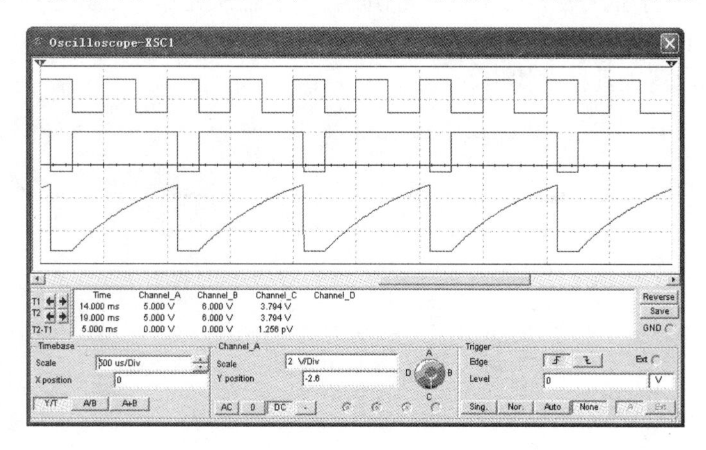

图 3-2-52 四踪示波器显示的 555 定时器构成的单稳态触发器触发特性仿真波形

2.5.3 555 定时器构成的多谐振荡器的仿真

1. 555 定时器构成的多谐振荡器的功能及仿真方案

多谐振荡器是一种自激振荡器，它没有稳定的输出状态，有两个暂稳态，不需要外加触发信号，工作时自动在两个暂稳态之间转换，产生矩形脉冲。

555 定时器构成多谐振荡器时，定时电容器 C 两端的电压 u_C 为 555 定时器阈值输入端 THR、触发输入端 TRI 的电压，电容器 C 充、放电使 u_C 变化，从而改变 555 定时器的输出状态。

多谐振荡器的主要参数有振荡周期 T 和占空比 q。

占空比取值范围为 $\frac{1}{2} < q < 1$ 的基本形式多谐振荡器，参数为

$$\begin{cases} T = 0.69(R_1 + 2R_2)C \\ q = \dfrac{R_1 + R_2}{R_1 + 2R_2} \end{cases}$$

占空比取值范围为 $0 < q < 1$ 的多谐振荡器，参数为

$$\begin{cases} T = 0.69(R_1 + R_2)C \\ q = \dfrac{R_1}{R_1 + R_2} \end{cases}$$

选择以波形图的形式描述多谐振荡器的工作过程，采用双踪示波器显示定时电容器 C 两端电压 u_C、输出信号 u_O 的波形。

2. 555 定时器构成的多谐振荡器的仿真电路构建及仿真运行

在 Multisim 10 中构建 555 定时器构成基本形式多谐振荡器的仿真电路，如图 3-2-53 所示。定时器 LM555CM 从元器件工具栏的混合元器件库中找出；电压源及接地端从元器件工具栏的电源/信号源库中找出；电阻器、电容器从元器件工具栏的基本元器件库找出；或按 Ctrl+W 组合键调出选用元器件的对话框再找出相应的元器件；双踪示波器 XSC1 从虚拟仪器工具栏中找出。

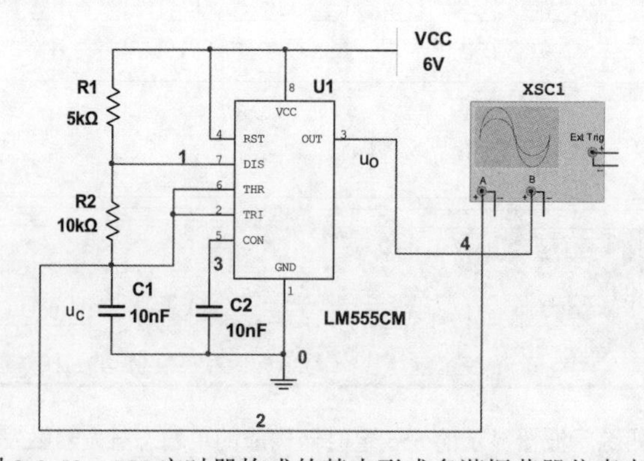

图 3-2-53　555 定时器构成的基本形式多谐振荡器仿真电路

单击仿真开关，双击双踪示波器的图标，打开其面板，显示波形如图 3-2-54 所示，在 Channel 选项区通过通道选择旋钮调整各通道波形的位置及显示幅度，各通道均设置为 DC 耦合方式；在 Timebase 选项区设置 Scale 的数值，使显示波形的个数合适，设置 Y/T 显示方式。

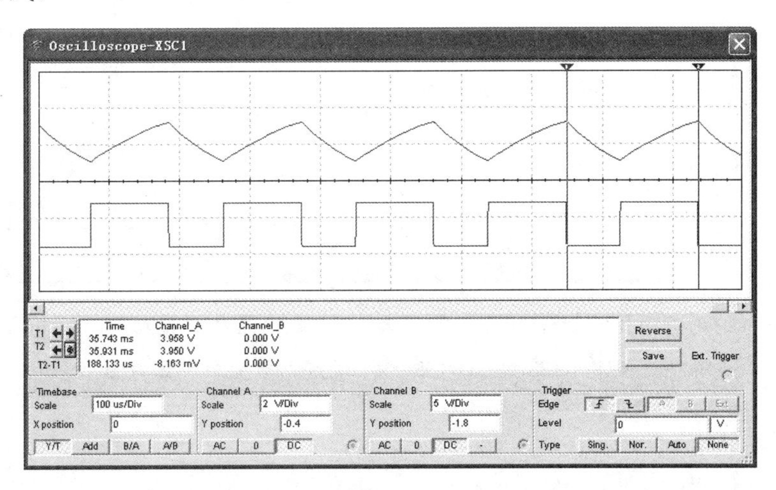

图 3-2-54　双踪示波器显示的 555 定时器构成的基本形式多谐振荡器仿真波形

图 3-2-54 中，由上至下分别为电容器两端电压 u_C、输出信号 u_O 的波形。由波形可知，定时电容器充、放电控制电路自动在两个暂稳态之间转换，并可确定振荡周期 T=188.133μs，和理论值基本一致。

图 3-2-55 所示为 555 定时器构成的占空比可调的多谐振荡器仿真电路，图 3-2-56 所示为 555 定时器构成的占空比可调的多谐振荡器 R_3 设置为 5%时的仿真波形，图 3-2-57 所示为 555 定时器构成的占空比可调的多谐振荡器 R_3 设置为 95%时的仿真波形。

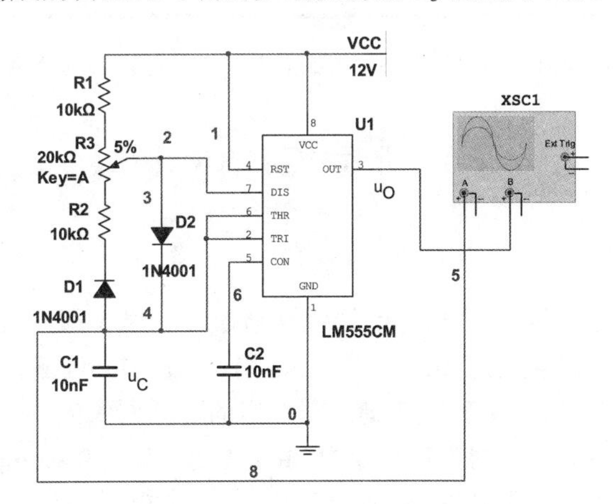

图 3-2-55　555 定时器构成的占空比可调的多谐振荡器仿真电路

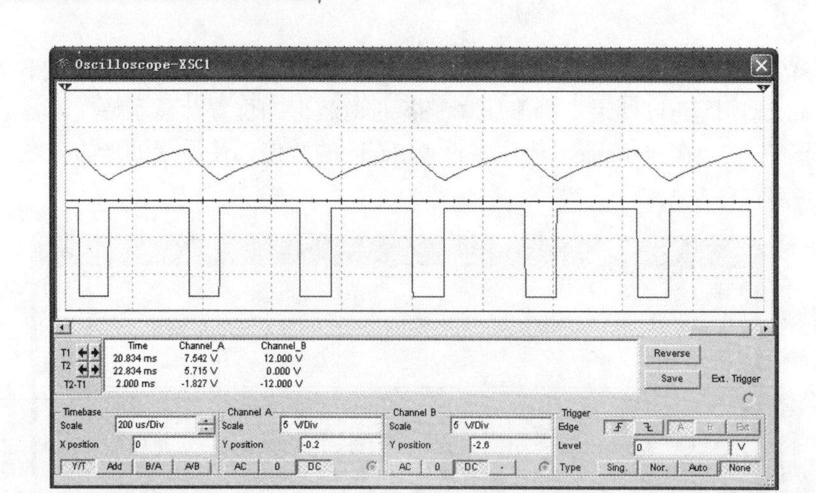

图 3-2-56　555 定时器构成的占空比可调的多谐振荡器 R_3 设置为 5%时的仿真波形

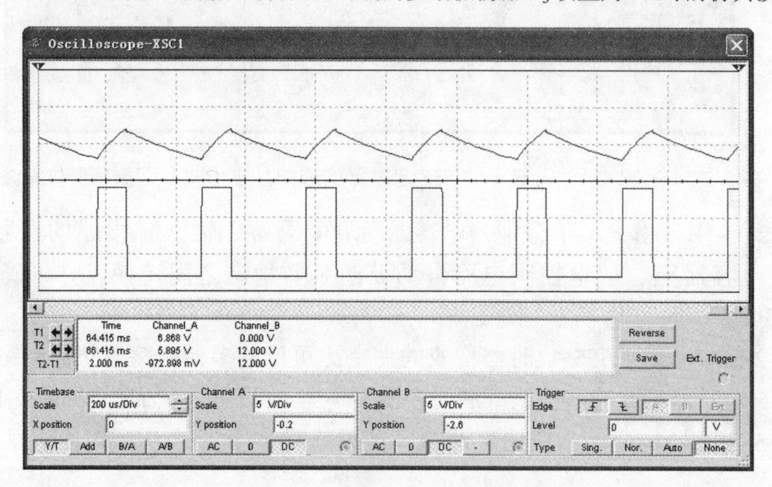

图 3-2-57　555 定时器构成的占空比可调的多谐振荡器 R_3 设置为 95%时的仿真波形

2.6　半导体 RAM 仿真

1. RAM 的特性

RAM 主要由存储矩阵、地址译码器及读写控制电路 3 部分组成。

SRAM6116 是存储容量为 2K×8 位的 RAM，单击 Multisim 10 元器件工具栏中的微处理模块元器件库或按 Ctrl+W 组合键，在弹出的对话框中的 Group 下拉列表框中选择 MCU Module，在 Family 列表框中选择 RAM 系列，在 Component 列表框中找出 HM6116A120 并选中，如图 3-2-58 所示。其中，～CS($\overline{CS}$)为片选信号，～OE($\overline{OE}$)为输出允许信号，～WE($\overline{WE}$)为写允许信号，A_{10}～A_0 为 11 位地址输入端，I/O_0～I/O_7 为

8 位数据输入/输出端口。当 $\overline{CS}$=0、$\overline{OE}$=×、$\overline{WE}$=0 时进行写操作，当 $\overline{CS}$=0、$\overline{OE}$=0、$\overline{WE}$=1 时进行读操作。

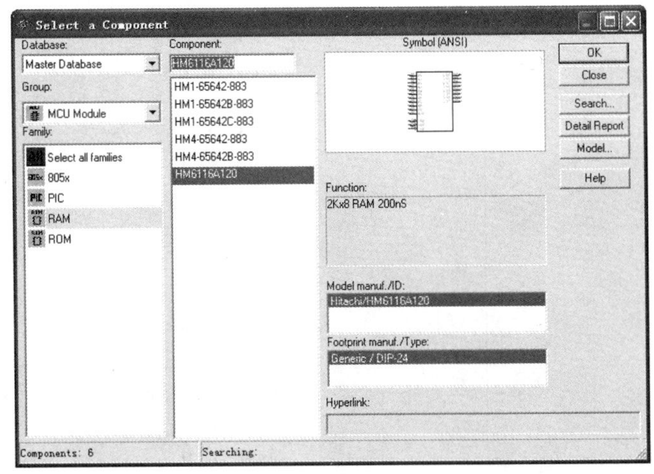

（a）对话框（八）

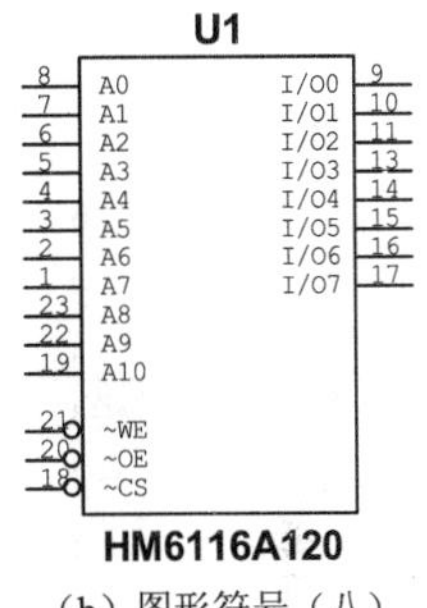

（b）图形符号（八）

图 3-2-58　HM6116A120 选择对话框及图形符号

表 3-2-1 为 SRAM6116 的特性表。

表 3-2-1　SRAM6116 的特性表

控制			输入/输出	功能
$\overline{CS}$	$\overline{OE}$	$\overline{WE}$	$I/O_0 \sim I/O_7$	
1	×	×	高阻	禁止
0	0	1	OUT	读
0	1	0	IN	写
0	0	0	IN	写

2. 仿真方案设计

仿真分析 SRAM6116 的数据读写操作过程。

为了简明验证 RAM 芯片数据的写入与读出过程，只对低 4 位地址指定的存储单元进行读/写操作，用 4 位二进制同步加法计数器 74LS161 的状态输出作为 6116RAM 的低 4 位地址输入信号，高位地址 $A_{10} \sim A_4$ 分别接地，只使用 $I/O_0 \sim I/O_3$ 低 4 位数据输入/输出端口。写操作时的要求如表 3-2-2 所示。

选择以单刀双掷开关进行读写转换、读写控制及产生时钟脉冲；采用指示灯或 LED 显示数据输出信号的状态，指示灯或 LED 亮表示逻辑 1，不亮表示逻辑 0。

表 3-2-2　SRAM6116 的写入数据表

地址（二进制）	数据（二进制）
0 0 0 0	1 1 1 1
0 0 0 1	1 1 1 0
0 0 1 0	1 1 0 1
0 0 1 1	1 1 0 0
0 1 0 0	1 0 1 1
0 1 0 1	1 0 1 0
0 1 1 0	1 0 0 1
0 1 1 1	1 0 0 0
1 0 0 0	0 1 1 1
1 0 0 1	0 1 1 0
1 0 1 0	0 1 0 1
1 0 1 1	0 1 0 0
1 1 0 0	0 0 1 1
1 1 0 1	0 0 1 0
1 1 1 0	0 0 0 1
1 1 1 1	0 0 0 0

3. 仿真电路构建及仿真运行

在 Multisim 10 中构建 SRAM6116 存取功能仿真电路如图 3-2-59 所示。HM6116A120 从元器件工具栏的微处理模块元器件库中找出；4 位二进制同步加法计数器 74LS161N、非门 74LS04D 从元器件工具栏的 TTL 器件库中找出；单刀双掷开关从元器件工具栏的基本元器件库中找出；电压源及接地端从元器件工具栏的电源/信号源库中找出；指示灯从工具栏的指示元器件库找出并在 Component 列表框中选择颜色；或按 Ctrl+W 组合键调出选用元器件的对话框再找出相应的元件。

（1）写功能的 Multisim 仿真

单击仿真开关后，通过开关 J1～J4 使 I/O_3～I/O_0 端口分别接写入逻辑电平开关 J5～J8。

J11 开关先接地再接 V_{CC} 电源，产生一个复位信号，使计数器清零，使存储单元地址 $A_3A_2A_1A_0$ = 0000，由写入逻辑电平开关 J5～J8 输入数据 I/O_3～I/O_0=1111，J9 控制写允许信号由 1 变 0 再变 1，产生一个写脉冲信号，将 1111 数据写入 0000 地址单元中。

由开关 J10 产生一个单次计数脉冲，计数器加法方式计数改变状态使存储单元地址 $A_3A_2A_1A_0$ = 0001，输入数据改变为 I/O_3～I/O_0 =1110；将 $\overline{WE}$ 由 1 变 0 再变 1 产生一个写脉冲信号，将 1110 数据写入 0001 地址单元中。

依次类推，每输入一个单次计数脉冲，改变一次 I/O_3～I/O_0 端口输入的数据，$\overline{WE}$ 端输入一个写脉冲，按表 3-2-2 将地址为 0000～1111 共 16 个存储单元写入数据 1111、1110、1101、1100、1011、1010、1001、1000、0111、0110、0101、0100、0011、0010、0001、0000。

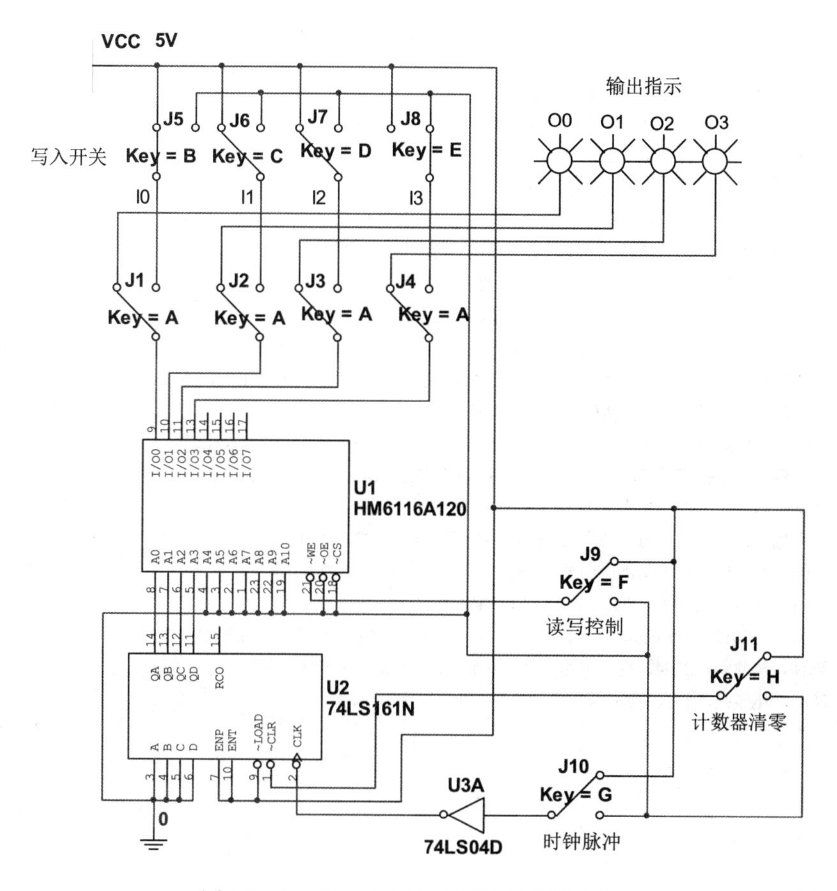

图 3-2-59　SRAM6116 存取功能仿真电路

（2）读功能的 Multisim 仿真

单击仿真开关后，通过开关 J1～J4 使 I/O_3～I/O_0 端口分别接读出指示灯，J9 使写允许信号 $\overline{WE}$ =1。

J11 开关先接地再接 V_{CC} 电源，产生一个复位信号使计数器清零，使存储单元地址 $A_3A_2A_1A_0$ = 0000，指示灯显示 0000 地址单元读出的数据。

由开关 J10 产生一个单次计数脉冲，计数器加计数改变状态使存储单元地址 $A_3A_2A_1A_0$ = 0001，读出 0001 地址单元中的数据。

依次类推，每输入一个单次计数脉冲，读出一次数据，将写入的 0000～1111 共 16 个存储单元的数据分别读出，读出的数据和写入的数据一致。

参 考 文 献

摆玉龙，2015．电子技术实验教程[M]．北京：清华大学出版社．
康华光，陈大钦，1999．电子技术基础数字部分[M]．4 版．北京：高等教育出版社．
李国丽，2019．电子技术基础实验[M]．北京：机械工业出版社．
吕曙东，孙宏国，2004．电工电子实验技术[M]．南京：东南大学出版社．
彭介华，1997．电子技术课程设计指导[M]．北京：高等教育出版社．
任骏原，杨玉强，刘维学，2013．数字电子技术基础[M]．北京：清华大学出版社．
沈嗣昌，蒋璇，臧春华，1996．数字系统设计基础[M]．2 版．北京：航空工业出版社．
孙淑艳，2005．电子技术实践教学指导书[M]．北京：中国电力出版社．
孙肖子，2004．现代电子线路和技术实验简明教程[M]．北京：高等教育出版社．
童本敏，等，1989．标准集成电路数据手册：TTL 集成电路[M]．北京：电子工业出版社．
王萍，李斌，2017．电子技术实验[M]．北京：机械工业出版社．
谢自美，2000．电子线路设计・实验・测试[M]．2 版．武汉：华中理工大学出版社．
阎石，2002．数字电子技术基础[M]．4 版．北京：高等教育出版社．
杨碧石，2005．电子技术实训教程[M]．北京：电子工业出版社．
杨玉强，王秀敏，2006．数字电子技术实验[M]．沈阳：东北大学出版社．
余孟尝，2006．数字电子技术基础简明教程[M]．3 版．北京：高等教育出版社．
余雄南，1988．数字电路与系统[M]．西安：西安电子科技大学出版社．
赵永杰，王国玉，2012．Multisim 10 电路仿真技术应用[M]．北京：电子工业出版社．
朱定华，陈林，吴建新，2004．电子电路测试与实验[M]．北京：清华大学出版社．
朱力恒，2003．电子技术仿真实验教程[M]．北京：电子工业出版社．

附录　常用集成电路引脚图

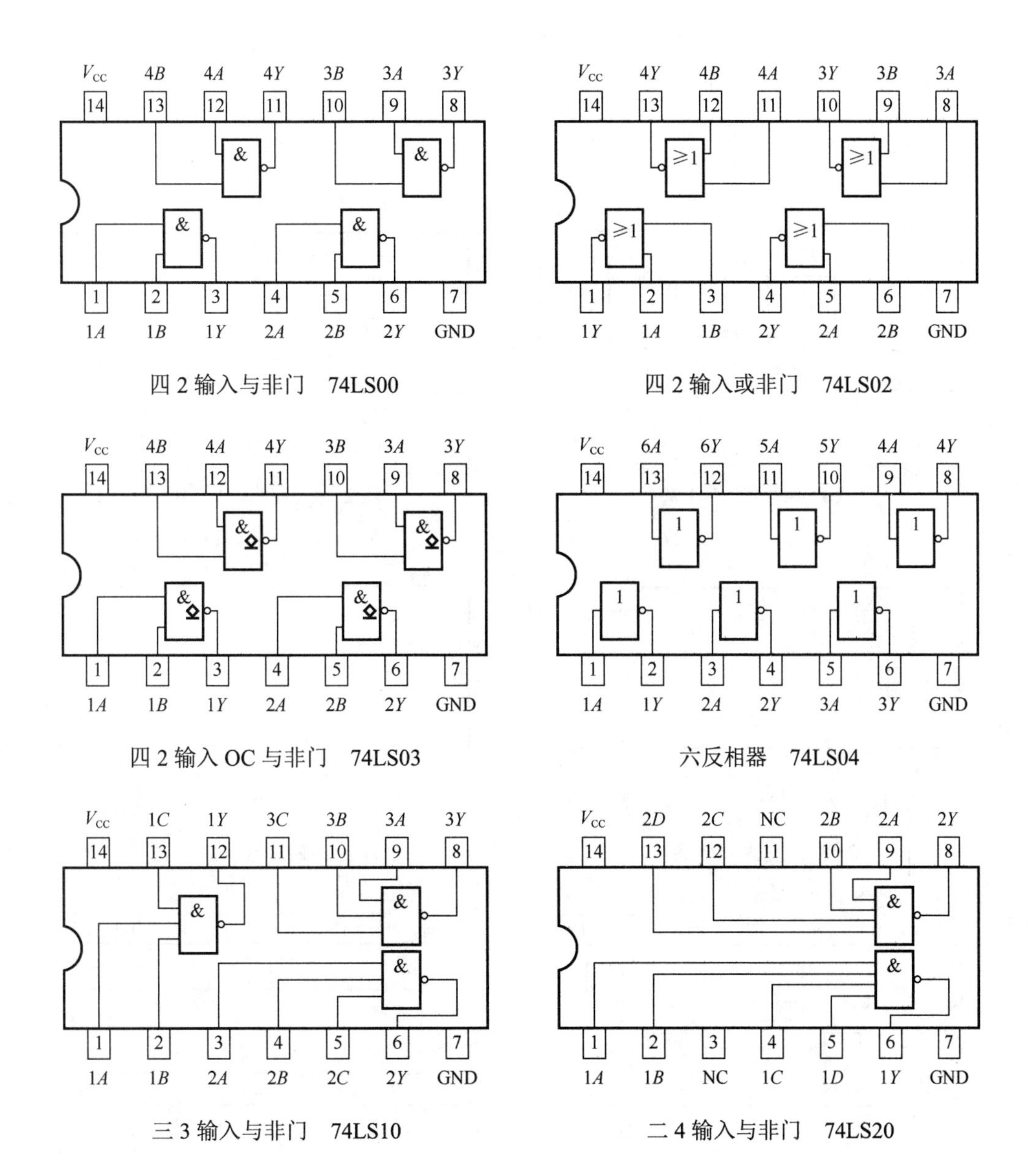

四 2 输入与非门　74LS00

四 2 输入或非门　74LS02

四 2 输入 OC 与非门　74LS03

六反相器　74LS04

三 3 输入与非门　74LS10

二 4 输入与非门　74LS20

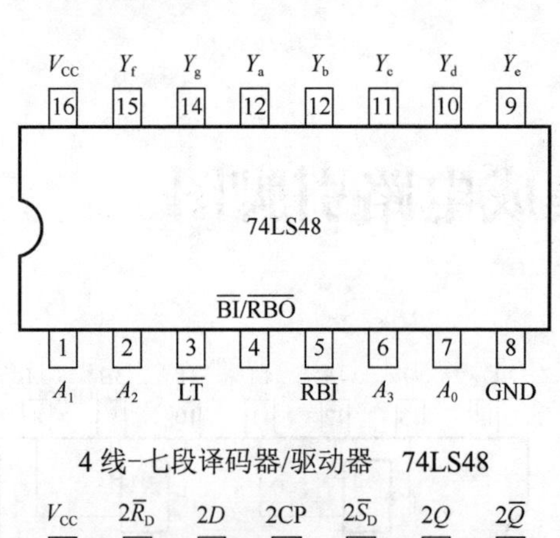

4 线-七段译码器/驱动器 74LS48

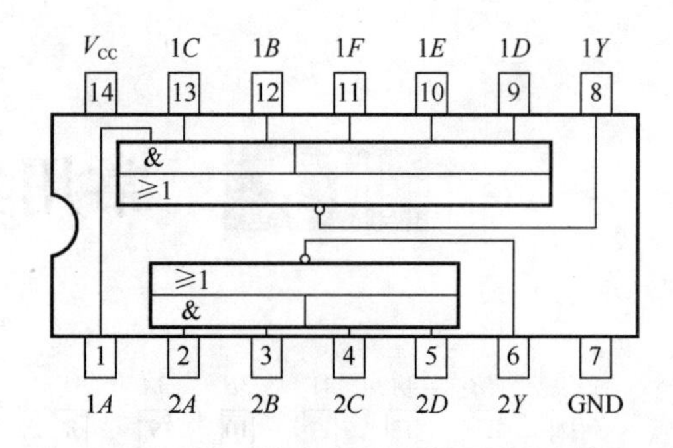

二 2-2、3-3 输入与或非门 74LS51

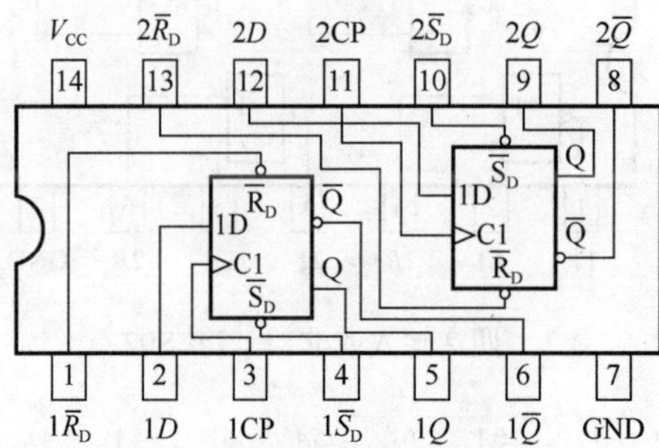

双 D 触发器 74LS74

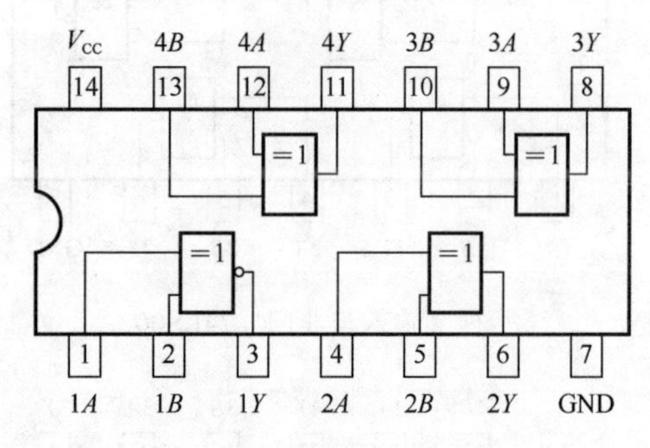

四 2 输入异或门 74LS86

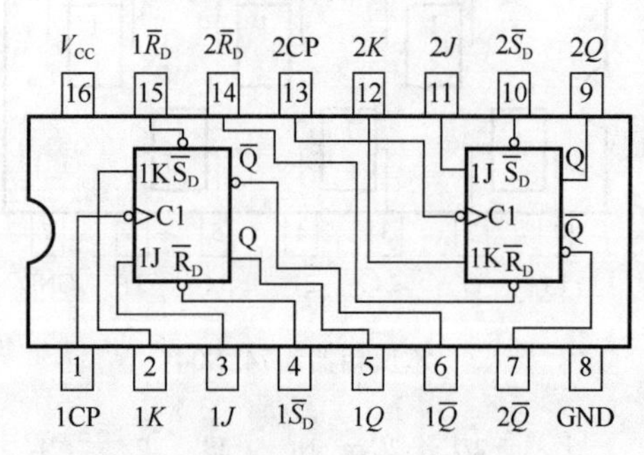

双 JK 触发器 74LS112

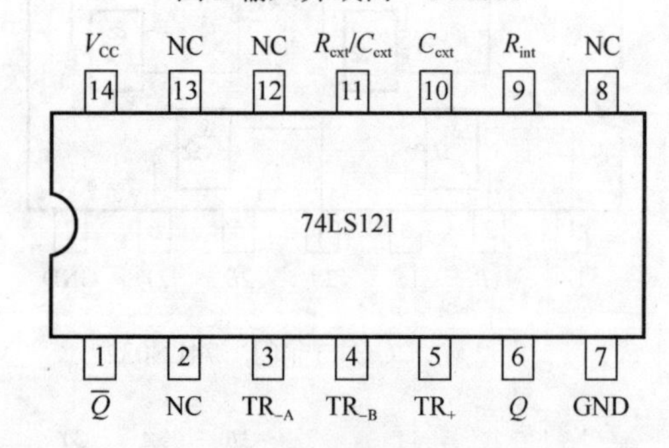

单稳态触发器 74LS121

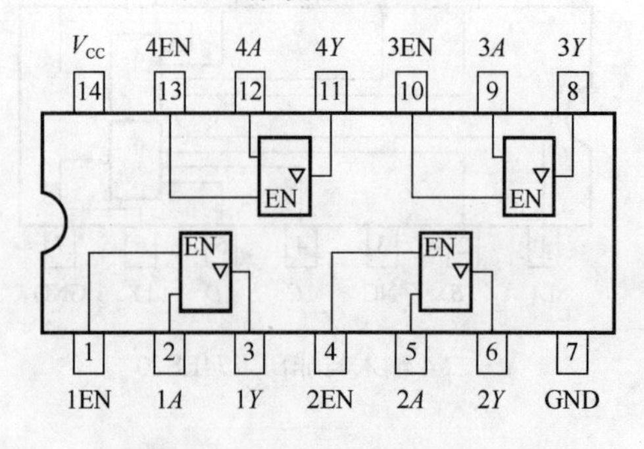

三态输出四总线缓冲器 74LS126

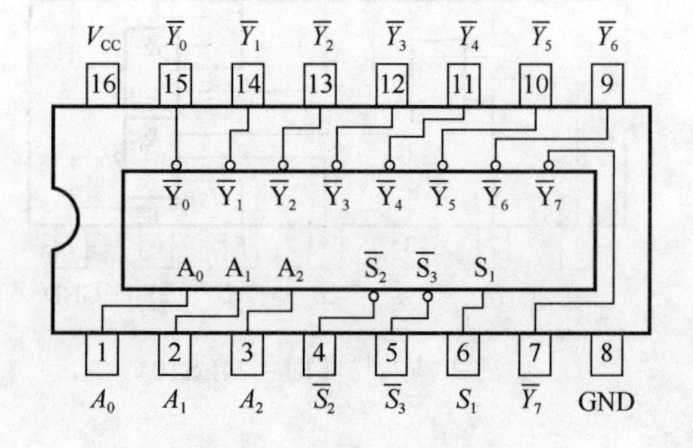

3 线-8 线译码器 74LS138

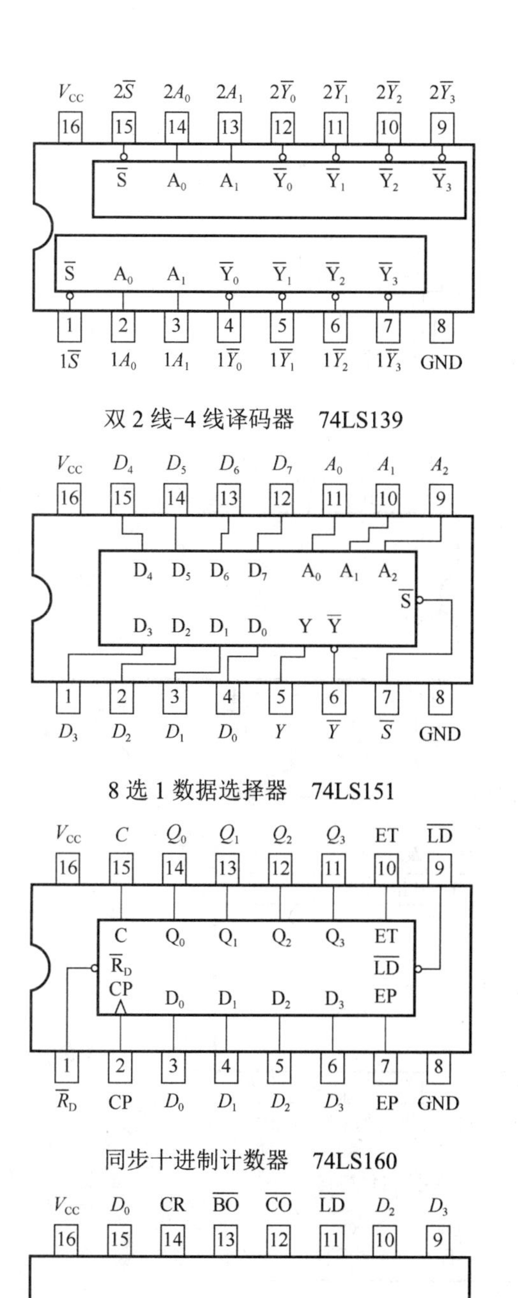

双 2 线-4 线译码器　74LS139

8 选 1 数据选择器　74LS151

同步十进制计数器　74LS160

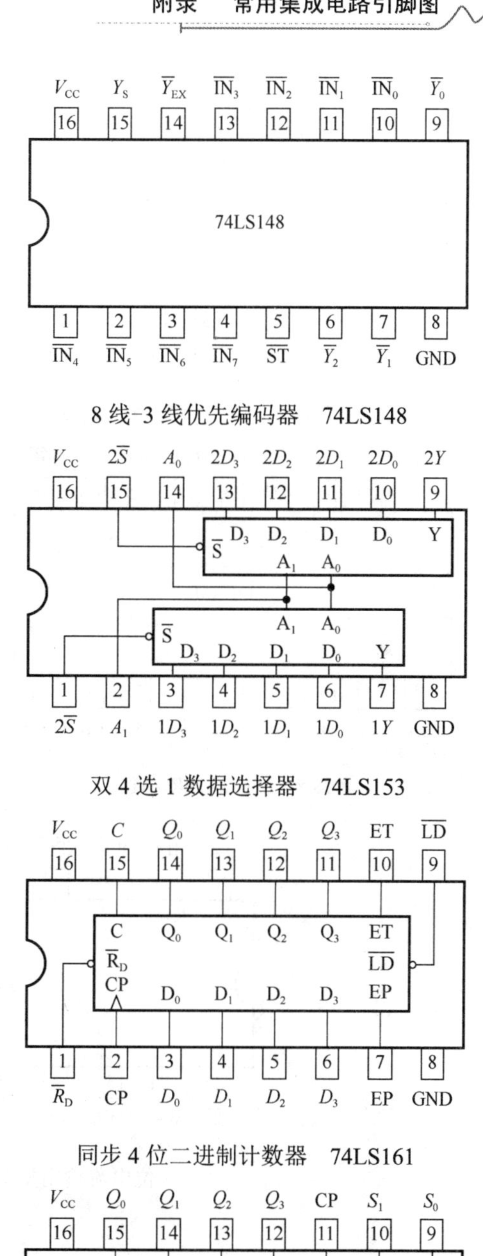

8 线-3 线优先编码器　74LS148

双 4 选 1 数据选择器　74LS153

同步 4 位二进制计数器　74LS161

V_{CC}　D_0　CR　$\overline{BO}$　$\overline{CO}$　$\overline{LD}$　D_2　D_3

16　15　14　13　12　11　10　9

74LS192

1　2　3　4　5　6　7　8

D_1　Q_1　Q_0　CP_D　CP_U　Q_2　Q_3　GND

同步十进制加/减计数器　74LS192

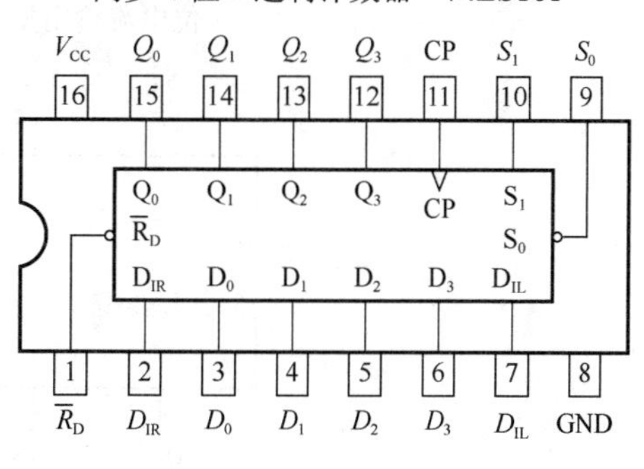

4 位双向移位寄存器　74LS194

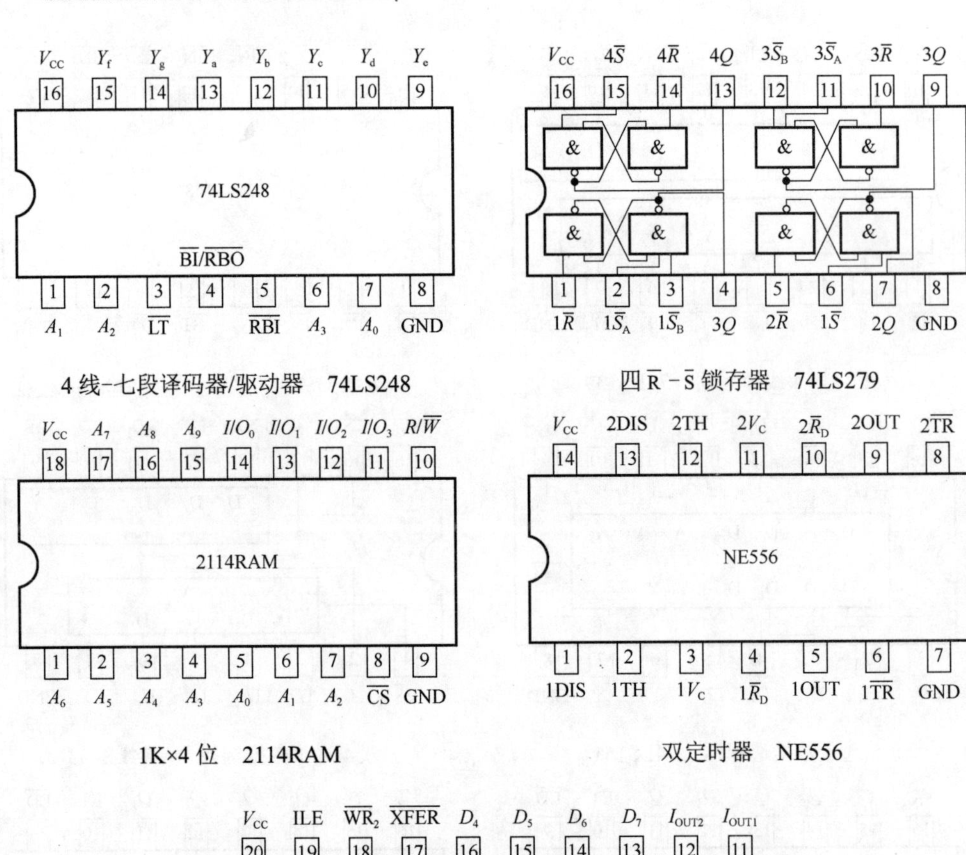

4线-七段译码器/驱动器　74LS248

四 $\overline{R}$ - $\overline{S}$ 锁存器　74LS279

1K×4位　2114RAM

双定时器　NE556

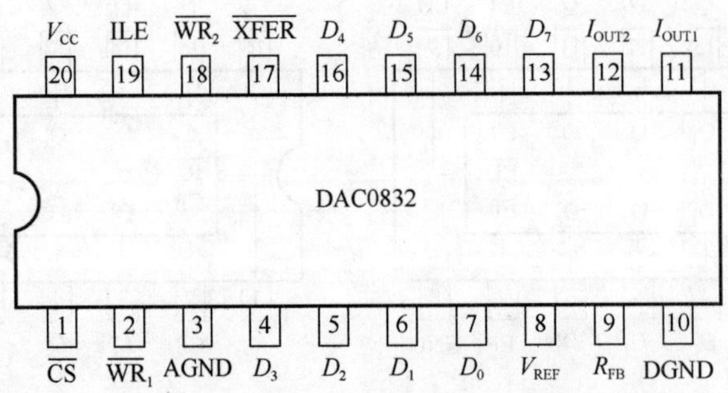

8位电流输出型 D/A 转换器　DAC0832

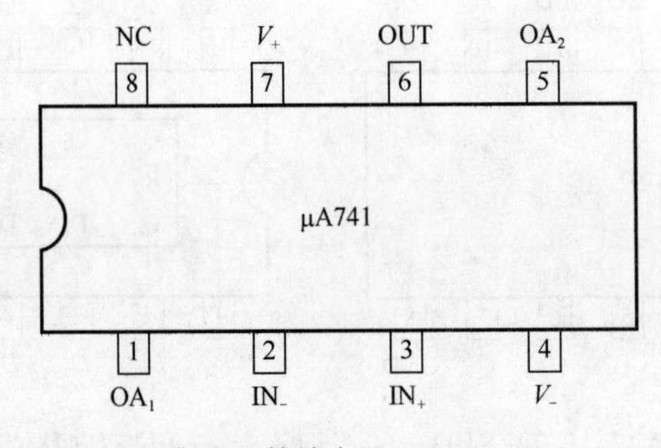

集成运算放大器　μA741

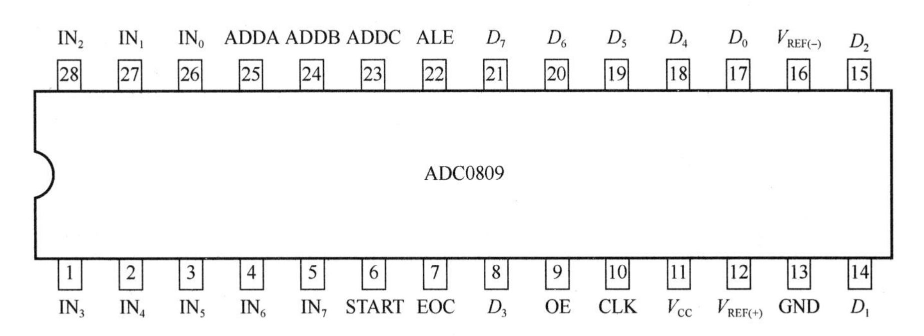

8 位 8 通道逐次逼近型 A/D 转换器　ADC0809